CPC Creates Knowledge and Value for you.

知識管理領航・價值創新推手

CPC Creates Knowledge and Value for you.

知識管理領航・價值創新推手

駕馭 ESG 數據

情境解析　法規趨勢　行動計畫

專為永續管理設計的實戰工具書

NAVIGATING SUSTAINABILITY DATA

HOW ORGANIZATIONS CAN USE ESG DATA
TO SECURE THEIR FUTURE

Sherry Madera

雪莉‧馬德拉——著　顏敏竹——譯

出版緣起

中國生產力中心總經理　張寶誠

　　當今，企業管理的論述與實踐案例非常之多，想在管理叢林中找到一套放諸四海皆準的標竿，並不容易。因為不同國家有不同的習慣，不同的公司有不同的文化，再加上全球環境的變遷，甚至大自然生態的改變，都使我們原本認定的管理工具或模式出現捉襟見肘的窘迫。

　　尤其，我們正處身在以「改變」為常態的世界裡，企業組織要如何持續保有競爭優勢，穩居領先的地位？知識，是重要的關鍵。知識決定競爭力，競爭力決定一個產業甚至一個國家經濟的興盛。管理大師艾倫‧衛伯（Alan M. Webber）就曾經說過：「新經濟版圖不在科技裡，亦非在晶片，或是全球電信網路，而是在人的思想領域。」由此可見，21 世紀是一個以知識為版圖、學習的新世紀。

　　在這個知識經濟時代裡，「知識」和「創新」是企業的致勝之道，而這兩者都與學習息息相關。學習，能夠開啟新觀念、新思維，學習能夠提升視野和專業能力，學習更可以帶領我們開創新局。特別是在急遽變動的今天，企業的唯一競爭優勢，將是擁有比競爭對手更快的學習能力。

　　中國生產力中心向來以致力成為「經營管理的人才庫」以及「企業最具信賴價值的經營管理顧問機構」為職志。自 1955 年成立以來，不僅培植無數優秀的輔導顧問，深入各家廠商，親自以專業來引領企

業成長。同時，也推出豐富的出版品，以組織領導、策略思維、經營管理、市場行銷，以及心靈成長等各個層面，來厚植企業組織及個人的成長實力。

　　中國生產力中心的叢書出版，一方面精選國際知名著作、最新管理議題，汲取先進國家的智慧作為他山之石；另一方面，我們也邀請國內知名作者，以其學理及實務經驗，挹注成為國內企業因應產業環境變化最大的後盾，也成為個人學習成長的莫大助力。

　　值得一提的是，台灣的眾多企業，歷經各種挑戰，始終能夠突破變局努力不懈，就像是堆起當年成為全球經濟奇蹟的一塊塊磚頭。我們也把重心放在講述與發揚這些活用環境，勇闖天下的故事，替他們留下紀錄，為經濟發展作見證。

　　我們相信，透過閱讀來吸收新知，可以啟動知識能量，激發個人無窮的創意與活力，充實專業技能。如此，不論是個人或是組織，在面對新的環境、新的挑戰時，自然能以堅定的信心來跨越，進而提升競爭力，創造出最大的效益。

　　中國生產力中心也就是以上述的觀點作為編輯、出版經營管理叢書的理念，冀望藉此協助各位在學習過程中有所助益。

提升競爭力，更創造影響力

隨著氣候變遷帶來的危機加劇、投資人和消費者對企業社會責任日益重視，ESG（環境、社會和治理）已經成為當今各公私組織不可忽視的核心價值，更是邁向永續發展的重要基石。然而實際該從哪裡著手？面對龐雜、而且不斷變化更新的各種議題，又該如何回應？

碳揭露計畫（CDP）首席執行長雪莉・馬德拉（Sherry Madera）2024 年初出版的這本著作，從基礎觀念到各種實際情境分析，提供了清楚的指引，同時整理相關歷史背景、各項規範框架和國際趨勢，幫助讀者能更清楚 ESG 的發展脈絡和方向，值得推薦所有組織領導人和第一線永續工作者閱讀。中國生產力中心能在這麼短的時間內出版中譯本，嘉惠中文讀者，更快掌握 ESG 各面向，更令人由衷敬佩。

台灣永續能源研究基金會（TAISE）成立 17 年來，致力透過倡議、教育、論壇、獎項等多元方式，協助台灣社會與國際趨勢接軌。近幾年來，很令人欣喜地，我們看到許多台灣企業在政府政策帶動、國際供應鏈的壓力下，不僅陸續加入永續行列，更在許多國內外評比、競賽中獲得很好的成績。無論是 DJSI、S&P Global 永續年鑑、或是馬德拉執行長領導的 CDP 調查中，都能名列前茅，形成新一波台灣奇蹟。

然而，我們必須認知的是：永續目標不是短跑衝刺就能達標，而是一場長期的馬拉松耐力跑。不僅如此，除了滿足眼前各種外在的要求，能夠進一步將永續概念內化為組織文化，才是真正能夠創造績效、

並引領社會發展的永續標竿。

　　也因此，我推薦所有企業組織，無論是基層的工作者、或是高階主管和領導人，無論您們現在所處的位置是永續新生或專家熟手，仔細反思書中所提出的問題，並透過其中提供的方法，重新檢視組織現在的位置。藉由完整且客觀的資料，盤點真實現況，進而研訂接下來的目標和策略，定期檢視修正，確保持續走在通往永續目標的正軌上。

　　過去這些年來，太多事實已經證明永續發展、淨零轉型的重要和急迫，跨國企業、中小企業、公家單位、非營利團體或學校、醫院……所有組織都不能逃避眼前的挑戰。我們都必須付出更多心力並採取行動以守護環境、健全自身治理機制、同時善盡內外部社會責任，而且不單是獨善其身，更要與整體價值鏈共同前行。

　　當我們都願意如此一步一腳印邁進，不單自身的競爭力提升，更將是能創造出巨大影響力、令人尊敬的永續典範企業和組織。

簡又新

台灣永續能源研究基金會董事長

一場關於企業、社會與人類
美好未來的深刻對話

　　數位轉型和永續發展浪潮席捲全球，企業如何有效管理 ESG 數據，並將其轉化為提升競爭力的關鍵資產，已成為全球領導者共同關注的焦點。《駕馭 ESG 數據》一書，以深入淺出的分析和豐富的實務案例，為企業應對此挑戰提供了清晰的指引。

　　身為長期鑽研人工智慧與永續綠色金融科技跨領域研究的資訊管理學者，我深刻體認數據在永續數位轉型中的關鍵作用，並在臺北大學商學院首創國內「永續數據分析」課程。如何結合人工智慧、大數據分析與金融科技，有效管理與分析 ESG 數據，並因應快速變化的法規要求，是我們當前面臨的重大挑戰。而《駕馭 ESG 數據》恰如其分地提供了實用的解決方案，引導企業透過數據分析驅動永續商業模式的創新。

　　作者雪莉・馬德拉（Sherry Madera）憑藉其豐富的國際企業經驗和深刻洞察，從多元角度探討 ESG 數據在風險管理、績效提升關鍵領域的應用。本書架構嚴謹，循序漸進地引導讀者從基本概念到實務操作，逐步建立企業內部的 ESG 數據框架，並透過實際案例，學習如何有效運用數據輔助決策。

　　本書最令我感動的是其深刻的洞見和務實的建議。作者將 ESG（環境、社會、治理）永續發展數據應用情境分為 ABC 三大面向：A

取得營運資本（Access to Capital）、B 擴張業務並提升效能（Business Growth and Efficiencies）、C 符合法規與監管要求（Compliance and Regulation），精闢地揭示現代商業運作的核心，更突顯 ESG 在數位永續轉型時代作為企業發展關鍵支柱的重要性。書中對於企業 ESG 數據成熟度評估以及分階段發展建議，更為剛起步的企業提供了重要價值的參考框架。

《駕馭 ESG 數據》不僅是行動指南，更傳遞了如何在企業營運中實踐永續理念。作者提出的 ESG 數據應用模型，協助企業在瞬息萬變的經濟與社會環境中保持靈活應變。在數據驅動的時代，企業不僅要有效掌握資本和營運效率，更需積極承擔社會責任，遵守法規要求。ESG 的應用不僅是數位轉型的工具，更是引領企業邁向永續發展的核心。

人工智慧與大數據分析技術的進步，讓 ESG 數據分析不再只是合規工具，更成為企業發掘新商業模式的起點。透過自動化技術，我們可以加速數據蒐集和分析，並運用 AI 生成的分析報告為企業決策提供即時可靠的依據。《駕馭 ESG 數據》無疑為此類創新科技應用提供了重要的參考。

我誠摯推薦《駕馭 ESG 數據》給所有渴望在永續發展浪潮中領航的企業家、致力於為世界帶來正面改變的管理者，以及所有關心人類共同未來的讀者。這不僅是一本實用的指南，更是一場關於企業、社會與人類美好未來的深刻對話。在數據驅動的未來，讓我們藉由本書的指引，以智慧和同理心駕馭 ESG 數據，共同創造更美好的世界。

戴敏育
國立臺北大學資訊管理研究所教授
兼永續辦公室永續發展組組長及金融科技暨綠色金融研究中心主任

數據領航，ESG 助攻！
餐飲品牌的永續方程式

　　揚秦國際旗下擁有四個餐飲品牌：「麥味登」、「炸雞大獅」、「REAL 真 ・Café・Bread」及「涮金鍋」。為了整合國內外據點，我們在 2017 年就開始積極投入數位發展，開發應用程式串流資訊來整合各項業務，也在雲端串接所有資料。過去，我們依賴資深人員的直覺來做決策，但隨著公司不斷地數位化，我們運用大數據來做出更精準的決策。

　　2018 年我們始推動 CSR，2021 年走到 ESG。我們以聯合國 SDGs 永續發展目標為基礎，以「全商品無人工合成防腐劑」、「以台灣在地食材開發商品」、「秉持『共創未來、共享成果』照顧公司員工」、「推動各項節水節電措施以降低水的使用量」作為永續發展策略，展開中長期目標。

　　我深信 ESG 和數位轉型的價值，如果不去投入，未來將無法在競爭激烈的市場中脫穎而出。如果只將它們視為成本，一個都不能做，但若抱著投資的心態，並以 10 年為週期來規劃，就統統要做。因為如果沒有數位化，沒有辦法吸引年輕人才；如果不做 ESG，沒有辦法降低經營風險。我們希望在 ESG、數位轉型和公司治理方面都能走在前面，成為餐飲品牌的領頭羊。公司的目標是建立一個兼顧傳統與創新的企業文化，並讓年輕一代看到他們在公司中的成就與價值。

　　ESG 在 2030 年有明確的目標，即便未來 5 年內無法完全實現，重點在於設立目標並持續努力。就像跑步一樣，雖然可能一開始領先，如果只在 100 公尺處停下，最終無法完成比賽。ESG 推動雖然挑戰重重，但我們認為這是一項長期投資，而非單純的成本中心。我們相信，從長期的發展來看，這是企業永續發展與成功的關鍵。

　　在餐飲業這個競爭激烈的市場中，願意做出變革的企業不多，儘管投入 ESG 的成本不少，但我們仍努力推動 ESG，因為所有企業不論大小，都應該為環境議題做出貢獻。我們期望未來將永續發展融入企業 DNA，成為世界最受歡迎的國民經濟品牌。我們已經在多個 SDGs 目標上有所行動，我相信隨著時間推移，這些努力會逐漸顯出成果。

　　ESG 工作具有挑戰性，尤其是在目標不明確和資源有限的情況下。而《駕馭 ESG 數據》這本書很有價值，雖然我們已經推動 ESG 多年，但這本書能夠幫助企業管理者梳理經營策略。坊間有很多關於 ESG 的課程，會教你如何製作報告、如何參加比賽，但沒有課程告訴你一家公司該怎麼實踐。這本書將知識集中彙整、把各種框架化繁為簡，是一本最佳的 ESG 工具書。對於不清楚什麼是 ESG，或是已經在推動但還不清楚方向的人，這本書可以打通任督二脈，所以我推薦這本書給任何有志於企業永續經營的讀者。

卓靖倫

揚秦國際企業股份有限公司董事長

防漂綠驅動責任投資新商機

本書作者雪莉・馬德拉，任職於國際組織碳揭露計畫（Carbon Disclosure Project, CDP），並且擔任執行長。CDP 於 2000 年創立、於 2002 年發布與 CDP 同名之永續資訊（Sustainability Information）管理規範。而臺灣作為貿易出口導向的國家，大約 20 年前部分電子業開始填寫 CDP 問卷，因此一定比例電子業開始揭露永續資訊，早於臺灣政府於 2020 年強制揭露之前，強制對象為符合一定資格的上市櫃公司。再者，近年歐盟頒布綠色新政、試行碳邊境調整機制（CBAM），加速臺灣政府建構永續資訊揭露制度，組織受政府賦予法規遵循義務，而法規不斷推陳出新、組織不免望塵莫及。

所幸本書提供組織如何駕馭永續資訊或是 ESG 數據的法門，開門見山告訴組織領導者何謂 ESG 數據及其對於投資決策的重要性（第 1 章、第 3 章、第 10 章）。除國際間多個國家的法規發展趨勢分析之外（第 7 章、第 8 章），本書也解析組織在何種使用情境需要管理 ESG 數據（第 2 章）。更值得被推薦的是，本書進一步提供組織如何管理 ESG 數據的方法，例如組織如何評估 ESG 數據的成熟度（第 4 章）、組織如何決定 ESG 數據用於投資決策的使用情境及其優先順序（第 5 章），也向組織領導人分享：如何許下 ESG 數據的願景、以 ESG 數據迎接永續轉型挑戰（第 6 章、結論）。

本書提醒組織領導人如何辨識「綠色漂洗」或「漂綠」（Green Washing）或其他隱匿、不實、誤導等相關資訊，相關資訊不僅是不當揭露，也包括遠大策略宣稱、高投機經濟活動（第 9 章）。進一步而言，本書除了引介永續資訊的生命週期之外，更強調永續資訊所顯示的雙重重大性，包括環境或社會風險對於企業財務的重大性影響、企業經濟活動對於環境或社會的重大性影響。另外，本書提醒組織根據永續資訊而進行投資相關決策、可以帶來企業利潤、社會保障、環境保護的三重盈餘。

本書提及永續資訊的性質例如資訊完整性、資訊連貫性、同業可比性、資訊可用性等。本人另外歸納以下性質，包括影響重大性、風險重大性、財務相關性、資訊客觀性、決策有用性、資訊透明性、本益平衡性、成效重大性等。此外，歐盟於 2024 年發布《為綠色轉型培力消費者指令》（Empowering Consumers for the Green Transition Directive），希望讓消費者知情企業的環境聲明或標示，並且強調聲明或標示的資訊可靠度、同業可比性、資訊可驗證。與歐盟對照，臺灣於 2024 年發布《金融機構防漂綠參考指引》，適用於本國金融機構，防範對外標榜機構本身或其商品與服務有名實未符或資訊不對稱之情形。

本書的主要貢獻在於提供讀者如何評估永續資訊的法門，以便減少金融市場交易成本，讓市場參與者預防漂綠風險、迎接責任投資嶄新商機。而組織領導人可以善用本書，例如金融監理者明確定義何謂漂綠、制訂預防漂綠規範，評比提供者誠信評估投資風險、提供決策可用資訊，金融機構內部管控投資風險、盡職調查不良資產，企業以資訊驅動永續發展、避免投機經濟活動。本人相信不只組織領導人，其他有志於從事永續發展的同好們，透過本書皆可一窺 ESG 數據之堂

奧，也期許同好們與本書有所共鳴。

　　二〇二四年雙十序於中央研究院、國立臺灣大學

林木興

永續法學者、制度工程師、臺大社科院法學博士

任職臺大風險中心博士後研究員及中研院環變中心博士後研究學者

ESG 數據驅動企業永續經營與創價之路

　　自 1997 年聯合國氣候變遷綱要公約第 3 屆締約國會議通過《京都議定書》以來，全球首次確立了具有法律約束力的減碳目標。隨後，2015 年《巴黎協定》進一步強調了控制全球平均氣溫升幅，目標是將增幅控制在 2 度以內，並鼓勵努力將其限制在 1.5 度。然而，早在 2004 年，ESG 這個概念便首次進入了大眾的視野，但當時的我們及許多企業對它知之甚少。什麼是 ESG？我們應該如何應對？即便到了現在，許多人或許對這個詞有所耳聞，但仍未完全了解其真正的涵義與用途。作為企業領導者，我們需要深入理解 ESG 所帶來的數據價值及可能的挑戰。

　　現階段，許多企業在處理與永續相關的數據時，缺乏必要的技能。如何培養團隊產出、改進並跟蹤 ESG 關鍵績效指標，是企業當前面臨的一大挑戰，利用永續發展數據是不可或缺的工具。

　　特別是在台灣的出口貿易產業中，重視 ESG 數據不僅是企業責任的展現，更是提升競爭力的重要手段。隨著全球市場對環保標準的要求日益提高，出口貿易產業必須積極蒐集和分析 ESG 數據，以確保其產品符合國際標準，並滿足消費者對永續產品日益增長的需求。這不僅有助於提升品牌形象，也能在激烈的市場競爭中占據一席之地。

　　自從我接任董事長以來，我發現無論身處何種情境，促使企業或組織採取行動的核心動力，始終是「創造價值」，這也是所有組織活

動的最終目標。根據當前數據，台灣的碳排放量依然偏高，且在已開發國家中，碳定價的規範仍然落後。這迫使我們更加正視 ESG 以及它所揭示的數據價值。

在《駕馭 ESG 數據》中提到的單一重大性和雙重重大性，促使企業反思其營運活動如何影響環境。重大性原則是財務揭露的指導方針，展示了企業的「底線」，最終將「三重盈餘」作為營運成果的核心，強調企業應關注的 3P——利潤（Profit）、人類（People）和地球（Planet），說明企業不僅要追求盈利，還必須同時關注社會和環境影響，並妥善經營管理。除了傳統的財務數據，ESG 相關數據的揭露能夠更好地評估企業的機會與風險，進而提高企業的市場價值。在碳有價的時代，數位化、自動化和高值化成為企業生存的三大關鍵策略。

此外，《駕馭 ESG 數據》還探討了數據與資訊透明度，在投資生態系中不同階段的影響力與關係，這也與我們當前優化產品供應流程的努力相呼應。隨著智慧化與低碳化的雙軌運作，期望所有企業共同努力，朝向 2050 年淨零碳排的目標邁進，維護地球的永續環境，並確保未來世代同樣能享有優質的生活。

王義方
金全益股份有限公司董事長

致謝

　　當我接到那通電話，建議我撰寫一本能指引組織領導者運用 ESG 數據的書時，我下意識的反應是，要在我既有的工作量上加入這個想法，這實在太瘋狂了。但是當我跟我的家人分享這個消息時，他們並沒有如我預期的說：「妳再說一次妳還想做什麼？」他們反而是第一個點頭並告訴我這是一件好事的人。當我們一起坐在餐桌陪伴彼此時，他們總是確信我能完成挑戰。

　　感謝支持我的丈夫安迪和總是鼓舞我的女兒卡蒂亞。感謝你們自始至終的信任，即便我在埋頭撰寫這本書的過程中，犧牲了不少互相陪伴的時間。你們的鼓勵與建議總是幫助我再次燃起鬥志。

　　感謝我的手足蘿拉，謝謝妳在我創作低谷時與我分享妳在創作路上的種種經驗，並給予我彌足珍貴的建議。在繁忙紛亂的生活中，我很開心能有機會坐下來與妳交流彼此的想法。我也非常感謝亞歷克斯和伊文。

　　我還要特別感謝那些像家人一樣的夥伴。在這本書誕生的過程中，這些特別的朋友值得我一一致謝：希瑟・史密斯・努涅斯，她從一開始就成為我的啦啦隊長和「目錄管理專家」。艾德麗安・唐・科爾森，她從來不認為我嘗試做這一切太瘋狂。賽萊斯特・夏松，她總是確認我不會過度緊逼自己。

　　感謝我的合作夥伴 FoSDA（Future of Sustainable Data Alliance，未來

永續數據聯盟），如果沒有他們，我將無法跟上全球永續發展生態系驚人的變化速度。特別感謝我的副主席理查·馬蒂森和查核員皮埃特羅·貝爾塔齊齊。感謝長期堅守崗位的秘書同僚凱特·阿特金斯和艾瑪·麥卡錫。感謝肖恩·基德尼不斷提醒我「沒什麼大不了的」。感謝派翠西亞·托雷斯、利昂·桑德斯-卡爾弗特、馬蒂娜·麥克弗森、尼克·米勒、加文·斯塔克斯、克里斯托弗·珀西瓦爾、托馬斯·威爾曼和大衛·哈里斯，我很感激能與如此敬業、專業且不輕易妥協的團隊合作，有志一同地透過數據讓世界變得更美好。

在撰寫這本書的過程中，我希望能激發更多人思考，如何將永續概念導入他們所領導的組織核心決策中。因此我也從很多優秀的實踐者前輩身上得到很多寫作靈感，包含：馬駿博士、保羅·狄金森、大衛·克雷格、凱瑟琳·嘉瑞特-考克斯、索尼婭·吉布斯、西蒙·扎德克、安妮瑪麗·德賓、比爾·溫特斯、范智廉爵士、安·凱恩斯、邁克爾·麥內利、本·考爾德科特，以及許多商界、非營利組織和學術界的優秀人士。我希望你們知道自己帶來了多少正面影響，以及我有多麼讚賞你們的作為。

最後一點也是意義深遠的一點，非常感謝讓這本書展開旅程的人們：科乾出版社（Kogan Page）的優秀團隊。感謝伊莎貝爾·程主動聯絡我，感謝你和尼克·霍爾耐心陪伴我整理這些書面資料。遲到總比不到好，這對我們來說是最合適的註解。

目　次

1 為什麼永續發展數據對組織領導者很重要？　025

2 永續發展數據的 ABC 情境　051

圖表清單

1

為什麼永續發展數據對組織
領導者很重要？

問題反思

- 什麼是發展永續企業與建立企業價值之間的正確平衡？
- 無論組織規模大小，跨國企業領導者如何將此平衡反映在決策過程中？
- 如何讓 ESG 數據成為管理的利器？

我有一位好朋友，他是美國一家大型跨國科技公司的營運長。他告訴我，他剛從其他業務單位那裡「接手一個 ESG 小組」，但他不知道他們能有什麼貢獻。他不確定應該要求 ESG 小組產出什麼數據、該怎麼利用他們產出的數據，以及他作為公司高階經理人，應該對他們有什麼期望、應該從他們那裡收到什麼樣的報告。他甚至不確定是否有必要對他們有所期望。

他承認他不知道對他和董事會來說，哪些數據是重要的、為什麼重要。他甚至宣稱，他考慮過解散小組以節省人事成本的可能性（考慮到他的身份，他不知道對哪些大人物發表了這個大膽的提議）。關於數據分析團隊和永續發展數據是否必要的問題，他絕對是最佳提問者。

聽完他對永續數據的疑問，我反問了他一些問題。這些問題無關永續發展，而是關於企業發展的關鍵目標：

- 貴公司未來是否打算從銀行、股權投資人、公開市場或其他途徑募集資金？
- 貴公司是否想吸引並留住最優秀的人才，尤其是年輕的勞動力和應屆畢業生？
- 貴公司的業務是否要在歐洲營運，並且持續在歐洲擴張業務版圖？
- 貴公司的產品是否會透過供應鏈中的其他公司轉手，再到達最終用戶手上？

當我們坐在倫敦的一家餐廳裡，一邊品嚐紅酒、一邊討論這個問題時，他對上述所有問題都給出了肯定的回答。於是我建議他思考一下這種可能性：如果他們沒有能力蒐集與自家公司業務有關的 ESG 數據，上述的所有重大策略就會窒礙難行，甚至不可能實現。這種情況

也許現在這一刻就正在發生，而且在明天可能會越來越真實。

在我們談話的隔天，這位朋友即將前往巴黎和法蘭克福，會面那些正在推動歐洲業務成長的同事們，其中包含了財務、法務、人力資源、產品交付和相關設施的當責團隊。我建議他在議程中加入幾個問題，詢問這些同事在日常工作中，遇到過哪些永續發展的需求與挑戰，並從他們的回答中延伸出更多相關提問。這將有助於他與領導團隊定義自家公司的永續數據需求範圍。他接受了我的提議，而且他希望能深入了解高階領導者該如何積極參與永續發展和 ESG 數據細節。我告訴他，那他一定得看這本書！

我接著解釋，現在正是各單位要投注心力在永續發展數據的關鍵時候了。當今我們手握著岌岌可危的氣候變遷預測報告、面對快速成熟的全球資訊揭露局勢，是時候讓永續發展數據成為跨國領導者決策工具箱中的關鍵部件了。影響關鍵決策的數據有很多形式，例如：

- 可追蹤並追溯其組織對永續經濟做出多少貢獻的數據。
- 可優化資源使用效率和生產效率的數據。
- 可供領導者判斷其組織對氣候和社會的貢獻，且既能獨立評估也能與同行比較的數據。
- 可以使人們對組織、政府及國家的淨零排放承諾產生信心的數據。
- 可以讓領導者在錯綜複雜的永續發展局勢中得到指引的數據。
- 可以確保領導者不會在業界、國家或金融層面觸犯任何法規的數據。

無論是什麼形式、為了什麼目標，永續數據都是起跑點。

我還與一家公開上市的高成長型企業執行長密切合作。該公司總部位於英國，業務和客戶遍及歐洲、亞洲和美洲。這家公司無論辦公大樓還是員工規模，都比不上我前面提到的那位朋友。然而，即使旗

下員工只有數百名而非數千名;即使收益金流只有數千萬而不是數十億,這位執行長卻總會考量如何運用永續發展數據。因為來自自家員工要求公司公布碳足跡和永續發展策略的壓力,早已經深深影響了內部人才的忠誠度。

隨著該公司在證券交易所進行首次公開發行上市(IPO),業務方針即在眾多投資標的中脫穎而出,吸引了投資人的目光。各界都期望該公司能在年度報告中列入永續發展的相關聲明,但這些聲明既沒有強制性、也沒有任何具體要求。

於是當我們一起檢視該公司的業務目標和未來計畫時,這位執行長向我諮詢了應該追蹤哪些 ESG 指標:她應該向董事會提出哪些永續發展的關鍵績效指標(KPI)呢?最低標準是什麼?同行的其他人以及她的競爭對手正在做什麼?該公司對外揭露的業務內容與他們的永續發展聲明是否能合理對應?哪些數據為該公司帶來了最大的好處?這些好處是外部效益抑或內部效益?

這位上市公司執行長是產業中的佼佼者,也是一位擅長激勵他人的領導者,同時也是個忙碌的女人。她坦誠地表示,自己對永續發展數據缺乏深入的認識。她的工作重點著重在正確的財務預測、高標準的產品品質、維持客戶滿意度,以及帶領一批高效的執行團隊。她的工作還包括密切監控成本並將資源運用效率最大化,因此得以在財務報表上展現公司強大的獲利能力。至於蒐集更多數據來向董事會們討論及分析永續政策——這聽起來就吃力不討好,也不是她的首要任務。況且資料溯源、資料產出、資料驗證和資料串接,都是耗時又昂貴的過程。

儘管如此,她還是覺得她必須了解更多永續發展及其追蹤方法。即使隱藏在問題背後的意圖是:「我至少要做到什麼地步?」但我認

為有提問就是一個好的起點，儘管這也可能是終點。

　　我任職於一所大學的董事會（請注意，這所大學的「董事會」實際上是管理委員會）。一般來說，大學是以提供高等教育作為營運目標的非營利機構。比起我的那些首席營運長朋友們經營的大型跨國公司或成長型企業，大學是很不一樣的組織，有著截然不同的組織目標。然而，當我們談到永續發展數據時，大學與利潤導向企業的處境似乎大同小異。或許是因為大學在環境與社會影響方面有著前衛的研究環境，因此大學比其他類型的組織更早開始關注影響地球環境的相關因素。大學不僅將永續發展和實現淨零目標納入策略報告當中，還會自豪地發布在學校的網頁上。

　　多年來有很多大專院校開始發表不同主題的永續報告，其中包括了能源報告、環境報告和永續發展報告。他們也制定了許多足以感到自豪的計畫：從教學到採購；從設施管理到廢棄物回收，這些都是他們能促進永續發展的範疇。這些計畫可能會讓人覺得大學在永續管理方面領先企業一步，很可惜這只是一個過於樂觀的假設。在我與學校的領導團隊交談後發現，在非營利環境中取得、揭露和監控永續發展數據所面臨的挑戰同樣嚴峻。也許大學在製作永續發展報告方面擁有多年經驗，但這些報告未必包含足夠的數據。

　　但是，我們的目標也絕不是為了得到堆積如山的數據！其中一種情況是，大量的數據既不用於監控指標、也不用於改善教育業務或教職員和學生的滿意度，那麼我們可以合理懷疑它們是否還有價值。另一種情況是，董事會和管理高層並沒有定期審查這些永續發展數據，那我們該如何追蹤淨零承諾是否實現？該如何追蹤水資源、廢棄物或溫室氣體減排目標的進展？如何確認大學有達到預設的目標或需要進

行檢討？如何確認資源是否有效地用於大學的永續經營？

　　希望這個不太隱晦的訊息有正確傳達給你：無論我們領導的是一家大型跨國公司，還是一家有著遠大抱負的小型企業，甚至是一家非營利或慈善機構，作為組織的領導者，我們都有責任成為未來家園的守護者。我們有責任建立健全的治理環境以掌握時機並降低風險，也有義務實現永續發展相關目標、承諾和計畫。我們有責任引導自家組織在日益複雜的法規和市場壓力中穩健前行。

　　你要如何確定自己的所屬單位有充分審視永續發展相關風險及機會？這個問題不僅與董事會成員、高階主管或負責相關業務的經理人緊密相關，也會影響到上市公司、私人企業、跨國企業、本地企業、營利或非營利組織的日常工作。對所有領導者來說，這個問題都與之習習相關。因為在未來的商業環境中，確保商業的永續性會成為領導責任中不可或缺的一環。

　　領導責任是其中一環，那數據呢？聰明的領導者會依據手中的數據做出對應的決策，這也是本書自始至終要表達的重要原則。這在我的職業生涯中帶來了很大的幫助，同樣也將會對你有所助益。因為這個原則能適用於各種類型的商業決策。所以，為了設計出能讓組織持續發展的策略，你首先需要的就是握有這些永續發展數據。但是，什麼是永續發展數據？是指 ESG 數據嗎？就這個問題而言，答案是肯定的，但也不完全是。

　　本書將引導你了解，想要領導組織邁向永續的方向發展時，你應該參考哪些數據。你與你的合作夥伴都是獨一無二的存在，而你作為一名出色的領導者，做出決策時所需要的永續發展數據也必然是獨一無二的。本書將幫助你分辨出針對不同的使用情境，應該取用哪些數據（詳見第 2 章）、你目前在 ESG 資料管理成熟度中位於哪個階段（詳

見第 4 章），以及你期望自身組織能達到哪個階段（詳見第 6 章）。

自 2014 年以來，我一直在永續金融領域工作。在我撰寫本書時，我已經在這一行做了接近 10 年的時間。然而市場上還有許多人，更早就深耕於永續發展及其與金融產業的交互作用。我十分佩服他們能有如此遠見，並為其奉獻。

若要說起我為什麼會踏入這個行業，其實是個很神奇的機緣。當時我被英國外交部任命為駐中國北京的外交官，中國是全球最大的溫室氣體（GHGs）排放國，這使得中國在氣候議題上一直處於備受批評的處境。然而，這並不代表中國公民就不擔心廢氣排放的議題。事實正好相反。中國城市中的居民非常關心碳排放現況。概括而言，環境問題在中國被認為是一件重要的事情。

自 2010 年以來，在北京的高檔住宅區，大多數房間都配備了空氣清淨機。北京居民早上的例行公事是拿起手機查看今天的「PM2.5 汙染指數」，因為這將影響他們當天的行程安排。「PM2.5」指的是空氣中直徑小於 2.5 微米的懸浮顆粒濃度，通常被視為空氣的品質指標（維多利亞州環境保護署，2021）。而且這些微小顆粒會進一步對健康產生負面影響。

身為一個在北京生活的居民，空氣品質決定了你能在戶外停留的時間、你和你的孩子當天可以從事什麼活動。當 PM2.5 的濃度達到 150 ppm（微克每立方米，也可以寫作 μg/m³）時，天空會變得陰暗；當濃度達到 200 ppm 時，學校不允許孩子外出玩耍；當濃度達到 400 ppm 時，就會啟動紅色警報（雖然警報標準會有些許浮動，但在我駐北京期間曾多次啟動警報），警告市民不要外出；700、800、900 ppm，甚至超出刻度的情況也並非從未發生。我也在此提供其他城市的數值作為參考：在空氣品質惡劣的日子，紐約或倫敦的 PM2.5 濃度大約是 50 ppm。生

活在這樣的環境下，人民深刻理解到環境會如何影響日常生活。因此，中國居民成為世界上環境意識最強的民族之一，這也反應在中國設定目標的優先順序上，進而在經濟上產生連鎖效應。

我認為在減緩氣候變遷的議題上，永續及金融專業人士有能力也有義務發揮關鍵作用。因此，綠色金融是我在中國每天都會談論的話題。在我駐北京期間（2014 至 2017 年）也一直在外交及經濟協議中將其視為重點項目。這促使中國當局相關政策制定者、監管單位和工會團體必須採取行動，進而推動了中國金融市場在制定標準、提供支持並監管永續金融的演進。這個浪潮在 2015 年促成了《綠色債券支持項目目錄》（Green Bond Endorsed Product Catalogue），也是全球首份將綠色金融標準化的官方文件。

我在永續金融和 ESG 數據方面的經驗可以說是始於中國，因為那裡是挖掘這個主題的最佳礦場……，也可以理解成字面上的意思，畢竟當時的中國經濟依然非常依賴煤炭作為主要能源。中國身為世界上最大的溫室氣體排放國之一，它也積極制定相關政策和規範，鼓勵投注資金推進永續發展。在本書中，我們會探討永續金融的趨勢將如何影響你的業務。以及上述中國的這些早期措施，現在如何接棒給歐盟及其他地區的國家。

我的家鄉加拿大以其廣闊的自然保護區而聞名，政府也經常大力宣傳加拿大擁有清澈見底的湖泊，而且是個樹比人多、森林比城市密集的國度。這使得加拿大國民都對自己國家的美麗自然環境感到驕傲。而且加拿大也是世界上森林占地面積第三大的國家（加拿大政府，2023）。然而，加拿大不但沒有成為世界上溫室氣體排放量最低的國家之一，還使用了水力壓裂（譯註：一種能源開採的技術，常造成各種面向的環

境破壞）等做法，破壞我們所自豪的美麗環境。加拿大的溫室氣體排放總量在全球排名第 10，在前 10 名中甚至高居人均排放量榜首（加拿大環境與氣候變遷部，2022）。雖然加拿大在環境保護方面享有盛譽，但仍需努力改革以實現《巴黎協定》（Paris Agreement）所制定的目標。放眼全球，現在依舊有許多國家及公司對永續發展議題存有先入為主的偏見，所以我們更需要可以釐清這些偏見的數據。

在深入展開本書的知識脈絡之前，我想以作者的身份闡述我對永續發展數據的立場。尤其在這本書出版的過程中，ESG 在全球的氣候變遷討論中逐漸占據了舉足輕重的位置，而 ESG 也被評價為「覺醒主義」的典範。儘管有不少企業和機構質疑是否有必要揭露環境、社會和公司治理的數據（ESG 數據），但事實上，一家公司的 ESG 數據重要程度並不亞於財務資訊，應該基於相同的標準要求各組織自我揭露。可惜這一論點目前尚未得到普遍的認可。

在這些前因後果之下，我綜整了一套永續數據哲學：

1. 數據是為了找出解答，而不是成為問題的根源，更不該是阻礙行動的藉口。ESG 是一個持續進步的過程，即使數據目前還不盡人意，也應該繼續推動永續工作，並在過程中改進數據品質。

2. 我們所測量的對象就是我們可以管理的項目。若沒有蒐集這些數據，我們就無法追蹤進度，更無從修正治理方向。

3. 有數據總比沒數據好。誠實面對所有可能存在的問題是管理數據的首要原則。如果遵循這一點進行管理，即使數據品質還不盡完善也值得嘉許。

4. 「現在」就是蒐集永續指標的最佳起點。所有資料蒐集的工作都需要一個起始點，而你未來的團隊成員將會感謝有你建立這些歷史數

據，給予他們將趨勢視覺化的材料。

5. 一個組織的永續發展方針需要在董事會達成共識，並定期進行檢討，才能應對快速變化的時代。

本書將以精心設計的編排，帶你深入探討與數據相關的所有面向。告訴你一個好消息，你之所以翻開這本書，代表你已經對這個領域有充分的好奇心了。如果你很好奇永續發展數據會如何在你的組織中發揮強大作用，這將會是一個很好的學習起點。

成為一個永續發展的組織很重要嗎？

多年來，關於組織是否該優先發展永續工作的爭論從未停歇，大多都認為此舉是為了塑造組織形象，對實質上的業務幫助並不大。回顧過去 10 年，董事會和管理高層的核心戰略，從來都不是圍繞著氣候影響、多元包容的企業文化、對地球及對其員工的影響而制定。然而，時勢正在改變，董事會和投資人在會議中越來越常提到，企業該如何發揮社會影響力。在永續發展上的影響力逐漸成為領導階層需要研究的課題，領導者們不得不留意他們在永續發展過程中所扮演的角色。

讓我們來談談「組織」在世界局勢中的角色是什麼？這個提問看似很抽象，但其實我們所身處的經濟體系、給我們歸屬感的國家等等現實面向，都與我們為之效勞的組織息息相關。各個組織滿足我們生存的基本需求（食物、水、住所等）以及進階需求（娛樂、旅行、交通、教育、工具等）。那麼問題來了，當我們要討論永續發展、氣候危機、以及永續轉型的必要性時，你認為實現這些願景的關鍵人物及關鍵資源會是什麼？

在我看來，為人類賴以生存的地球建立一個永續的未來，你我以及我們生活中的所有組織都責無旁貸。當你擔任著領導者的角色，無論是執行長、區域總裁、董事、部門負責人或是經理，在未來的永續發展策略上就有一定的影響力。領導者應該要了解如何運用這些能造成深遠影響的力量。

看到這裡，我知道一定有一些人想要抗議：「那政府呢？他們有絕對的權力！這些應該叫他們來負責！」我希望這些人只是在內心思考這件事，而不是真的在公共場合閱讀這本書並說出這些話來。因為這些話不僅會引起旁人的側目，也並非事情的全貌。雖然政府在制定政策、法規，以及經濟相關的建設與服務上擁有直接的影響力，但它並無權決定民營法人如何營運。政府當然可以採用剛柔並濟的手法，鼓勵民營法人和政府站在同一陣線，實現政府對永續發展做出的承諾，但這並不等同於政府可以直接控制各國溫室氣體主要排放來源——即私營部門和獨立組織的行為。

讓我們深入思考一下，當政府代表整個國家做出淨零碳排承諾時，他們到底承諾了什麼？他們在全世界的關注下，承諾該國家將降低其管轄範圍內的碳排放量。但是除了控制政府直接營運的機構之外，他們還能如何實現這項承諾？當政府設定目標要降低溫室氣體排放量或減少境內廢棄物掩埋規模時，他們該如何達成任務？

實際上的情況是，除非私營部門也做出對應的永續發展承諾並將其實現，否則政府對外做出的諾言就無法達成。政府做出的承諾，實際上需要這個體系內的所有人、所有組織一起努力實現。而領導者，作為這個體系內榮辱與共的一員，在應對氣候變遷和推動轉型的社會目標中就顯得十分關鍵。

永續發展和氣候變遷已經在全球政治議程上存在了幾十年。你也

許聽過《巴黎協定》，這個協定是 2015 年在法國巴黎舉辦的第 21 屆締約國會議中簽署的。當各國組織在討論其對氣候變遷的承諾時，經常會提到這個協定。其中也強調了以永續數據作為決策參考資料的重要性。

接下來我們會一起回顧《巴黎協定》的條約內容。但是在了解《巴黎協定》之前，我們需要先了解締約國會議（Conference of the Parties，COP）和《聯合國氣候變遷框架公約》（The United Nations Framework Convention on Climate Change，UNFCCC）。

締約國會議是《聯合國氣候變遷框架公約》的最高決策機構，每年都會舉行一次會議。來自各國的代表團齊聚一堂，協商如何應對全球暖化挑戰的相關策略。尤其是如何將《聯合國氣候變遷框架公約》往前推進。它的歷史可以追溯到 1992 年，在里約熱內盧高峰會（Earth Summit or The United Nations Conference on Environment and Development，UNCED）簽署的《聯合國氣候變遷框架公約》。

這是一項國際環境公約，承認氣候變遷的存在，簽署公約的國家承諾將致力於控制大氣中的溫室氣體濃度。該公約於 1994 年生效，且得到絕大多數國家政府的承認。第 1 屆締約國會議於 1995 年在德國柏林正式啟動，此後每年在不同主辦國舉行會議。會議聚焦在審查執行進展、協議談判，並討論延緩策略、適應方案、指標建立、綠色金融和技術轉移策略。

在 1997 年第 3 屆締約國會議通過《京都議定書》（Kyoto Protocol）後，締約國會議獲得了各界的關注和推崇。《京都議定書》為發達國家設立了具有法律約束力的減碳目標，並建立了國際合作和碳交易的機制。隨後在 2015 年第 21 屆締約國會議中，各國透過了具有歷史紀念意義的《巴黎協定》。該協定旨在控制平均氣溫上升幅度。目標為

工業化前的攝氏度 2 度以內，並鼓勵進一步降低到 1.5 度之內。這一項國際氣候公約史無前例地，附加了法律約束力與行動框架，要求各國定期提交國家自定貢獻（Nationally Determined Contributions，NDCs）進度報告。

公約的目標看似很單純，但實際情況並非如此：我們都希望有一個宜居的星球，理應制定行動策略並齊心實現目標。然而，延緩溫室效應的行動需要各國認可並改變其經濟行為。這對開發中國家並不公平。對於那些正在快速發展的國家來說，化石燃料是支持經濟發展並提高生活水準的重要資源。但是對於已開發國家來說，他們已經過了大量利用化石燃料推動經濟發展的階段，因此可以輕鬆地指責發展中國家使用化石燃料所造成的危害。為什麼發展中國家要左右支絀地發展經濟，但造成汙染現況的已開發國家卻不需付出代價？可惜這個觀點並不受到多數人的重視。

島國和低窪國家在締約國會議上也面臨了孤立無援的處境：這些國家處於極端氣候的最前線，海平面上升提高了洪水和饑荒的可能性，直接威脅國民的生命。令人咋舌的是，這些國家往往是最貧窮且碳排放量最低的國家。他們強烈控訴著自己正在承擔全球暖化帶來的嚴重後果，卻沒有相對應的經濟能力來適應這些變化。這些國家的市場規模，也不足以藉由改變自身的工商業活動來減緩溫室效應。氣候公約中看似簡單的共同目標，實際上隱含了複雜的利害關係。

自 2015 年簽訂協定以來，締約國每 5 年就會舉行一次特別會議，以重新調整目標並審視各國的國家自定貢獻。最近一次的會議是 2021 年於格拉斯哥（Glasgow）舉行。除了每 5 年舉行的特別會議外，《聯合國氣候變遷框架公約》還會在特定年份檢查《巴黎協定》的執行情況，並被稱為「全球盤點」（Global Stocktake，GST）。這些盤點會議

就像是對《巴黎協定》締約國進行標準化的管理績效檢討，促進相關行動的公開透明、責任歸屬，並刺激出各國的野心。第一次全球盤點於 2023 年杜拜第 28 屆締約國會議期間進行，此後的盤點將每 5 年進行一次。

在撰寫本書時，第 28 屆締約國會議尚未舉行（譯註：本書出版時會議已在 2023 年於杜拜順利落幕）。我們在會議前唯一知道的是，這項全球盤點將使所有人感到羞愧。因為距《巴黎協定》正式生效已有 7 年，其包含的標準數據檢查項目還是少得可憐。就算是國際上最高層級的監管組織，在管理與檢查氣候變遷相關數據上都如此拮据；各國政府在建立可追蹤、可比較的數據系統上也面臨重重困難；更遑論要將同樣的數據管理議題放到私營機構裡了。以上就是關於《巴黎協定》，我們所需要知道的背景知識。

《巴黎協定》和締約國會議持續引導著各國在溫室氣體排放上的討論。但背後有沒有能支持的數據呢？目前認為最重要的追蹤數據之一，就是該國家或機構在特定期間內的溫室氣體排放量。通常以年為時間單位。我們仔細看一下溫室氣體這個專有名詞：溫室氣體，英文簡寫為 GHGs，是地球大氣層中的一種氣體類別，能夠吸收熱量並幫助地球維持在適宜生存的溫暖環境。這種氣體最大的作用是作為熱量的屏障，防止地球表面散發出的輻射熱量外逸到太空中。同樣的，熱量也可能因此而過度積聚在地球表面，從而提高了平均氣溫。

若以體積排序，溫室氣體中占比最高的氣體為二氧化碳。參考 2019 年的測量值，二氧化碳占溫室氣體排放量的 74%，位居第二的甲烷只占 17%（世界資源研究所氣候觀察，2023）。因此溫室氣體的排放量通常會以二氧化碳或二氧化碳當量（譯註：將其他溫室氣體換算為造成等量暖化影響的二氧化碳）作為評估標準。

　　溫室氣體排放量是所有機構在永續發展報告中最基本的數據揭露項目。因為它顯示了這些機構造成了多少碳排放量，並應對其負責。而當我們開始透過二氧化碳計算溫室氣體的排放量時，「碳」也就成為了數據討論的核心。你可能聽說過「碳足跡」（carbon footprint）這個詞，它指的是由個人、組織、特定事件或產品，直接或間接引起的總溫室氣體排放量（英國碳信託公司，2018）。

　　計算溫室氣體排放量是評估各組織對環境造成多少影響的重點。雖然計算出精確的排放量非常困難，但是透過測量碳足跡，我們可以追蹤每個人對全球氣溫上升有多少責任。計算每個人造成的碳足跡會不會太誇張了？其實一點也不誇張。我們的所有行為都可能造成碳排放，對環境也造成了相對應的影響。而這些因為我們而產生的大氣熱量，使得氣候危機變得刻不容緩。讓我來告訴你一些事實。

　　聯合國政府間氣候變遷專門委員會（United Nations Intergovernmental Panel on Climate Change，以下簡稱 IPCC）會定期發布報告，評估有關氣候變遷的科學、技術和社會經濟資訊。IPCC 在其 2023 年 3 月發布的綜合報告中提到，所有正在研究的氣候變遷假設中，全球氣溫會在 2021 年至 2040 年間達到或超過 1.5 攝氏度的可能性超過 50%（IPCC，2023）。全球的氣溫上升將影響地球上的所有生命：它增加了發生乾旱的可能性，導致糧食不安全；它增加了極端高溫的範圍，使地球部分地區變得不適宜居住；它造成海平面上升、洪水泛濫，以及海洋生物和珊瑚礁大規模消失。所有的結果都將對生物多樣性造成極大傷害，對人類生存的威脅也會產生連鎖效應。這實在是很令人沮喪的情況。

　　不過這也是一個妥善運用數據以預測未來的好例子。預測結果顯示了我們需要加快行動以控制地球溫度繼續上升的威脅。2021 年在格拉斯哥舉行的第 26 屆締約國會議上提出的口號是「抱持 1.5 的希望」

（keep 1.5 alive），這對應了《巴黎協定》中希望將氣溫升幅控制在工業化前 1.5 攝氏度內的目標（工業化前指的是 19 世紀後半，當時工業化的化石燃料排放量尚未大量積累）。

撰寫本書時，距離格拉斯哥締約國會議已經過了兩年。將上升溫度控制在 1.5 攝氏度內仍然是我們的心願，但抱持希望變得越來越困難。2023 年 5 月，世界氣象組織（World Meteorological Organization）在報告中提及，2023 年至 2027 年期間，至少有一年會超過 1.5 攝氏度門檻的可能性為 66%。雖然這不代表氣溫會一直維持在高點，但這將是暖化現象首次突破《巴黎協定》所設下的防線。

世界普遍認為，應對氣候危機的緩衝期正在迅速結束。但根據 IPCC 的說法，只要我們立即採取積極行動，仍有機會保障我們安全宜居的未來。這些緊急行動必須包括精準地捕捉、分析並解釋數據，以此衡量我們對環境和社會的影響。**透過數據，我們可以印證行動是否吻合締約國會議或董事會會議上所做出的承諾。如果我們沒有走在正確的道路上，數據也可以幫助我們調整方向。**若不如此謹慎地對待氣候變遷承諾，這些承諾還有價值嗎？

回到組織管理的層面，我們也可以應用各國從締約國會議中所學到的教訓。國際上對於永續發展的急迫性和關注度並不是空泛的肥皂泡泡，它可以滲透到所有商業活動中，包括我們作為領導者在董事會會議上討論的相關議題。過去這幾年，事實已經證明永續發展不再是「可有可無」的理念，而是所有頂尖組織都該視為基本戰略的項目。即便最近同時發生了多起全球危機，包括冠狀肺炎疫情、能源危機、歐洲戰爭、地緣政治緊張局勢和通貨膨脹，永續發展仍然會是目前金融商業領袖們最重視的話題。

包括全球公認的聯合國氣候特使馬克・卡尼（Mark Carney）以及

其他市場參與者們，部分已經承認目前需要繼續投入化石燃料來達成將再生能源作為主力的轉型目標（Carney，2022）。黑石集團（Blackrock）首席執行官拉里・芬克（Larry Fink）一直是 ESG 數據整合的積極支持者。他表達了對環境社會股東提案的支持（Clifford，2022），同時重申永續經營不僅是管理層的責任，也是董事會進行決策時的重要考量（Pagitsas，2022）。許多人都認識到氣候危機的複雜性，也意識到金融在推動永續發展中的關鍵作用。因此，金融機構和投資人可以透過資金支持那些致力於永續發展的公司，並減少投資那些不符永續標準的公司。

永續投資是個日益增長的趨勢，你知道這會如何影響你嗎？隨著你的組織成長且需要獲得投資人的青睞，投資人如何選擇投資標的，將會對你的業務產生重大影響。在過去的 10 年中，流向永續發展的資金也顯著增加中。我們將在第 2 章深入探討這些資本流動的細節。這些巨大的資金流突顯了明確定義相關需求的必要性，讓我們可以在討論永續發展時，讓所指涉的內容更加具體。其中包含「永續」基金和「ESG」基金的定義、相關投資組合要如何符合基金的標準等，這些都是目前各界正在積極討論與統合中的重要概念。

接下來，我將在本書中說明目前定義相關概念的進展，包括分類方法、報告框架、資訊揭露規格和施行原則設定。不過我能提前預告一點：目前還沒有一個能讓所有人都同意的統一定義，這可能會使得你作為領導者的工作更加困難。不過，永續發展定義中的深度與廣度，已經出現一些共同框架：環境、社會和公司治理（Environmental, Social and Governance，ESG）這三大領域是目前最廣為接受的永續發展資料集架構。

「ESG」這個名詞在近年來常常出現在我們的視野中。但人們對它

產生熟悉感的同時也伴隨著一知半解——它究竟是什麼，以及它不是什麼。

「ESG」的起源

「ESG」在 2004 年首次出現在大眾的眼前。時任聯合國秘書長的科菲・安南（Kofi Annan）在一次的演講中，呼籲全球金融機構應該加大資本市場對環境、社會和公司治理問題的重視。不過，在安南的演講之前，哥倫比亞法學院教授阿道夫・柏爾（Adolf Berle）早已在 1932 年撰寫了一本關於公司治理的開創性著作，並被認為是 ESG 思想的真正奠基人。

柏爾一直持續推廣他的論點，並認為應該制定規範來強制實行「商業國家主義」，指出企業及其領導者在追求利潤的同時已經開始承擔社會責任，因此政府應該讓公司法等規章跟上這一趨勢。

聯合國和聯合國環境規劃署金融倡議（UN Environment Program Finance Initiative）在促成科菲・安南 2004 年的演講之前，就致力於將柏爾的學術思想轉化為具有前瞻性的氣候變遷量化應用工具。此次演講也一舉將 ESG 從古老的思考轉化為今日各界都急迫想要了解的知識。爾後 ESG 不僅在全球引起廣泛關注，並在金融生態系統中扎根生長。

什麼是 ESG？

　　ESG 如今已成為永續發展的代稱，並套用在例如「ESG 基金」、「ESG 評分」或「ESG 自我評估報告」等不同領域中。在使用這個代

稱時，我們可能會忘記 ESG 不只是要描述永續發展中的三個大框架（環境、社會和公司治理），ESG 其實還涵蓋了許多細化這三個框架的資料類別。

ESG 這個術語是基於建立可共享的資料，也就是以基本框架分類的數據，來幫助組織內外的人做出決策。這些決策可能是投資決策，例如：「我應該透過購買股票來投資這家公司嗎？」或者是業務策略，例如：「我們在歐洲的碳排放比競爭對手高，這會增加我們的風險嗎？」亦或是其他個人決定，例如：「我是否願意為這家公司效勞，即使該公司領導階級中沒有女性或少數族裔代表？」ESG 的重點在於運用數據，哪些 ESG 數據是決策的核心，完全取決於具體的使用情境。我將在後續章節中針對這些使用情境進行更詳細的解析。

ESG 在這裡的重點並不是為了建立一個普世的永續代名詞。這個術語是為了概括描述永續發展所需要的相關數據，以便建立個人觀點並做出商業決策。其中，ESG 數據需要細部拆解到什麼程度，取決於具體的決策領域和使用情境。如果沒有全面且可靠的數據來支持環境、社會和公司治理問題的分析，很顯然地，我們將無法追蹤並實現永續發展這個最終願景。

資料集是構建永續金融和永續商業的基礎材料。就像你居住的房子一樣，無論是平房、公寓、城堡還是小木屋，無論最終會建成什麼樣式，你應該都會優先考慮將它建築在堅固的基地上。同樣地，我們也應該優先考慮將我們的商業決策建構在堅實的數據基礎之上（見圖1.1）。為了避免讓我們的未來建立在不穩固的基地上，我們需要確保ESG 數據的穩健性。但是如何定義「穩健」又是另一個需要討論的議題。我們將在第 3 章探討數據裡的 3C 和 3E，提供你更多數據相關的應用框架。

　　我們若想要比較不同選擇背後的機會成本，就需要有相關數據佐證，以確認資本與資源的安排合理且具有永續性。遺憾的是，我們並不是生活在一個輕鬆就能擁有完美數據資料的世界，要取得我們所需的全部數據是非常困難的。目前我們正在迅速增加永續發展數據蒐集的密度與分布，讓 ESG 數據變得越來越適用於現實案例中。這也會是永續數據持續積極發展的方向。不過，數據的不完美對金融業界和金融社群來說已經不是新鮮事了。在這個不完整又不完美的數據世界中，金融界卻能夠做出相對應的價值評估和風險管理，數十年來成功地進行資本部署。這可能會是永續數據能模擬發展軌跡並壯大成長的學習模範之一。

圖 1.1　一個穩健的 ESG 結構

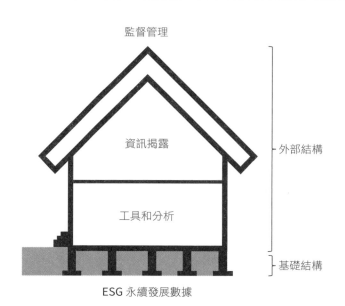

在我們理解到數據是永續金融的解決方案，而不是永續金融發展的限制之後，領導者對於永續數據的生態系統就有了更迫切的需求，也需要了解它會如何與組織的戰略交互影響。領導者需要對 ESG 數據保持好奇心，並提出有關的疑問，例如：數據如何影響企業取得資本？對數據的要求是否會出現在目前及未來可能施行的法規當中？供應鏈、員工及客戶對什麼類型的 ESG 數據感興趣？這些數據如何影響他們參與相關商業活動的意願？上述這些領導者的考量要點，我們都會在後續章節中仔細探討。

永續發展數據是董事會應該重視的議題嗎？

聯合利華（Unilever）前首席執行官保羅・波爾曼（Paul Polman）就曾提到：「今日的董事會並沒有能力應對今天所面臨的挑戰」，他點出在 ESG 和氣候方面的知識尤為缺乏。根據知名跨國會計事務所普華永道（PricewaterhouseCoopers，PwC）2021 年的年度企業董事調查，只有 25% 的董事報告顯示，該組織的董事會非常了解 ESG 相關風險。同樣地，在紐約大學史登永續商業中心對 1,188 名《財富》100 強（Fortune 100 board）公司董事的背景調查中，發現只有約百分之一的人擁有環境領域相關專業知識（包含能源、環境保護、氣候和永續發展領域）（Whelan，2021）。

雖然許多董事會透過任命新董事的方式，來增加這方面的專業領域人才。然而，所有領導者都應該了解如何衡量和管理永續發展議題，這項技能也將會使他們抓住其他企業可能輕易錯過的風險和機會。要做到這件事，領導者需要先了解哪些數據是必要的、可用的和可比較的。掌握了這些必要的知識，就能幫助高級管理層、董事會、股東和

員工在日常工作中採取永續行動。

　　身為公營單位及民營企業的非執行董事和顧問，我同意保羅・波爾曼的評估。敏銳且經驗豐富的董事會成員雖然在商業策略和財務運籌上所向披靡，但他們並沒有評估永續發展或處理 ESG 數據的技能或經驗。放眼目前的董事會，處理永續數據的知識仍然是稀缺技能。但這卻是能幫助經營團隊產出 ESG、改進 ESG，並追蹤 ESG 關鍵績效指標的必備工具。

　　如果我們觀察全球各地的企業高層，我們會發現領導族群的永續發展數據技能，普遍不如他們在其他業務技能上那麼嫻熟。他們對於 ESG 資料集的理解以及利用 ESG 數據評估風險的相關專業知識，都還有很大的進步空間。為了在領導階層中建立他們所需的技能，我們需要先思考一個問題：為什麼領導者需要這些技能？因為所有技能的學習和精進都需要投入時間、精力和資金。所以我們先來了解一下，為什麼這是一項非常值得的投資。

為什麼永續發展數據對一個組織來說很重要？

　　這是一個攸關數百萬美元的問題。如果你回答不出來，那你就無法承諾任何需要投入資源建立的永續發展項目。這個問題的答案涵蓋了多個相關領域，所以我們首先要確認的是，企業的核心業務需要哪方面的永續數據支持。如此一來，才能讓數據的應用不會與最終目的背道而馳。ESG 數據是確保組織在當前和未來環境中保持競爭力的關鍵，它絕非次要條件，更不該將它擺在任何業務考量之後。因此，組織的所有基本業務都應該由這些數據來驅動，包含：取得營運資本、擴張業務並提高效率、符合法規及監管要求。

　　為了確認你充分理解永續發展數據對組織的重要性，我建議你參考我設計的「永續發展數據的 ABC 情境」（請查看圖 1.2），這也是三個最基本的業務使用情境。我們也會在第 2 章深入探討每一個使用情境。這些使用情境解釋了為什麼企業領導者需要將 ESG 數據視為核心發展重點，也能為領導者提供具有說服力的理由，解釋為什麼 ESG 數據能確保組織在業界維持競爭力。

　　我認為永續發展不該只被視為企業的附加價值，或是一個完全無關組織成功與否的獨立任務。同樣地，ESG 數據也不該被隔離於核心業務決策所需要的數據之外。理解這一點將有助於領導者正確判別出所需的 ESG 數據，從而推動組織的整體成功。

圖 1.2　永續發展數據的 ABC 情境

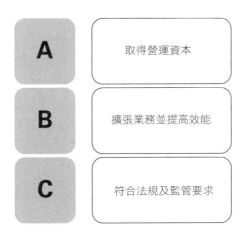

A　取得營運資本

B　擴張業務並提高效能

C　符合法規及監管要求

　　將你的 ESG 數據轉化為競爭優勢並不是天馬行空的想像。如上文所述，永續發展是影響組織成功的關鍵指標。從你的組織到產品價值接收族群、再到更廣泛的產業界、甚至到整個國家，ESG 數據存在於經濟的各個層面。借助數據，永續發展可以成為組織成功的催化劑，

並且使你的團隊為減緩暖化貢獻一己之力。

在永續數據揭露這個議題上，市場環境及監管方向正在發生天翻地覆的變化。對此你可以主動迎敵，也可以被動回應；你可以引導潮流，抑或順勢而為。本書對你做出的任何選擇都不會有過多評判。然而，你所做的選擇都需要相對應的數據來支持，確保你能做出正確明智的決策。本書將探討如何針對特定的使用情境，使用適當的數據來促使組織為地球做出最有效益的決策。

現在正是數據發揮強大影響力的時機，永續發展將被推上全球最熱烈討論的舞台中央。而你，即將跟著此書做足充分的準備。

參考文獻

Carbon Trust (2018) A guide: Carbon footprinting for businesses, www. carbon trust.com/our-work-and-impact/guides-reports-and-tools/a-guide-carbonfootprinting-for-businesses (archived at https://perma.cc/VD3D-5PHK)

Carney, M (2022) Financing the net zero revolution, Bloomberg, https:// assets. bbhub.io/company/sites/63/2022/05/Financing-the-Net-Zero-Revolution_ NZDS-Speech-by-Mark-Carney.pdf (archived at https:// perma.cc/6HRD-WD84)

Clifford, C (2022) Blackrock to vote for fewer climate shareholder provisions in 2022 than 2021, CNBC, www.cnbc.com/2022/05/11/blackrock-to-vote-forfewer-climate-provisions-in-2022-than-2021.html (archived at https:// perma. cc/7T6A-9AJU)

Environment and Climate Change Canada (2022) Global greenhouse gas emissions: Canadian environmental sustainability indicators, www.canada. ca/ en/environment-climate-change/services/environmental-indicators/ global-green house-gas-emissions.html (archived at https://perma.cc/ N8AN-DVYG)

Environment Protection Authority Victoria (2021) PM2.5 particles in the air, www.epa.vic.gov.au/for-community/environmental-information/air-quality/ pm25-particles-in-the-air (archived at https://perma.cc/EC6P-K66A)

Government of Canada (2023) How much forest does Canada have? https:// natural-resources.canada.ca/our-natural-resources/forests/state-canadas-forestsreport/how-much-forest-does-canada-have/17601 (archived at https://perma.cc/ AAX7-YRH9)

IPCC (2023) Climate Change 2023: AR6 synthesis report, www.ipcc.ch/report/ ar6/ syr/ (archived at https://perma.cc/UM36-R5S5)

Pagitsas, C (2022) Chief Sustainability Officers at Work: How CSOs build successful sustainability and ESG strategies, Apress, New York, NY

Whelan, T (2021) US Corporate Boards Suffer from Inadequate Expertise in Financially Material ESG Matters, NYU Stern Center for Sustainable Business, www.stern.nyu.edu/sites/default/files/assets/documents/U.S.%20 Corporate% 20Boards%20Suffer%20From%20Inadequate%20%20 Expertise%20in%20 Financially%20Material%20ESG%20Matters. docx%20%282.13.21%29.pdf (archived at https://perma.cc/8LF8-E4PZ)

World Resources Institute Climate Watch (2023) Historical GHG emissions (1990–2020), www.climatewatchdata.org/ghg-emissions (archived at https://perma.cc/GXY3-9AUF)

2

永續發展數據的 ABC 情境

┌─ 問題反思 ─────────────────────────

• 我們要如何蒐集 ESG 數據並為你的核心業務增加價值？

• 我們能如何幫助組織避免可能的風險？

• ESG 數據在你的財務計畫中扮演什麼角色？

• 投資人在進行投資時，是否依然只關心利潤？

• ESG 資訊揭露相關法規會如何影響你的組織？
└─────────────────────────────────

在正式開始使用永續發展數據前，你需要先了解你使用這些數據的目的，才能知道哪些數據項目對你的企業來說最為必要。雖然有很多人強調要將永續發展置於企業的核心位置，但如果沒有透徹理解這個行動背後的意義，一切也可能變得徒勞無功。依照使用情境來了解數據如何推動永續發展，就是一個很好的理解方式。在第 1 章中，我們已經簡要提過永續發展數據的 ABC 情境，在這一章中，我們將更深入地探討每一個使用情境。

作為一名企業領導者，你的工作則是找出哪些使用情境與你的組織目標和優先事項最為吻合。這將有助於釐清為何 ESG 數據對你來說是商務戰略中很重要的一部分。讓我們先來回顧一下永續發展數據的 ABC 情境：

A 取得營運資本（Access to capital）

B 擴張業務並提高效能（Business growth and efficiencies）

C 符合法規及監管要求（Compliance and regulation）

在本章中，我們將依序探討如何在這些情境下使用永續發展數據。

在開始討論之前，請記住一點：無論在什麼使用情境中，能促使組織採取行動的原因都是「創造價值」。每個人對「價值」的定義都不同，有些人只需要透過財務指標來衡量，有些人則需要透過實現企業的使命來衡量。不變的是，所有組織活動的最終目標都是為了創造價值。因此，在我們後續開始探討永續數據的不同使用情境時，決不能忘記「創造價值」這個宏觀目標，以免違背了永續數據要幫助組織達成目標的初衷。

也許有一些讀者還不能同意永續發展數據的必要性。你可能認為，在組織中記錄 ESG 數據是一項不重要的工作項目，你既沒有時間也不

想為此投入資源；你也可能認為，永續數據雖然有助於應對全球氣候變遷的挑戰，但除此之外幾乎沒有其他價值。當我們深入探討永續數據的 ABC 情境時，你將認識到這些數據如何幫助企業達成最終目標，也就是為企業「創造價值」。

使用情境一：取得營運資本

由於人們日漸意識到地球所面臨的嚴峻處境，因此越來越多人提倡要喚起大眾對永續議題的關注。然而，永續發展獲得領導者關注的重要程度遠大於建立普世的價值觀。不過領導者關注永續發展，不僅僅是因為宏觀層面的環境或社會責任，更重要的是可以保護自身組織和治理階層的利益不會因此蒙受損害。企業有了這種採取永續行動的動機，就更需要針對企業特性量身打造適合的永續方案。因此，理解永續發展會如何關係到自身組織取得營運資本，對於領導者來說是非常重要的課題。

無論是公營、私營、非營利、政府還是非政府組織（NGOs），所有組織都需要眾多資源維持營運，而「資源」在大多數的情況下指涉資金。組織可以使用這些資金來雇用人員、支應開銷、研發產品或服務、行銷，並創造出價值。有些企業能夠在不需要貸款、股權投資或政府補助等外部資金的情況下茁壯。不過大多數的時候，企業還是需要外部資金以支持其業務擴張、管理現金流，或是投入企業未來發展。所有組織在不同生命週期中，都可能需要額外的資本支持其發展。即使是在自籌資金的情況下，公司仍然會有股東需要了解業務情況。而組織的所有相關資訊都可能影響股東決定買入、持有或是賣出股份。

公開發行資本市場是目前最穩健且最被大眾所熟知的股東交流場

域，這裡交易的是上市公司的股票。未上市企業也會有私募股東，他們會利用他們能掌握的所有企業資訊做出投資決策。在企業的利害關係人之中，投資人是一群有能力決定是否要參與公司金融運作的人。當他們將這種能力化為行動並持有股票時，他們就是公司的股東；當他們透過借款或持有債券提供公司貸款時，他們就是公司的債權人。

而現在的投資人、股東和債權人在提供資本之前，常會要求經營者提供更多 ESG 相關資訊。並在投入資本後，定期要求最新的永續數據，以決定保留、出售或增加持股份額。本書為了簡便區分不同角色，後續會用「投資人」一詞套用於所有形式的金融參與者，包括股權或債務所有人。而「股東」一詞則專指持有股份的個人，無論指涉的是哪一種類型的組織。

有關資本的討論，也可以進一步延伸到 NGO 及其他非營利組織上。這些組織也會需要進入資本市場或取得私人融資，用以幫助組織成長、擴張或支持日常開支。外部利害關係人也會透過組織提供的資訊決定是否投注資金。簡單來說，所有組織都需要關注如何取得營運資本。如果你想要投資人的資金，那你就該將他們的需求視為你的需求。因此，所有組織都應該關心投資人會如何與 ESG 數據互動。領導者需要思考投資人需要什麼數據，以及為什麼他們需要這些數據。

你也許擁有金融領域的專業知識，但沒有也沒關係。我們會為不同背景的讀者提供需要的背景知識。我們先來看一下圖 2.1 這個簡化後的利害關係人地圖，幫助我們釐清利害關係人所需的資訊是如何流動的。藉此提醒自己在組織籌措資金或獲取貸款時，金融價值鏈中會有哪些參與者。

讓我們先看圖 2.1 的底部，這 4 個淺灰底方格代表了組織所需執行的業務，包括財務、營運、銷售和人力資源。這些執行業務需要向上

匯報資訊給高階管理團隊。一般企業的員工也許會在一個或多個業務中發揮長才，或是任職於高階管理團隊中。

圖 2.1　組織接觸利害關係人的途徑

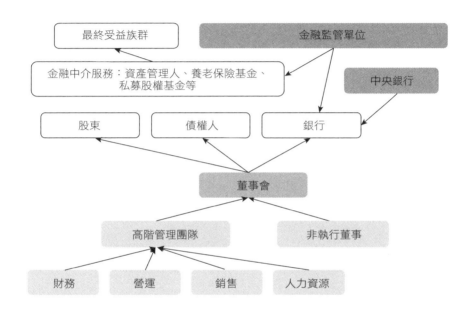

高階管理團隊作為執行董事，在利害關係人當中對組織的運籌帷幄發揮著關鍵作用。而非執行董事通常獨立於組織的日常管理工作。他們的職責是在挑戰執行團隊的同時提供必要的支持，且有責任保護股東的利益、確保公司價值的維護和增長。這兩個肩負著不同責任的群體，組成了一個組織的董事會。

包含董事會以及下方的所有淺灰底方格，代表了整個尋求資本的組織實體。組織實體之上的黑邊方格則是股東、債權人和銀行。同樣地，為了讓本書要傳達的觀念更簡單易懂，我以這三個群體代表組織

能獲取資金的渠道：股東提供資金以換取公司的股票（股權投資）；債權人提供資金並得到組織的償還協議（可以是債券、貸款或其他有息票據）；而銀行的概念對我們來說就更熟悉了，銀行也為組織提供類似於個人金融的服務，例如，有息存款、貸款、透支貸款，或其他能幫助組織管理現金流和資產負債表的金融產品。

在某些情況下，股東或債權人會委託中介機構代為操作。常見的案例是交由資產管理人或養老保險基金經理人代表投資人或保單持有人購買股票。在這種情況下，組織就能透過中介機構募集資產管理人、養老保險基金或其他金融公司（風險投資、私募股權基金等）手上的資金。無論投資人是公司還是個人，在委託中介機構之後，他們距離直接持有股票僅有一步之遙。雖然投資人的名字不會出現在組織的股東或債權人名單上，但他們終究是最終受益族群，只是交由金融中介機構代表他們進行投資操作。

右上方的深灰色方格代表了金融價值鏈中的監管單位。在不同的司法管轄區域內都運行著獨有的金融監管體制，而這些監管單位通常都非常嚴格。且不同的金融機構和銀行可能會接受不同監管單位的監督。雖然這句話將監管單位的職責範圍描述得有些模糊，但聚集大量資本的成熟金融市場中，都會明確定義哪些監管單位負責監督哪些組織、什麼類型的金融參與者需要遵守什麼法規。

這裡值得特別一提的是，中央銀行在這個生態系中所扮演的角色。中央銀行通常在一個國家的經濟中扮演兩種角色：一個是它作為政府的金融單位，發行債券和貸款，並以類似於商業銀行的方式參與貨幣市場和其他金融市場的運作（為了便於理解，這裡簡化了許多中央銀行的職能）。另一個是它經常作為其他銀行的審慎監管單位，監督其管轄範圍內的銀行。近年來，中央銀行的職責也包括了指導被監管機

構採取永續發展行動。

當討論的議題涉及永續數據時，這個利害關係人地圖能為你提供重要線索，幫助你分辨組織需要借助哪些數據來取得不同資本來源。單獨行動的股東可能只會有部分特定資訊需求；而代表投資人的金融中介機構，對數據的提供則會有更多樣的要求。這可能是因為金融中介機構不僅要對自己的投資人負責，還需要考慮本身的監管義務。這兩個原因導致金融機構越來越重視企業的永續發展，並會要求企業提供 ESG 數據相關報告。

銀行也是如此。當銀行向企業提供產品時，必須擔負起本身的金融監管和審慎監管義務。隨著永續發展不斷被放上全球重大討論議程之中，永續發展相關風險對銀行來說也變得越來越重要，也因此推動了銀行對潛在客戶提出 ESG 數據揭露的要求。同樣地，這也將影響你所領導的組織實體。

你可能覺得很困惑，金融監管單位的主要職責是監控金融體系運作的情況，為什麼他們還需要關心永續發展？這是一個很好的問題，不過，不同的監管單位可能會有不同的答案。

從風險管控的角度來看，不能永續發展的業務很可能在中長期造成資本市場的不穩定，這是因為不永續發展的商業策略可能會導致企業整體價值下降，增加擱淺資產的風險。投資經理人也會因此需要重新評估投資組合。這些風險最終會影響投資人和整個金融市場的穩定性。因此，監管單位有充分動機透過永續發展的監測來減少這些風險。

有些監管單位抱持著「買者自負」（caveat emptor）的核心論點，即市場參與者應自行評估並承擔風險。而且他們的法定職責並不包括永續議題，因此不應超出既定職責範圍進行監管。

相反地，那些不認同「買者自負」的人認為，監管單位有責任保

護消費者,並確保他們了解投資產品的真實情況。隨著 ESG 基金的快速增長,監管單位有責任也有必要確保消費者(即圖 2.1 中的最終受益族群)能夠明白這些基金的特性和風險。因此,大多數監管單位都認同應該向組織要求擴大資訊透明的範圍,這也會是保護投資人並促進市場健康發展的基礎。

所以,揭露永續發展資訊已經迅速成為企業能取得營運資本的必備條件。過去投資人很少關切永續發展數據,但這樣的情形已經不復存在。現在的投資人越來越看重企業的永續發展數據和指標,以此評估投注資金後的風險和報酬。一旦資金投入,他們還會持續追蹤投資組合在永續發展上的後續表現。簡而言之,企業若想吸引投資,或保持現有投資人的興趣,就需要跟上這波 ESG 數據揭露的趨勢。

目前國際永續準則委員會(International Sustainability Standards Board,ISSB)、歐洲財務報導諮詢小組(European Financial Reporting Advisory Group,EFRAG)、美國證券交易委員會(Securities and Exchange Commission,SEC)和國際標準化組織(International Standards Organization,ISO)等,全球各地的權威機構都在竭力促成數據揭露的標準化規範。他們不僅要求組織提供傳統指標,如溫室氣體排放量,還要求更多樣化且包含更多細節的氣候、環境、社會和公司治理數據。企業需要盡可能揭露這方面的表現,才能滿足投資人和監管單位的要求。我們將在本章詳細討論監管單位的期望,也會在後續章節帶領讀者了解更多永續揭露準則的發展趨勢。

有了這樣的基本認知後,接著我們會透過投資人和股東對 ESG 數據的看法,了解投資人是如何衡量自身的利益。

投資人對 ESG 數據的看法

投資人需要從投資候選企業中獲得足夠的資訊，才能做出最終的投資決策。這個簡單的陳述背後包含了一個隱含的訊息：投資人需要參考候選企業的詳細財務和非財務資訊，進而做出投資決策。財務資訊包括財務報表、預測報告、成本效益分析、損益表和資產負債表的所有註釋與細節；而非財務資訊則包括市場及產業數據、統計基準和比較指標、組織結構圖、員工資歷、職責分配，還需要參考總體經濟或地緣政治風險、法規及監管要求等相關資料。

近幾十年來，投資人都是運用財務和非財務資訊來決定是否對企業進行投資。其中，投資人特別關注非財務資訊帶來的重大影響，即這些資訊是否會影響企業的穩健程度和未來前景？是否會影響企業的推估市值？

重大性及三重盈餘

根據國際財務報導準則（International Financial Reporting Standards，IFRS）的描述，如果省略、錯置或掩蓋財務報表中的某些資訊，可能會誤導最終受益人（如投資人和債權人）做出錯誤的投資決策，則該資訊就會被認為具有「重大性」。財務報表的目的是為了提供組織實體的必要資訊，以幫助投資人做出決策。因此，財務報表需要保證資訊準確、完整且透明。(IFRS，2018)

投資人非常關心可能造成重大影響的相關風險，因為這將會威脅到目標的實現。這在 ESG 框架下被稱為「單一重大性」，包含可能對

企業及其盈利結構產生的威脅或機會。比如，極端天氣可能對特定產業產生重大影響，像是以農作物作為主要生產原料的企業，就可能因為極端天氣而直接中斷產品供應鏈。

我接下來會以希臘的一家水果冰沙製造商作為案例來說明，我們暫且稱之為娜娜冰沙。對於娜娜冰沙來說，因為原料生產與極端氣候有著直接的關係，這對投資人來說就是具有重大影響的資訊。如果我們預測極端氣候的發生頻率會增加，那麼娜娜冰沙無法達到生產目標的風險也會跟著增加。因此，在這個案例中，揭露環境氣候相關資訊對投資人來說非常重要，即 ESG 中的 E（Environmental）。娜娜冰沙能採取的應對措施，就是提供相關數據佐證公司有掌控風險的能力、亦有降低風險的戰略規劃，即 ESG 中的 G（Governance）。比方說，當產量不穩定時，公司規劃以小麥草作為香蕉的替代原料（雖然這個替代方案聽起來不怎麼誘人）。

這個案例顯示公司揭露氣候相關資訊，並不是為了告訴投資人公司在業務執行上有多麼「永續」。相反地，它是為了把企業對氣候變遷的敏感程度，更公開透明地向投資人展示。娜娜冰沙的例子說明了「重大性」的概念。但是隨著社會對永續發展的關注增加，「雙重重大性」的概念也隨之出現。

> 「單一重大性」指的是氣候變遷對財務及企業活動的影響；而「雙重重大性」則是反過來說明企業活動如何對環境造成影響。

如何在公司報告中表述雙重重大性這類的敏感問題，至今仍然很難取得共識。站在投資人的高度來看，目前僅僅依靠財務數據已經不足以做出投資決策。這一點正在改變獲取資本的遊戲規則。投資人原

先依賴公司提供的數據，評估公司目前的表現並推及未來，這種傳統投資方式已經逐漸式微。現在，投資人正在尋求更適當的方式評估公司未來的業務能力，才能精準預測企業未來的價值。

重大性是進行財務揭露時的指導方針，也是超越傳統財務範疇的重要趨勢。這些新的財務揭露原則，正在將企業的財務表現和盈利結構帶入一個全新的領域。「企業的底線」這個概念也正在接受挑戰。為什麼叫做「企業的底線」？因為在損益表最後一行會以兩條底線表示計算終了。也就是指企業計算完所有支付費用後，所得到的公司淨收入，也是該次會計期間的總利潤。

這個看似基本的財務概念，在永續發展方面正在受到質疑。有部分業界人員提出，比起計算兩條底線所代表的帳面盈餘，企業更應該將「三重盈餘」視為最終營運成果。

> 「三重盈餘」（triple bottom line，業界常以 TBL 或 3BL 代稱）是一種新型商業概念，可以用三個 P 來說明，分別是利潤（Profit）、人類（People）和地球（Planet）（HBR Business Insights Blog，2020）。提倡者主張企業除了要關注財務報表中底線所代表的利潤之外，也應考慮其對社會和環境所帶來的影響。

三重盈餘這個概念是怎麼來的呢？「三重盈餘」這個名詞是在 1994 年由英國管理顧問兼永續發展先鋒學者約翰・艾金頓（John Elkington）所創造，並作為衡量美國企業績效的方法。他的看法是，公司不僅該關注盈利，也該在關注社會和環境影響的同時進行管理，才能保護人們生活的場域並提升地球的調適能力（Elkington，2018）。

根據三重盈餘的理論，公司應同時關注以下三個面向：

- 利潤（Profit）：這是公司盈利能力的傳統衡量模式
- 人類（People）：衡量組織現在與過去承擔了多少社會責任
- 地球（Planet）：衡量組織現在與過去承擔了多少環境責任

　　越來越多投資人開始使用三重盈餘的思維分析投資標的。然而，三重盈餘與永續發展下的諸多領域一樣，存在著如何衡量與蒐集數據的問題。採用三重盈餘的實質意義其實是要企業展現改革決心，並將自身所帶來的社會意義及環境意義，看得和企業的經濟意義一樣重要。

　　一旦你決定採用三重盈餘思維，就需要制定一個能測量永續行動並蒐集相關數據的策略。因為當你宣布要採用三重盈餘作為企業目標時，必然會引來投資人、股東、員工、合作夥伴、金融機構等不少利害關係人的質疑。因此，理解什麼是三重盈餘、以及你的公司為何要將此概念作為發展目標，就會是關鍵的第一步。充分了解這個概念並量身打造數據蒐集策略，便能確保你不會陷入「漂綠」（Greenwashing）的嫌疑。「漂綠」是指公司在推廣自身產品時，以虛假或誤導性的綠色行銷手法，使人們以為公司或其產品在環保領域有所貢獻。我們後續將在第 9 章詳細討論「漂綠」這個重要議題。

盈利能力 vs 三重盈餘

　　表 2.1 是全球知名品牌宜家家居（IKEA）以三重盈餘的三個 P（利潤、人類、地球）建立的商業策略。如果像 IKEA 這麼大的品牌都開始採用三重盈餘，是否意味著盈利能力不再像以前那樣重要了呢？疑惑是否依然該將盈利擺在第一位是很自然的事情，也是我們練習站在投資人角度來思考這個問題的好機會。

　　投資人是為了讓投入的資金增值才會進行投資行為。而投資人在

投資生命週期中的各個時期，都可能因為所掌握到的資訊不同，而影響其對投資報酬率的預期。這些對投資報酬率的預期觀點，通常都會將投資相關風險和投資期望值納入評估。就一般經驗法則而言，高風險會帶來高報酬，但同時發生低報酬或無報酬的可能性也很高。這就是我們接下來要講到的波動性。如果市場機制不是這麼運作的，那麼投資人就沒有理由對高風險標的進行投資。

投資人通常不會為了獲得高報酬就重壓資金在高風險標的上，因為投資人更重視如何緩衝市場波動性及其他高風險不利因素帶來的影響。每個投資人都有自己的評斷標準與風險承受偏好，因此，個別投資人在風險與報酬之間取得平衡的方式也不盡相同。

延續前面提過的疑問，在這個強調永續發展的時代，投資人是否正在顛覆以往以利益為導向的投資方式？這裡我提供兩種方式來思考這個問題。

首先，如果我們維持投資的主要目的是為了得到報酬的假設，我們應該先回過頭來想想這件事會怎麼發生。當投資標的在投入資金的期間提高市場價值時，投資人所投入的資金就會增值，出售標的後就能獲得正向報酬。如果我們能在傳統的財務數據之外，加入有關公司永續發展的資訊，像是 ESG 相關數據的揭露，這就有助於評估公司的機會與風險，進而提高企業的市場價值。尤其是當全球供應鏈都開始針對碳排放量祭出相關限制時，製造出高碳排放量數據的企業很可能會在銷售產品時遭遇困難，市值就可能因此下跌（當公司開始關心「範疇三」排放量時，ESG 數據項目就會變得更重要，這在後面的章節中會詳細討論）。

表 2.1　宜家家居（IKEA）的三重盈餘和三個 P

公司	宜家家居（IKEA）
概述	這家瑞典家居用品零售商是全球家喻戶曉的品牌。更多產品可以參考公司網站：https://www.ikea.com.tw/zh。
利潤	IKEA 在 2022 年的年銷售額達到了 446 億歐元，過往也一直把收益當作首要任務。但 IKEA 近年在資源投入和利潤運用上，漸漸開始展現了它對人類和地球這兩個 P 的使命。舉例來說，IKEA 在 2016 年將盈利再投資於廢棄材料的回收，扶植永續材料研發工作，甚至加大了對再生能源和物流管理的投資。展現了 IKEA 積極承擔社會和環境責任的決心。
人類	IKEA 的目標是要透過他們的產品，促進在地球上生活的 10 億人口過著健康且永續的生活。IKEA 也在 2020 年 9 月開始實施 IWAY 供應商採購準則，確保企業供應鏈中的所有工作人員，均能享有國際勞工標準中的基本權利。
地球	自 2016 年起，IKEA 就開始回收再利用廢棄材料，並製作成最新暢銷產品。依據 IKEA 的公開資料，到目前為止，其產品平均使用了 60% 可再生材料及 10% 可回收材料。IKEA 也許下要在 2030 年達到 100% 可再生或可回收材料使用率的宏願。並於 2017 年投資了荷蘭的塑膠回收廠 Morssinkhof Rymoplast（Waste360，2017）。IKEA 也推出了舊產品回購服務，以達到循環經濟及減少廢棄物的目標。在能源方面，IKEA 設定了 100% 使用潔淨能源的目標，並投注資金在發展再生能源上。例如他們位於澳洲的倉庫，已經開始以太陽能板維持營運所需能源。IKEA 也在運輸網絡中積極推廣電動車，還計畫在 2025 年實現 100% 零碳排物流的營運願景。

　　還有很多數據項目都可能加劇公司在市場上的風險，包括員工組成的多樣性、廢棄物管理的統計數據、以及治理機制的完善程度。這些都有可能影響投資人對企業的風險評估結果。正面的 ESG 數據能降低風險帶來的衝擊；不良的 ESG 數據或根本沒有 ESG 數據則會提高企業遭遇生存威脅的機率。當企業的治理缺乏透明度時，這種情況又會更加明

顯。缺乏資訊就等同具有潛在風險，投資人可不吃「無可奉告」這一套。

在大部分的情況下，ESG 數據都可以作為公司的風險評估材料，並影響著公司的市場價值。因為 ESG 數據能幫助投資人實現自始至終的投資目的，也就是獲得投資報酬，所以，ESG 數據其實是在舊有概念的基礎上套用新思維。它能顯著影響風險與報酬，因此對投資人來說非常重要。

另一個方式則是從投資人的首要投資目的來思考。這裡值得注意的是，投資人的目標雖然是獲取報酬，但這並不代表投資人願意不惜一切代價達成目的。這是在投資原則上的重大轉變。在這個前提之下，投資人雖然仍將風險與回報的平衡視為投資指南針，但仍會將其他投資目的一併納入考量。請注意這裡提到的其他投資目的並不是選擇性的，而是必要性的考量。因為投資人希望在獲得收益的同時，也能夠保障社會和環境相關價值。所以企業對環境和社會產生的正面影響，就會變成投資人篩選投資目標的首要考量。而不同的投資人對這方面的重視程度當然也不盡相同。

對環境和社會產生正向影響的判斷是很主觀的。它可以只專注於投資對地球和氣候友善的企業，即 ESG 中的 E（Environmental）；也可以透過剔除不符合員工組成多樣性的公司，即 ESG 中的 S（Social）。投資人做出選擇的原因眾多且複雜，但最常見的有：個人信念（個人投資人的切入點）、最終受益族群的需求（資產管理者的切入點）、或需要注意對風險暴露程度的審慎監管（銀行的切入點）。

剛才提到的第二種思考模式，顯示了投資人不再單純地依賴風險與報酬之間的關係做出決策。也就是說投資不再是只看財務數據的決策行為，而是直接將投資範圍限縮到符合 ESG 相關要求的公司。

讓我們再把之前提過的投資價值鏈的概念放進來。金融市場有著

複雜的運作機制，但我們對投資人和被投資企業的看法卻常常太過簡化且缺乏通盤思考。正如我們在圖 2.1 中所看到的，資金的流動會經過很多個層次。投資人通常是資本聚集後產生的投資代表，需要遵照投資價值鏈中利害關係人所認定的評斷標準進行操作，這就更強調了投資人對資訊透明度的需求。因為最終受益群組需要充分了解他們所投資企業的業務內容。這個概念從根本上導引了正在尋求資本投入的公司，促使他們更重視企業的資訊揭露程度。而財務報表也作為揭露財務資訊的基本工具，不僅投資人對其有強烈的需求，這些財務報表本身也正隨著時代的演進，持續反映著全球數十年來的會計趨勢。

財務報表：標準化的迷思

財務報表內的項目看起來都是定義明確且完全可以追蹤比較的數據，對吧？但還是讓我們再重新思考一下。

建立橫跨不同司法管轄區的普世標準，一直都是個很大的挑戰：以一般公認會計原則（GAAP）為例

財務報表有公式化的定義，具有精確、具體、可比較的特性。但真的是這樣嗎？財務報表並非在全球都使用相同的準則，依據不同地區的差異，他們需要經過調整或轉譯才能具有可比性。金融界也已經接受了這個現實，並找到一些方法來處理這些差異。所以當我們處理與財務報表相關的 ESG 陳述時，也必須要注意這些差異。這雖然對 ESG 報告帶來了挑戰，同時也帶來了希望。因為我們可以從財務報表的發展歷程中學習，並應用在永續發展的資訊揭露上。那麼現行的財務報表是怎麼運作的呢？

美國企業在編製財務報表時，都會遵循一套公認的會計準則、規

範及程序，那就是「一般公認會計原則」（Generally Accepted Accounting Principles，GAAP）。GAAP 的歷史可以追溯到 1930 年代，當時為了因應 1929 年股市大崩盤而成立了美國證券交易委員會（SEC）。委員會成立的目標是監管證券市場，並提高財務報告的準確性和透明度。

在 1930 年代到 1940 年代的期間，美國註冊會計師協會（American Institute of Certified Public Accountants，AICPA）成立了會計程序委員會（Committee on Accounting procedure，CAP），並致力於訂定統一的會計原則和標準。到了 1959 年時，CAP 被會計原則委員會（Accounting principles board，APB）所取代，並進一步修編 GAAP 的細節。接著在 1973 年成立了財務會計準則理事會（Financial Accounting Standards Board，FASB），作為獨立機構繼續制定和更新 GAAP 的各項規範。

了解會計準則的演變歷程後，就會發現它和目前制定 ESG 揭露標準的實際情況非常相似。就像有好多個接力棒同時在不同賽道上向前傳遞一樣，不同制定單位有各自的進度與標準。如今，美國企業能統一使用 GAAP 來編製資產負債表、損益表和現金流量表等財務報表，是因為美國證券交易委員會（SEC）要求上市公司在編製財務報表時必須遵循 GAAP 會計準則，否則就可能面臨罰款或法律訴訟。雖然 GAAP 是美國特有的會計準則，但許多國家也根據 GAAP 的框架制定了自己的會計準則，或採用了部分 GAAP 的原則。但是，這些國家的會計準則終究不是 GAAP 的復刻版本。如果各國能經過協調並統一使用一套全球認可的框架，這樣一切不會變得更簡單嗎？問題是，這麼做會讓「誰」覺得更簡單？對於想要交互比對全球各地財務

報表的人來說,這麼做當然會讓比對工作更輕鬆。然而,對於那些更重視在地化及資訊揭露的當地司法機關來說,採用單一的會計準則會是個好主意嗎?世界各地在司法管制上的不同樣貌,事實上反映了不同區域都有不同的優先考量順序,也保護著各地文化的多樣性。

目前幾乎快要一統各國的會計準則是國際財務報導準則(International Financial Reporting Standards,以下簡稱 IFRS),這個框架由國際會計準則理事會(International Accounting Standards Board,IASB)制定。隨著金融市場的全球化,以及統一跨國會計準則的需求,IFRS 也順利在各國推動且被廣泛使用。然而,還是有美國及少部分國家,仍然使用 GAAP 作為國內通用的會計準則。

如果想要比較不同會計準則之間的差異,可以參考以下幾個特點:**美國的 GAAP 會計準則具有詳細且具體的規範性;而 IFRS 會計準則更強調價值原則,允許會計師根據不同情況進行專業判斷。**因此,儘管同樣採用 IFRS 的澳洲、加拿大和日本,在會計處理、資訊揭露要求、以及特定行業或背景的應用上,還是存在著許多本地化後的使用差異。

歐洲並沒有一套公認的會計框架,而是各國分別制定自己的會計準則,並在 IFRS 的基礎上發展出部分內容。不過因為國家特性和監管環境的不同,歐洲各國所使用的會計準則存在著不小的差異。因此,歐盟一直致力於提倡採用 IFRS 來建立共同的會計準則,期望未來能縮小歐洲各地在會計實務運作上的差異。在這樣的前提之下,我們該如何看待以不同會計準則編製的財務報表呢?出於各種原因,全球各地的企業常常需要重新編製財務報表以符合當地規範或方便投資人進行比較,因此,現在大多數企業都很熟悉如何重編報表。以下列舉一些需要重編報表的常見情境:

- **跨國交易**：當企業需要進行併購或合資等跨國交易時，就需要編製符合當地會計準則的財務報表。
- **在他國的證券交易所上市**：如果企業決定在他國的證券交易所上市，就需要編製符合該國會計準則的財務報表。
- **符合當地法規**：依據各地監管規範的不同，各國會要求跨國企業編製符合當地會計準則的財務報表。
- **國際通用**：業務遍布全球的企業可能會採用像 IFRS 這種受到更多國家接受的會計標準作為編製框架，以便於進行跨國報告。

總結來說，企業會根據當地的會計系統或會計準則重新編製報表，以確保符合當地法規、促進跨國交易，或是提高跨國投資人能掌握的資訊透明度及比較方便度。

會計準則演進歷程可能也在預告著 ESG 資訊揭露標準的未來。上述這些企業重編財務報表的情境，有很大的機率也是未來各組織需要調整其 ESG 揭露報告的情境。這種情況可能會持續很長時間，也可能永遠都不會有一個統一的標準能適用於所有報表。

讓我們回到投資價值鏈和獲得營運資本之間的關係。數據和資訊透明度在投資生態系的不同階段都發揮著關鍵影響力，因此，了解投資利害關係人在意哪些 ESG 數據，對所有需要籌措資金的組織來說，都是很重要的任務。以下我們會用一家需要從資產管理公司手上籌集資金的企業作為案例說明。

A 管顧是一家總部位於阿姆斯特丹、業務遍及全歐洲的管理顧問公司，而且目前需要募集 2,500 萬歐元的營運資金。A 管顧的募資目標是位於盧森堡的 B 資產管理公司，而 B 公司旗下包含了一支成功的綜合股

權基金，以及一支專注於 ESG 領域的股權基金。因為 B 公司註冊在盧森堡，所以需要接受當地金融機構的監管。而當地監管單位採納歐盟委員會所訂定的準則，強制規範所有基金在揭露永續發展數據上的義務。

因此，當 A 管顧向 B 公司爭取投資機會時，B 公司要求 A 管顧必須先提供 ESG 數據，他們才願意繼續商討投資細節。不幸的是，A 管顧無法滿足 B 公司的所有數據要求。A 管顧既沒有蒐集溫室氣體排放量、碳足跡、水資源或廢棄物處理等永續發展數據，更遑論進行數據揭露。

如果 A 管顧無法提供這些數據，那麼 B 公司從法源上來說根本不可能將其納入 ESG 基金的成分股。因為 B 公司有義務向監管單位提供相關數據，證明該基金的投資組合成分有資格被稱為「ESG 基金」。同時，B 公司也可能不願意透過旗下的綜合股權基金對 A 管顧進行投資。因為 B 公司將揭露永續數據視為治理的重要方針，但是 A 管顧的業務內容不符永續訴求的風險很高，在永續數據上的透明度也低於 B 公司的要求。

但是事實上，A 管顧的業務服務幾乎沒有使用到化石燃料，公司也倡導乘坐火車取代飛機，以達到最大限度地減少溫室氣體排放。這些看似能反映 A 管顧在永續發展上的積極努力，實則沒有投注心力在妥善蒐集數據，並提供給像 B 公司這樣的資產管理公司。在這樣的條件下，A 管顧恐怕很難獲得營運所需資金，這實在不是個明智的做法。

如果企業想要獲得投資，那麼他們就有責任透過自我揭露來滿足投資人的需求。簡而言之，如果沒有 ESG 數據，你的組織未來也可能面臨無法獲得資金的風險。這個情況不僅會發生在股權投資中，也將發生在所有投資情境中：**向銀行申請貸款需要提供 ESG 數據；私募股權投資人會要求你提供 ESG 數據；甚至證券交易所都在制定揭露 ESG 數據的規範。**這並不是對未來情況的推測，而是現在正在發生的事情。

使用情境二：擴張業務並提高效能

　　目前有不少人提出，將永續發展的理念融入業務核心可以為企業帶來顯著的競爭優勢。這些企業將受益於品牌價值的提升、市占率的擴大、吸引新世代人才的湧入以及長期供應鏈的保障，還能跟上日益嚴格的監管趨勢。正如摩根大通執行長傑米・戴蒙（Jamie Dimon）和其他幾位具有遠見的執行長所言，永續發展和 ESG 並不是投資人的敵人，反而是能幫助企業在金融、社會和環境這三個層面創造更多價值的利器。

　　但是組織該如何利用永續發展所帶來的價值呢？第一步是要說服高階領導者，讓他們由衷認同這些價值，才有可能制定計畫並實現目標。這裡要提醒一點，雖然獲得執行長的支持是很重要的一環，但是確保公司能從中獲得利益的主要責任還是歸屬於公司的最高決策團體。

　　為了調查商界領袖對永續發展的看法，正大聯合會計師事務所《國際商業問卷調查報告》在 2021 年 5 月至 6 月期間，總共對 29 個經濟體系中大約 5,000 名商界領袖進行了問卷調查。調查結果顯示，永續發展已成為企業發展方針的重中之重，有 62% 的企業認為永續的發展策略與穩健的財務結構一樣重要，甚至更為重要。

　　不僅僅是大公司，就連中型規模公司（此處的中型規模定義為年收入 5,000 萬至 5 億美元的公司）也注意到了永續發展的重要性。尤其在新冠疫情爆發以後，有 30% 的企業認為永續發展變得「略為重要」，更有 41% 的企業認為這個議題「極為重要」（正大聯合會計師事務所，2021）。

要讓永續發展被放進企業的優先處理事項，贏得公司內外部的支持是關鍵的第一步。接下來就是釐清該如何實施永續發展計畫。在徹底了解永續發展為何能幫助企業成長並提高效能的前提下，我們就能從各種不同的方法中篩選出最適合的方案。

現在讓我們來了解以下這些重要的發展動機：供應鏈壓力、循環經濟趨勢、商業模式進化、人才延攬等。雖然還有更多潛在動機，但我們先從這幾點開始討論。

供應鏈壓力

從原料採購一直到終端消費者，供應鏈中的每個購買決策都逐漸將永續性納入考量。為了讓購買者確切掌握購買所產生的碳排放量，我們需要從供應鏈中的每個節點蒐集相關數據。企業的所有產品和服務都是投入有形資源或無形資源之後的產物，有了這些資源的投入和產出，才能建構出組織賴以運作的供應鏈和價值鏈。

沒有供應鏈，企業的產品及服務就不復存在。所以如果要反映企業在永續發展上的影響力，就必須要將供應鏈的運作機制納入考量。而且必須納入供應鏈上的所有節點，才能全面反映企業對人類及地球所造成的影響。

若要探討永續發展報告能帶來的好處，就需要針對供應鏈的上下游分別採用不同的邏輯和方法進行評估。上游供應鏈影響的是材料在生產過程中的流動，這些原料可能包括塑膠、木材、金屬，或是其他特定的、更複雜的產品。這些原料的投入是一個企業的商品和服務能問世的必經過程。因此，如果上游供應商對於自家 ESG 報告充滿信心且透明公開，那麼關心永續發展的客戶就會更樂於採購這些原料。這樣的上游供應商就能得到更多訂單，打敗其他沒有意願或沒有能力公開數據的競爭者。

　　而下游供應鏈影響的則是成品在企業及客戶之間的流動，包括物流配送、訂單履行及產品交付。同樣地，如果下游供應廠商願意揭露永續發展數據，則可以讓供應鏈的走向更為透明，進而為整體產業鏈贏得更多業務，並強化客戶的忠誠度。

　　企業應該同時具備對上下游廠商的掌握度，這樣不僅能帶動產品供應流程的優化，同時也是在向市場展現企業本身的永續發展能力。

　　我以圖 2.2 把 ESG 數據在價值鏈中的流動方式視覺化。企業必須把製造及交付流程裡的上下游數據都整合到自家數據中，才能準確反映「整個生命週期」的永續發展情況。若要計算整個生命週期的 ESG 數據，如圖 2.2 所示，需要將代表上游的圓圈與代表下游的方塊全部相加計算。

圖 2.2　數據在價值鏈中的完整生命週期

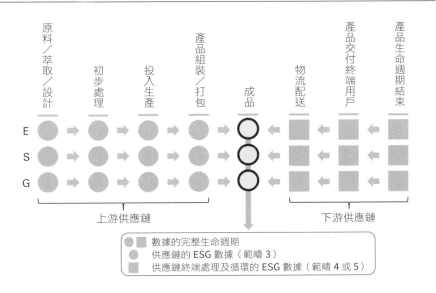

這看起來很複雜，因為供應鏈確實就是這麼複雜。要讓產品的整個價值鏈都能確實揭露 ESG 數據，並在企業內的不同層級進行數據整

合和反饋，仍然是一項很大的工程。但是站在價值鏈的宏觀角度來看，每個人都該為永續發展盡一份心力。因此，確認 ESG 數據的揭露程度成為採購流程中非常重要的一部分。這不僅僅要成為採購的例行公事，更要作為購買決策的重要依據。

你也許聽過「範疇一、二、三」的碳排放概念，沒有也無妨，我們很快就會在第 3 章中提到。目前你只需要知道，供應鏈的數據計算與範疇三的排放數據計算方式完全一致。我認為一個組織如果無法提供足夠的 ESG 數據，那麼很快就會面臨失去新舊客戶的情況。

為了讓你對供應鏈中的各項活動有更生動的認識，讓我們用另一個方式，來討論圖 2.2 供應鏈中的物流配送。產品或服務通常都會透過物流配送交付到終端使用者手中。就拿你在線上購買的廚房小物來舉例。它經過加州研發團隊的精密設計、使用了匈牙利製造的零件、配備了臺灣生產的晶片、最後在德國組裝完成。而這個產品，會在你著手準備一場盛大的派對前，準時送達你家門口。

像這樣的廚房小物或其他產品，都需要經由物流系統才能配送到你的手上。而物流通常是供應鏈中對化石燃料依賴程度最高的部分。根據 2021 年對二氧化碳排放量的統計資料顯示，在產品最終用途的相關活動中，交通運輸就占了 37%。即使是在 2020 年和 2021 年新冠疫情大流行期間，人們對交通工具的使用大量減少、各國的邊界管制導致貿易流通量也大幅降低的情況下，交通運輸所產生的溫室氣體仍是全球排放量的一大來源。其中的原因也可能是隨著電子商務的發展，像亞馬遜、淘寶、樂天和 Flipkart 這些電商平台在疫情封鎖期間的送貨量急遽增加，所以才進一步推升了排放量。雖然很多消費者也因此與送貨員建立起友誼的橋樑，這也為沉悶的疫情帶來了些許溫暖。不過，即使 2022 年我們已經不受疫情封鎖的限制，交通運輸所造成的排放量

仍在持續增加中。根據國際能源署（International Energy Association，IEA）的數據顯示，2022 年交通運輸排放總量較去年同期增加了 2.1%。

當然，這些排放量並不全是因為要運送你的廚房小物。從另一個角度來看，下游供應鏈在物流配送以及產品交付這兩個環節都可能產生相關影響。隨著氣候變遷和自然環境的保護議題被廣為討論，大眾也逐漸對供應鏈所造成的影響產生興趣。

因為供應鏈的終點是消費者，而消費者在採購時除了考慮價格及外型等傳統因素外，也越來越常把產品是否對環境友善納入考慮。消費習慣正在悄悄改變，人們想要購買的東西也與從前不同。**根據歐洲議會研究服務所（European Parliamentary Research Service）發布的數據顯示，超過三分之二的歐洲居民在價格增加的情況下，還是會購買環境友善產品（European Parliament，2022）**。這顯示了消費者十分認同企業應擔負起社會責任，並且會透過消費行為支持那些重視勞工權利、促進本地社群及國際交流的優良企業。

隨著數位化和電子商務的發展，消費者在支持永續經濟方面擁有越來越大的影響力。在決定購買之前，消費者有非常多線上管道可以查詢產品相關資訊及其生產公司的口碑。在消費者手中的電子裝置上，只需幾個簡單的操作步驟就能從電商平台的購物車，切換到搜尋視窗並開始搜尋「X 公司的碳足跡」或「Y 產品和 Z 產品，誰對環境更友善？」但是這樣的情形只有在生產公司主動揭露永續發展數據時，消費者才有可能輕鬆取得這些資訊。

向終端消費者提供公司及產品的永續數據十分有助於業務擴張，而且永續購買的市場預計還會持續成長。如果你的企業沒有對外揭露永續發展數據的打算，未來就有可能被排除在消費者的選擇之外，也無法在服務主流消費者的相關平台中曝光。不揭露永續數據，企業就

得接受被市場和消費者淘汰的風險。

昇華產品交付的歷程：走進循環經濟

　　但是消費者未必一定是供應鏈的終點。在永續發展的定義中，供應鏈還包含了產品原料的去向，這將使產品的生命週期遠比我們想像得更長。圖 2.2 中的「產品生命週期結束」階段，其實還可以繼續往後延伸。因為在產品售出後，企業還是要持續應對以下這些問題：當消費者不再需要這些產品時會怎麼處理產品？產品會直接進入垃圾掩埋場嗎？產品中的成份是否會產生汙染土壤的毒素，或是變質為其他危險物質？零件或原料還有機會被重複利用嗎？

　　也有研究指出，永續發展策略其實有助於企業提高效能，這與循環經濟的趨勢有關。循環經濟的原則是促進材料的回收及再利用，力求減少產品在製造過程中所消耗的資源和原料。麥肯錫的報告也指出，永續發展的商業策略可以大幅降低成本，影響高達 60% 的營業利潤（Koller and Nuttall，2020）。因為當我們開始監測資源使用量時，就有機會發現能優化資源使用效率的地方，比如水資源和能源的消耗情形。這些資源都是成本的一部分，而且不具有價格的彈性。透過監測使用量來控制資源的消耗，就可以有效降低企業的製造成本。

　　準確掌握資源投入和產出的關係，就是企業優化流程並提高製造效率的最佳機會。對企業來說，減少前期的投入資源並降低產品進入垃圾掩埋場的機率，既可以保護環境又能提高自身的業務效率，是個很划算的交易。

　　展覽承包公司就是一個很好的例子。這類型的公司非常善於製造短期展示需要用到的硬體設施。展示期間最短可能只有幾個小時，但是所使用到的展示用品卻可能在垃圾掩埋場中遺留長達數十年。在永

續發展的概念裡，這種做法實在難以令人接受。於是部分的展覽承包
公司開始採用新的商業模式，製造新型的永續塑膠展示用品，做法包
括從海灘上蒐集塑膠垃圾、回收其他產品的塑膠包裝等。而且這些新
型產品並不會在展覽結束後直接丟棄，而是在每次展覽中重複利用。

上述這種致力於永續發展和提升營運效率的展覽承包公司，還可
以將商業模式改為提供高價值的諮詢服務，並以出租取代販售展示用
品。這種策略的變化不僅可以推動永續發展，還可以降低供應鏈所需
成本、加快產品及服務的交付速度，最終為企業帶來更高的利潤。因
此，透過改變商業模式，訂定永續導向的業務目標，實質上能為企業
提高營運效率。

我也要再次強調，不管是循環經濟還是廢棄物管理，掌握這些行
動背後的數據，對於永續發展和樹立企業形象來說都非常重要。永續
議題是真實存在的議題，價值產業鏈上的每個購買選擇都實實在在地
被 ESG 數據及其數據揭露行為影響。這不僅攸關公司的壯大，更會影
響公司在市場上的未來潛力。這是影響深遠的一件事，因為一家公司
的未來如果不存在發展潛力，企業價值就會急劇下降，而領導者的努
力也會變得徒勞無用。

案例研究：麥當勞的紙包裝轉型

全球速食龍頭麥當勞在 1990 年開始與環境保衛基金（Environmental
Defense Fund，以下簡稱 EDF）合作，檢核自身的塑膠製品使用情形。
首當其衝的是使用了聚苯乙烯（譯註：Polystyrene，化學式為 $(C8H8)n$，常在原
料表中被標註為 PS）的經典漢堡保麗龍盒。於是麥當勞做了一項突破性的
決定：他們要使用紙質材料取代所有保麗龍包裝，以此實現麥當勞對

環境永續發展的承諾。以下會詳細探討麥當勞採用紙質包裝的商業策略，以及 EDF 在數據提供和效率研究上發揮的關鍵作用。

　　作為世界上最大的速食連鎖店，各界一直以來都在密切關注麥當勞對環境影響的一舉一動，尤其是一次性塑膠製品的使用情況。麥當勞很快意識到全球對塑膠汙染的關注度，決定要積極應對這個問題。於是麥當勞採用了更符合永續要求的紙質包裝，積極減少自身製造的碳足跡，並為整個速食產業樹立了良好的典範。而 EDF 作為麥當勞紙包裝轉型的合作夥伴，組織本身的使命就是透過與企業合作尋找環境議題的解決方案。這使得他們成為麥當勞的理想合作夥伴，並在麥當勞的永續發展行動中產生了決定性的作用。

　　EDF 從麥當勞的工作流程中蒐集數據並進行分析，嘗試研擬出一套合適的永續方案。除了評估轉型帶來的環境效益外，EDF 也對改用紙包裝能帶來的業務效益進行了徹底的研究，包括麥當勞的供應鏈、包裝流程和行銷手法。EDF 最終也為麥當勞找到了可以提高效能的關鍵策略，包括：

- **物流與運輸**：麥當勞透過包裝尺寸和重量的精密設計，提高運輸空間利用率，減少了運輸所需耗費的燃料。成功在降低營運成本的同時也減少了企業的碳足跡。
- **供應商合作夥伴關係**：EDF 鼓勵麥當勞與目標相近的供應商合作。這不僅符合麥當勞本身的環境友善目標，更能穩固供應鏈內的合作關係。
- **消費者和員工的觀感與忠誠度**：紙包裝轉型能讓具有環保意識的消費者產生共鳴，強化了麥當勞肩負企業社會責任的品牌形象。這種客戶的正向觀感能有效地轉換為客戶忠誠度，成為麥當勞銷售成長的重要推力。

因為 EDF 的研究顯示，透過改用紙包裝能節省大量成本。於是在接下來的 10 年裡，麥當勞淘汰了超過 3 億磅（約 13.5 萬公噸）的原始包裝，其中包含使用聚苯乙烯製造的保麗龍容器。麥當勞接下來也回收了 100 萬噸的瓦楞紙箱，並讓內用區域減少了 30% 的垃圾量。

上述的種種努力，推估讓麥當勞每年節省了 600 萬美元（約為新台幣 1.9 億元）（EDF，2018）。

2022 年，麥當勞正式在全球所有門市都完成了紙包裝的轉型，這一創舉得到了消費者、環保團體和產業同行的一致讚賞。麥當勞這一次邁出的重大突破，不僅減少了塑膠垃圾，也激勵了其他企業重新評估永續包裝的可能性。

那麼人力呢？能留住人才的關鍵是什麼？

當我們發現企業的成長和高效突顯了永續發展的重要性時，我們不能忘記讓這些成果得以實現的是組織裡的人們。組織裡存在著各式各樣的人才，無論他們的戰場是在辦公大樓或廠房，他們都在各自的崗位上賣力地推動著企業的核心業務。不過，現在這些人才越來越關心永續發展，也積極地尋找吻合自身價值觀的工作場域。

對企業來說，替換優秀員工需要付出很高昂的成本。因此，能留住為公司貢獻長才的員工，對企業來說是很重要的發展優勢。公司不僅可以降低新進員工的培訓需求、減短員工熟悉業務內容的適應期，還可以促進團隊的向心力和歸屬感，營造更好的工作環境。既然如此，ESG 數據能在什麼層面上幫助企業留住員工呢？以下有 4 個值得思考的策略：

1. **與員工價值觀一致**：當一個組織具備良好的 ESG 數據，就能向員工展示其企業社會責任。這樣的企業價值能讓許多員工產生共鳴，進

而讓員工想積極參與這些促進永續發展的業務內容。

2. **樹立公司聲譽**：我們每天在工作上花費了絕大多數的時間，為自己的公司感到自豪能讓員工獲得更多成就感，感覺自己的工作對社會有所貢獻能有效提高員工的留任意願。而 ESG 評分良好的企業通常具有良好聲望且受到人們信任，這有助於保留現有員工，並吸引相同理念的外部人才應徵。

3. **提高員工滿意度**：員工如果認為自家公司致力於社會和環境責任，通常會對自己的工作更滿意。當員工感到滿意時，他們就更有可能長期留在公司，進而減少員工流動率情。

4. **展現良好的管理實力**：擁有完善的 ESG 數據可以反映出企業穩健的管理實力，這對於重視治理環境與管理透明度的員工來說相當有吸引力。

　　總而言之，即使企業的 ESG 數據揭露程度還停留在企業內部的資訊流通，光是能滿足價值觀一致、樹立公司聲譽、提高員工滿意度和展示良好的管理實力，要延攬頂尖人才就會具有相當的優勢。相關數據也證明了這一點：根據德勤會計事務所 2018 年所發布的研究指出，能兼容多元文化的公司，獲利能力明顯增加 27%，生產力也會比起同業高出 22%（Deloitte，2018）。

　　總結而言，無論是何種形式的永續目標，它們都可以持續為組織創造多重效益，並降低短、中、長期的人力資源成本。

使用情境三：符合法規及監管要求

　　身為領導者，具備足夠的判斷力是很關鍵的一點。領導者有了解法規及監管要求的義務，你不能也不應該認為你的律師或法務部，就

該全權為你處理法規問題。但是無論是現在或未來，法規都會不斷進化，領導者要持續跟進最新法規是很辛苦的一件事。所以，我想先讓你了解這件事對你的組織有多重要，以及對「你」有多重要。

隨著組織的企業社會責任日益重要，組織需要積極應對永續發展議題，也有義務說明他們的商業活動會如何對人類和地球產生影響。這些義務密切受到政府監管，組織必須遵守特定的法規限制、治理規範、作為或不作為等要求。當地政府除了會要求組織嚴格遵守法規之外，也會要求他們向監督委員會或其他監管單位提供必要資訊。這些機構的管轄範圍可能涵蓋整個國家、部分地區、單一行政區，也可能僅限於特定行業、僅針對資本市場或財務管理、或僅監督組織的部分商業活動。

這些接受監管的義務可能只發生在特定部門，也可能是整個產業。法規的標準和要求也會因地區而異，基本上不存在任何能跨國適用的法規。根據組織的業務複雜性和影響範圍，領導者要滿足所有監管要求是很棘手的任務。你的團隊需要成為自身產業相關法規的專家，包含熟悉產業獨有的相關認證、檢測、商標等。你也許還不太熟悉產業內的永續發展相關標準，因為這些標準都在持續演進的過程中。

若想正確理解永續發展法規中所訂定的各領域應負擔義務，可以利用標準普爾 500 指數（S&P 500 Index）所設定的分類。標準普爾 500 指數將旗下的成分股，分為 11 個行業類別，不同行業都有專有的永續發展法規，並深刻影響著各行業對環境的影響範圍。表 2.2 依據這個分類，針對不同產業列舉了一部分相關規範。

表 2.2 並不是要提供你一個能適用於全球的永續參考指南，而是為了提醒你：ESG 數據除了會在金融法規的層面影響你取得資本之外，還需要多加注意特定行業法規中對 ESG 數據的要求。了解到哪些數據

是符合規定的關鍵，才能幫助你研擬合適的企業數據發展計畫。

表 2.2　標準普爾 500 指數（S&P 500 index）的 11 個分類及法規舉例

產業	產業描述	ESG 數據使用案例
能源類	該產業包括從事石油和天然氣勘探、生產和輸送的公司。相關法規包含：美國環保署（Environmental Protection Agency，EPA）透過了《清潔空氣法》（Clean Air Act）和《清潔電力計畫》（Clean Power Plan）等法規來監管美國境內能源製造和消耗時的排放情況。	• 再生能源利用比例 • 溫室氣體排放情況（二氧化碳、甲烷等）
原物料類	該產業包括從事礦業、金屬或使用到任何原物料的公司。相關法規包含美國的《消費者產品安全改進法案》（Consumer Product Safety Improvement Act，CPSIA）規範化學物質在產品中的使用、《毒性物質控制法》（Toxic Substances Control Act，TSCA）要求製造商針對產品使用的化學物質進行風險控管並提出報告；歐盟對產品中的化學物質也有相關規範，《化學品註冊、評估、授權與禁限用法規》（Registration, Evaluation, Authorization, and Restriction of Chemicals，REACH）就要求製造商註冊並評估其產品的化學成分安全性；英國的《廢棄電氣和電子設備法規》（Waste Electrical and Electronic Equipment，WEEE）也要求製造商應確保其電氣和電子產品會以環保的方式進行回收或處理；而澳大利亞則有《包裝公約》（Australian Packaging Covenant，APC），這是一項政府與行業之間的非強制性協議，材料相關行業的公司可以自願加入 APC 並做出相關承諾，共同努力減少產品包裝所造成的環境汙染。	• 廢棄物管理措施 • 對自然環境和生物多樣性的影響 • 送往垃圾掩埋場的廢物量 • 人權保護措施

產業	產業描述	ESG 數據使用案例
工業類	這個產業包括從事製造、運輸及其他製造業的公司。相關法規包含美國環保署（EPA）在《資源保護與回收法》（Resource Conservation and Recovery Act，RCRA）中公告了工業有害廢棄物的管理規範；歐盟對工業空氣汙染物的排放也有相關規範，在《工業排放指令》（Industrial Emissions Directive）中設定了氮氧化物、二氧化硫和粉塵等汙染物的排放標準；英國的《氣候變遷法》（Climate Change Act）設定了具有法律約束力的溫室氣體減量目標，包括限制製造業的排放量、強制製造商報告排放情況並設定減排目標。	• 溫室氣體排放情況 • 能源使用情況
非必需消費類	該產業包括提供非民生必需商品和服務的公司。相關法規包含：美國消費品安全委員會（Consumer Product Safety Commission，CPSC）規範在美國境內銷售產品的安全標準、聯邦貿易委員會（Federal Trade Commission，FTC）監管商品的廣告和行銷行為、《公平勞動標準法》（Fair Labor Standards Act，FLSA）設定了最低薪資和加班規範、而《海外反腐敗法》（Foreign Corrupt Practices Act，FCPA）則禁止企業為了拓展業務賄賂外國官員；歐盟透過管制產品標籤和行銷行為來監督紡織品的環境及社會責任，並授予「歐盟生態環保標章」（EU Ecolabel）為這些產品提供認證。不同司法管轄區對非民生必需品的製造商有不同要求，還會針對特定商品進行查核。這些都會根據公司的總部所在地、生產設施的位置以及最終用戶所在地，而有不同適用條款。	• 廢棄物管理 • 人權保護措施

產業	產業描述	ESG 數據使用案例
必需消費類	該產業包括提供民生必需商品和服務的公司。相關監管機構包含美國食品藥品監督管理局（Food and Drug Administration，FDA）負責監管食品和個人護理產品的安全性及成分標示、職業安全與健康管理局（Occupational Safety and Health Administration，OSHA）則監管美國的工安條件；日本政府以《食品衛生法》訂定食品及飲料的安全標準，包括農藥殘留、添加劑及其他原料的最高含量限制；巴西政府則設立了國家農藥減量計畫（National Programme for the Reduction of Agrochemicals, PRONARA），試圖減少農業用藥比率並尋找永續替代方案。	• 有害物質處理政策 • 土地使用政策
健康照護類	該產業包括提供醫療照護產品和服務的公司。相關法規包含美國《平價醫療法案》（Affordable Care Act，ACA）規範健康保險和醫療服務的平等性、而食品藥品監督管理局（FDA）則負責監管醫藥設備的安全性和有效性；歐盟的醫療設備法規包含了控管環境影響及有害物質；英國國民保健署（National Health Service，NHS）設立了永續發展部門（Sustainable Development Unit），推動減少碳排放及廢棄物的永續醫療目標；日本厚生勞動省則立志要降低醫療設施對環境所造成的影響，包括減少能源的使用及浪費。	• 能源使用情況 • 產品標籤管理措施 • 水資源使用情況
金融類	該產業包括提供金融服務的公司，例如銀行、保險和投資管理。相關法規包含美國的《多德－弗蘭克華爾街改革和消費者保護法》（Dodd-Frank Wall Street Reform and Consumer Protection Act）嚴格監管金融機構，並要求上市公司揭露高階管理者的薪酬機制。除此之外，全球各地針對金融業所訂定的資訊揭露法規也還在不斷增加。（我們將在後面的章節深入探討這些與資本使用案例相關的法規）	• 溫室氣體排放情況 • 能源使用情況 • 化石燃料相關程度

產業	產業描述	ESG 數據使用案例
資訊科技類	該產業包括從事資訊服務及科技製造的公司。相關法規包含歐盟的《一般資料保護規則》（General Data Protection Regulation，GDPR），規範了歐盟境內企業對個人資料的蒐集、儲存和使用；在美國，有聯邦貿易委員會（Federal Trade Commission，FTC）監管資訊安全與隱私，還有國家標準暨技術研究院（National Institute of Standards and Technology，NIST）制定了保障網絡安全的相關指南。政府針對資訊科技類企業的管理要求，對永續發展有很深遠的影響力。例如，中國政府制定了《電器電子產品有害物質限制使用管理辦法》（Restriction of Hazardous Substances，通常被稱為 China RoHS），要求所有公司須注意特定有害物質的使用限制；在韓國銷售的電子產品也必須符合《電子電氣產品和汽車設備資源回收法》（Act on Resource Circulation of Electrical and Electronic Equipment and Vehicles，又稱為韓國 RoHS），要求銷售企業對電子產品的回收和處理負責。	• 稀土和礦物採購措施 • 對自然環境和生物多樣性的影響 • 資料管理措施
通信服務類	該產業包括從事通信和媒體相關服務的公司。相關監管機構包含美國的聯邦通信委員會（Federal Communications Commission，FCC），負責監管公共電波的使用，包括廣播、電視和無線通信服務，並且涵蓋隱私權、內容審查和普及程度等。這些措施有助於提升通信服務對社會的正面影響，即 ESG 中的 S（Social）。	• 員工組成多樣性 • 資料管理措施

產業	產業描述	ESG 數據使用案例
公用事業類	該產業包括提供電力、天然氣和水資源服務的公司。相關監管機構包含美國的環境保護署（EPA）負責監管空氣和水質、聯邦能源管理委員會（Federal Energy Regulatory Commission，FERC）設定能源輸送和定價標準；北美電力可靠度公司（North American Electric Reliability Corporation，NERC）負責監管北美電網的可靠性和安全性。	• 水資源使用情況 • 土地使用情況
房地產類	該產業包括從事房地產開發、管理和投資的公司。相關法規包含美國的《能源與環境設計領導認證》（Leadership in Energy and Environmental Design，又被稱為 LEED 美國綠建築認證）提供永續建築設計和建造的標準，並已被各國廣泛採用；歐盟制定了《建築能源績效指令》（Energy Performance of Buildings Directive，EPBD），要求成員國為新建和現有建築物設立節約能源的最低標準，並且需要定期檢查建築物的節約能力；中國政府設立了《綠色建築評價標準》，又稱「綠色三星認證」，對室內環境的品質和其他永續元素進行認證；澳大利亞政府設立了《澳大利亞國家建築環境評估系統》（National Australian Built Environment Rating System，NABERS），評估包括節能裝置、水資源使用及室內環境品質等永續表現能力。	• 能源使用情況 • 土地使用情況 • 溫室氣體排放情況 • 水資源使用情況

　　但表 2.2 並不是一份完整的法規清單，現實世界中還有更多適用於特定行業或公司的法規及標準。監管要求只會不斷進化，所以公司也需要與時俱進，確保營運能跟上所有法規。除此之外，組織需要特別注意的就是財務上的規範，尤其是有關 ESG 數據報告在內的財務監管。

　　你會發現上述的 3 個使用情境有不少重疊的部分，因為資料使用情

境通常都是相互關聯的。探討永續發展數據如何影響企業取得資本，也就是使用情境 A 中提到的情況，是幫助我們理解永續發展數據該如何符合法規的重要前提，也就是使用情境 C。即使你不是從事金融相關服務，只要你想從金融市場取得資金，或是你想在特定地區內經營大規模業務活動，這些法規就會將你納入監管範圍。

雖然企業的金融部門負責接受永續財務監管，但其實監管範圍已超出金融部門本身的職責範圍。因此，專家們也有慎重考慮讓這些金融部門作為企業改革發起者的可能性。1976 年的紀錄片《大陰謀》（All the President's Men）中出現過一句話：「跟著金錢走過的路」（Follow the money），意思是若要得到政治腐敗的證據，就要跟著金錢轉移的路徑去追查。不過，我們可以將這句話調整成：「跟著走向能賺錢的路」（Follow the path to the money），以此理解金融體系在改變經濟行為上的力量。

如果企業想要取得資金，也就是錢，那麼公司就必須提高自身的永續經營形象。無論是公開 ESG 資料來佐證業務行為與永續目標方向一致，或是嘗試改善自身的永續發展策略。在這種因果關係之下，金融機構中的資金管理者理論上都會要求企業公開永續發展資訊。資金管理者會依據這些公開資訊的分析結果，決定合理的資金投注規模及合理股價。

而金融監管單位以金融規則制定者的角色，推動著金融機構從事上述的價值評估工作。當金融監管單位發布了永續資料的相關要求時，不想違反規則的金融機構就會跟著把所有要求放入投資評估標準中。無論金融法規會直接或間接影響企業，只要還在金融法規的框架下，當我們想「跟著走向能賺錢的路」時，我們就會看到 ESG 數據對於確保金流的穩定性有多麼重要。

接下來讓我們更深入探討 ESG 數據如何幫助你符合法規要求，並

「跟著走向能賺錢的路」。

金融機構的監管義務

　　財務審計員必須根據職業準則，以高標準控管財務審查品質，並且需要接受相關單位的抽查。各個地區的監管單位包含：英國的財務報告委員會（Financial Reporting Council）；美國的各州會計委員會全國聯會（National Association of State Boards of Accountancy）和公開發行公司會計監督委員會（Public Company Accounting Oversight Board）；以及新加坡設於會計及公司管理局（Accounting and Corporate Regulatory Authority）下的公共會計師監督委員會（Public Accountants Oversight Committee of ACRA）等。根據會計準則進行財務報表審計一直是上市公司能獲准待在公開市場的基本要求。

　　金融監管單位要求企業需要在遵守會計規範的前提下，將所有財務資訊陳列在報告中，最後交由獨立的會計事務所進行審計，以維護財報應有的品質。我們有機會將這些「會計上的」資訊透明度，轉化為「永續發展上的」資訊透明度嗎？讓我們先來把一些財務術語翻譯成永續發展領域常見名詞。請使用表 2.3 來對照這兩個領域的術語。

表 2.3　財務術語與永續發展用詞的對照表

財務術語	永續發展數據用詞
財務報表	ESG 資料集
會計準則 （例如 GAAP 會計準則）	永續揭露準則 （例如 IFRS 永續揭露準則）
審計	查證或檢驗
獨立審計人員 （例如四大會計師事務所）	永續性檢驗或認證機構 （有很多相關單位）

財務報表只是一種數據呈現的框架，對於常看財務報表的人來說，損益表及資產負債表之間的關係非常容易理解，因為兩者包含的會計項目非常相似。要在不同公司之間進行比較也很容易，無論要比較的目標是相同產業的公司、相同市場定位的公司、或是經營模式完全不同的公司。

　　儘管沒有一個會計準則能夠全球通用，大多數成熟的資本市場還是有各自接受的會計準則。但也因為不同會計準則的規範程度不一，跨地域的財報比較一直都很具有挑戰性。隨著世界對財務報表熟悉度的提升，重新編製財務報表變得並不困難，金融市場才得以找到消弭差異的方法。這使得全球各地的企業終於有了對等的資料可以相互比對。

　　不過，這裡還有另一個問題。正如你在表 2.3 中所看到的，如果你的企業在金融單位的監管範圍內，你就需要有一位「獨立審計人員」，在審計流程中對企業所提供的財務資料進行驗證。那麼，永續發展數據是否也應該有同樣的審查流程？目前永續發展數據揭露的驗證機制還不夠完善，許多制度都允許企業獨立完成報告。雖然也有少數監管機關會要求企業提供外部單位的認證文件，但是大多數的情況是，即便沒有外部「審計員」或認證機構，企業也可以宣稱已完成 ESG 的資料揭露義務。

　　但是加強對 ESG 數據報告的檢驗及認證，無疑是目前的趨勢。企業不僅必須重視 ESG 數據，更應該要聘請外部公司針對數據的蒐集與運算進行審查，確保數據的準確性、透明性、以及可回溯性。我們將在下一章另外探討數據如何發揮最大價值。不過這裡的重點很簡單：**要滿足金融監管的要求就需要數據，而且需要完善且精確的數據。**

　　全球各地有越來越多執法單位將 ESG 數據揭露納入監管要求，我

們將在第 8 章繼續探討這一點。不過,無論是針對特定行業的監管、還是針對財務方面的監管,滿足法規要求絕對是 ESG 數據不容忽視的重要使用情境。

ESG 數據的使用情境無所不在

無論你經營什麼樣的生意,永續發展數據的 ABC 情境,一定至少有一個是你會面臨到的情況,也許這 3 個使用情境全都打動了你,讓你想持續了解 ESG 數據對企業營運的重要性。透過理解 ESG 數據的使用情境,你已經在企業永續經營的數據策略上邁出成功的第一步,並為使用數據保障企業前景奠定了良好的基礎。

既然你已經知道永續發展數據的必要性,那麼我還準備了另一個更哲學的問題:什麼是數據?

下一章會接著說明,當我們使用「數據」這個術語時,它代表了什麼含義、以及它能如何幫助我們完成永續發展。

參考文獻

Deloitte (2018) Inclusive Mobility: How mobilizing a diverse workforce can drive business performance, www2.deloitte.com/content/dam/Deloitte/us/Documents/ Tax/us-tax-inclusive-mobility-mobilize-diverse-workforce-drive-business performance.pdf (archived at https://perma.cc/QJ74-VQHU)

EDF (2018) McDonald's saves billions cutting waste, www.edf.org/

partnerships/ mcdonalds (archived at https://perma.cc/PU3H-SMUT)

Elkington, J (2018) 25 years ago I coined the phrase 'triple bottom line.' Here's why it's time to rethink it, Harvard Business Review, https://hbr. org/2018/06/25- years-ago-i-coined-the-phrase-triple-bottom-line-heres-why-im-giving-up-on-it (archived at https://perma.cc/VY7L-WK9R)

European Parliament (2022) Empowering consumers for the green transition, www.europarl.europa.eu/RegData/etudes/BRIE/2022/733543/EPRS_ BRI(2022)733543_EN.pdf (archived at https://perma.cc/2479-ECGS)

Grant Thornton International Ltd (2021) Creating competitive advantage through sustainability, www.grantthornton.global/en/insights/articles/ creating competitive-advantage-through-sustainability/ (archived at https://perma.cc/ M772-KYEX)

HBR Business Insights Blog (2020) The triple bottom line: What it is and why it's important, https://online.hbs.edu/blog/post/what-is-the-triple-bottom-line (archived at https://perma.cc/9S9N-3W54)

IFRS (2018) Definition of material, www.ifrs.org/content/dam/ifrs/project/ definition-of-materiality/definition-of-material-feedback-statement. pdf?la=en (archived at https://perma.cc/7MZM-XQJY)

IKEA (nd) Towards using only renewable and recycled materials, https://about. ikea.com/en/sustainability/a-world-without-waste/renewable-and-recycled materials (archived at https://perma.cc/LC7P-4CS3)

Koller, T and Nuttall, R (2020) How the E in ESG creates business value, McKinsey, www.mckinsey.com/capabilities/sustainability/our-insights/ sustainability-blog/how-the-e-in-esg-creates-business-value (archived at https://perma.cc/CYS3-GNQW)

Waste360 (2017) IKEA to invest in plastics recycling plant, www.waste360. com/ plastics/ikea-invest-plastics-recycling-plant (archived at https:// perma.cc/ VFR9-AD2G)

3

什麼是 ESG 數據？

┌─ 問題反思 ─────────────────────────────────

• 當我們提到 ESG 數據，我們實際上想討論的是什麼？

• 我們可以從哪裡找到或從哪裡測量永續發展數據？數據的來
  源是什麼？

• 我們需要哪些資訊作為參考，以賦予永續數據更廣泛的應用
  價值？

└──

「**Data**」，也就是「數據」，在資訊工程領域的專有名詞中常被翻譯為「資料」。這些名詞讓它看起來像是一個獨立且單純的個體。但實際上，它並沒有這麼簡單。它在不同情境下，可以展現不同的狀態或代表不同的事物。

讓我們來看看「Data」這個詞彙。關於「Data」應該被當作單數還是複數名詞使用，各方一直爭論不休。我在寫這本書時也曾困惑應該如何使用這個名詞，希望各位語法研究者能接受我在反覆斟酌後所採取的用法。不過談到單複數的問題，《經濟學人》（The Economist）就曾審核這個名詞的用法，並提出它應該是單數的論述。他們也為此在 2022年 8 月的《經濟學人》雜誌上發表了相關文章。（The Economist，2022）

但是也有其他專家抱持著不同的觀點。「Data」難以定義之處不僅涉及語法，還延伸到實際應用，甚至觸及哲學層面。在永續數據發展的過程中，同樣也面臨到如何明確定義的問題。但是，這並不會阻止我們想要深入釐清「數據」的定義及凸顯其重要性的決心。

我將在本章概述：該怎麼定義數據的類型、哪些數據可以被視為「永續發展」數據、這些數據是怎麼來的，最後我會提供讀者找出數據潛在風險的警示元素，並讓數據發揮它應有的價值。

數據的定義

數據是一個簡稱，用來表示聚集了不同標準、不同相關程度和不同用途的資訊片段。根據《牛津英語詞典》（Oxford English Dictionary）的描述，數據可以被視為「為了參考或分析而蒐集在一起的事實和統計數字」；而《韋伯詞典》（Merriam-Webster）則將其定義為「透過測

量或統計得來的基礎事實，可用以推理、討論或計算」。

換句話說，數據是可以幫助我們對事實進行解析並做出決策的資訊。正如 1970 年代引領日本製造業革命的架構設計顧問，威廉·愛德華茲·戴明（W Edwards Deming）所說：「沒有數據，你就只是另一個有意見的人。」

數據不僅有很多種形式，它們還來自成千上萬的、不同的管道。現今我們正在生產比以往更多的數據，而且這個生產速度還在持續攀升。有一些研究聲稱，到了 2025 年，全球產出、蒐集、複製和使用的數據總量，將增加到 181 ZB（zettabytes， bytes，又稱為十垓位元組）（International Data Corporation，2022）。「ZB」這個單位是什麼概念呢？相當於全世界所有海灘上的沙粒總和。你能想像嗎？現實世界中的數據真的是一個超級龐大的數量。

如果仔細觀察這些快速累積的數據，你會發現其中包含豐富的數字、文字、圖片、音訊和影像。之所以需要保存這些資料，都是因為這些內容對某些人來說很重要，或是在某種使用情境下具有意義，所以這些數據才會被蒐集起來。拜科技進步所賜，我們每天使用的行動裝置，讓保存生活的痕跡變得唾手可得，也因此我們大都感受過個人活動紀錄會以什麼樣的速度增加。比如，當我們想要攝影時，我們不再需要顧慮底片的數量或沖洗費用，我們只需要帶著自己的智慧型手機，就能像是隨身攜帶著一個完整的影像創作工作室，可以隨心所欲地進行拍攝與編輯。Google 也在 2020 年 11 月時，宣布了 Google 相簿的擴張速度。目前全球已經儲存了超過 4 兆張照片，而且還持續以每週 280 億張新照片及影片的速度增加中。預估到了 2030 年，Google 圖片將有 3,820 億個影像檔。而這種現象不僅發生在個人生活的紀錄中；在商業的世界裡，數據也正在飛速累積中。

在這個日益擴張的數據海洋中，本書將會重點討論能影響永續發展監測與管理實務的數據，也就是我們一直提到的 ESG 數據。

數據的資料類型

為了能更了解 ESG 數據的範疇，讓我們先來看看數據能分成哪幾種資料類型，以下的各種資料類型也都會頻繁出現在 ESG 數據當中。首先，最基本的分類方式之一，是將資料分為「量化」或「質化」資料。「量化資料」（quantitative data）是指能經過科學測量或能用不同量級來定義，以數字的形式將資料記錄下來，並且可以用數學和統計的方法進行分析；「質化資料」（qualitative data）則不能以數字的方式表達，不過它能對品質和特徵進行描述，它可以包含態度、信念、觀點和感受等。這些資料是針對特定主題或對象，通過開放式問卷、訪談、專題小組調查而來，最後再以相關的質化研究方法進行分析。

另外，我們也常以數據是「結構化」或「非結構化」來分類。「結構化資料」（structured data）即具有特定架構的數據，例如使用表格記錄的資料；而「非結構化資料」（unstructured data）則是沒有特定格式的資料，例如文字檔。結構化資料和非結構化資料都同樣具有價值。但是兩者之間存在著不小的差異，難以合併或比較，因此常會增加資料整理工作的複雜性。尤其，當我們想要針對同一個目標進行研究，卻蒐集到兩種不同格式的資料，甚至是根本沒有固定格式的資料，那麼如何有效的合併或比較這些數據，就會是一個棘手的挑戰。因此，我們常會將數據「格式化」（formatting）。經過格式化的數據因為遵循著固定的模式，所以也會比較容易進行計算或比對的工作。在永續數據快速發展的過程中，不同業務單位很容易遇到格式各不相同的數據，因此我們也需要規劃如何將不同的數據轉換成通用的格式，以利

於實務上的使用。

結構化和非結構化資料所帶來的挑戰，背後還有更多深遠的意涵。尤其是當我們放入第 2 章描述的 C 使用情境，也就是考慮到如何符合政策規章的要求之後，數據的準確性和可比性這個議題就變得更加嚴肅。不論是結構化資料還是非結構化資料，數據的標準化（standardization）都占有絕對的優勢。標準化的程度越高，可比性就越好。如果我們明確定義了數據的記錄方法和結構，就可以同時提高記錄的準確性並減少模糊地帶。當我們有了定義清楚的數據，就更容易發揮它的價值。

我接下來會舉例說明，結構化及非結構化資料如果結合了量化和質化資料，在使用上會帶來哪些影響。再次提醒，同一個數據蒐集任務下可能同時存在量化和質化資料。比方說，我們有用數字表示的量化資料，像是以噸為單位記錄的二氧化碳排放量；同時也會有質化資料，記錄消費者對二氧化碳排放的看法，這些資料就會以非結構化的文字形式呈現。這兩種資料類型組成的資料集很難彼此結合或進行比較，但還是各有各的價值。

在我取得化學學士學位的過程中，我特別喜歡那些通過實驗得出的數據，它們給我一種可靠感。我可以利用這些數字改善實驗結果，也可以透過數據的推導完成實驗報告。但是我也有一些抽不出時間到實驗室的同學，他們就做出很不一樣的選擇。這些同學們透過質化分析，從冗長的調查內容中產出論文；而我則是窩在實驗室產出冷冰冰的數字，並使用這些讓我感到安心的數據進行量化研究，完成我的研究報告。

但是，即使是在實驗室蒐集數據的情況下，我也需要記錄實驗成果中的質化因子。特別是當實驗出現異常或難以解釋的結果時，我就

需要針對可能的質化原因進行分析。例如,如果某次實驗失敗的原因是使用了受到汙染的燒杯,我就必須記錄燒杯汙染的情形,以解釋該次實驗結果的反常。還有很多類似的情形,例如,實驗中常見的溶液顏色漸變反應,往往也需要透過文字而非數字的形式來記錄。

我必須承認,我想要盡可能地將所有數據都以量化的形式記錄下來。這件事通常可以透過某些研究方法達成,就算是「消費者對氣候變遷的看法」這種問題,只要採集足夠的樣本數量,我們就可以透過計算不同意見的占比來呈現。如此一來,我們就可以得到一個量化後的數據了。然而,經過這種轉換得來的數據有很大機率不能反映真實情況,因為問卷的題項限縮了受訪者可以提出的答案,進而影響調查結果的準確性。

這種偏差常常發生在需要透過問卷蒐集意見才能做出的決策中。我們要如何設定問卷調查的樣本大小和變數項目,才能真實呈現不同意見的分布情形呢?這些問題是否以中立的方式提問,還是在誘導受訪者給出特定答案?如果這些非結構化資料一開始是以文字描述的形式呈現,那麼是誰決定哪些關鍵字該被歸類為同一類意見?稍後在本章中,我們將深入探討 ESG 數據領域中,質化和量化數據分別可能存在哪些偏差,並向你介紹「3 個 E」的風險概念。

另外,還有一些資訊領域常用的術語,也能提供跟數據有關的額外資訊。例如:監控全球氣溫如何隨著時間變化的「時間序列資料」,就是指經過經年累月的蒐集而得來的結果;而「橫斷面資料」則表示數據是在某個特定時間點、一次性調查所有範圍內的目標所得到的結果。這兩種資料類型均會產生量化數據。如果我們沒有留意數據的蒐集方法,就有可能在處理數據的過程中,自行假設了錯誤的數據背景,並因此推導出了偏差的結果。

以下還有幾個有關數據來源的術語：「原始資料」（raw data，也稱為源數據、未經處理數據、原始數據或初級資料）指的是僅經過蒐集過程的第一手資料。例如，從學術研究中取得的數據，通常都是這種資料。在 ESG 數據的應用情境中，原始資料指的是由企業或政府所揭露的數據。「衍生資料」（derived data）則是奠基於原始資料，再根據其他資料集和相關影響因子推導而來的數據。「動態資料」（dynamic data）相對於「靜態資料」（static data），會隨著存取時間而有所變化。舉例來說，公司的法定名稱、地址和註冊編號屬於靜態資料；而股票價格和天氣資訊則屬於動態資料。

資訊揭露與巨集資料

隨著各界對永續數據的需求持續擴張，相關數據的存取量也在飛速增長。ESG 數據在蒐集、傳播、分析和應用等，各個面向都引發了大眾的關注。預計到了 2025 年，ESG 數據的整體潛在市場將超過 50 億美元（約為 1.6 兆台幣），遠遠高於 2020 年的估計 22 億美元（約為 700 億台幣）（Environmental Finance，2020）。但是，這些引領風潮的數據是從哪裡來的？

這就要講到 ESG 數據的兩個主要來源：「資訊揭露」與「巨集資料」。

第一個是各企業的「資訊揭露」，包含商業活動造成的環境影響（E 數據）、社會影響（S 數據）和企業治理能力（G 數據）等資訊。近年來，社會要求企業公開的監測數據越來越廣泛，範圍涵蓋：能源使用效率、生物多樣性與棲息地保護措施、廢棄物減量政策、人權與勞工權利保障、永續發展供應鏈、社區參與、多元化、公平包容的企業文化等等，

這個清單甚至在持續增加當中。

由於這些數據是針對公司營運狀況所做的記錄，所以能夠被用來定義並追蹤企業的永續發展行動。可以提供顧客、投資人、分析師和監管單位，在不同公司之間進行比較，並做出決策。

企業裡的每個角落都有 ESG 數據想要揭露或提出報告的內部實況，大大小小的細節藏在每個營運軌跡之中。這聽起來好像很恐怖，但我們應該要為此感到安心。因為當你已經知道蒐集數據對組織的重要性時，我們就有機會在監測組織運作的同時蒐集到永續數據。你也許只是把數據視為日常業務中用來擴張、改善、監控、調整或轉型業務的工具而已，但你也可以開始將數據控管視為永續行動的基礎。

只要你開始重視數據的管理，你可能就已經蒐集了比你想像中更多的 ESG 數據。在下一章中，我們會再深入探討你的組織對數據的掌握度如何。由於各組織在運用數據上的成熟度各不相同，我們可以檢視企業正在 ESG 數據成熟度的哪個發展階段之中，也許你會驚喜的發現自身組織的進展遠比你想像的更好！

現在就讓我們來拆解 ESG 數據，以便了解它會出現在組織的哪個角落。

E（Environmental）：環境數據

環境數據常被認為是 ESG 領域當中，與永續發展最為相關的數據。ESG 中的 E 數據（環境數據），描述了一個組織如何管理自身對自然環境產生的影響。範圍包括了溫室氣體排放量、電力和水資源的使用、廢棄物和汙染、森林砍伐以及土地的使用情況等。

這些數據可能來自於企業業務的各個角落，從產品製造、設備管理、資訊技術或物流倉儲等過程中蒐集而來。普遍來說，這些商業活

動在大多數公司中都隸屬於「營運部門」。不過，不同公司的營運部門所負責的業務略有不同，所以你需要仔細研究自家公司的業務分布，才能繪製出完整的環境數據藍圖。

除了組織內部，你也需要確認組織外部是否有相關的 E 數據需要納入考量。因為供應鏈上下游和合作夥伴都會影響到你的 E 數據表現。比如你現在要計算產品所造成的溫室氣體排放量，但是你想使用「範疇三」的計算方式，這時就不能在計算過程中忽略了上下游所造成的排放量。請參閱下方的說明欄，就會了解我一直提到的「範疇」是什麼意思。

溫室氣體排放量的範疇（scope）

我們該如何明確定義溫室氣體排放量的計算範圍呢？我接下來要向你介紹的範疇一、二、三就是為了解決這個問題而生。

在談論永續發展時，你可能聽過範疇一、二、三數據。它們是在「溫室氣體盤查議定書」（The Greenhouse Gas Protocol）中被提出來的分類分法，用於區分溫室氣體的排放來源。它們的詳細定義如下：

範疇一

單一組織可以直接控制的營運活動中，直接造成的溫室氣體排放量。

可能包括以下幾種排放情境：

- 鍋爐、發電設備和車輛使用化石燃料的燃燒過程。
- 化學合成製品、水泥和鋼鐵等的製造過程。
- 工廠內的運輸工作，例如，堆高機具和公務車的使用過程。
- 工業填埋場和廢物處理設施的營運過程。
- 農牧業的日常工作，例如，牲畜的飼養過程。

- 固定式設備之燃料，例如，瓦斯引擎、渦輪機或固定式燃料電池的燃燒過程。

範疇二

組織透過購買和使用的行為，間接造成的溫室氣體排放量。實際的排放行為來自於其他提供電力、蒸汽、供暖或冷卻服務的組織。這個範疇會將再生能源或其他「碳抵消」（carbon offsetting）的行為納入考量，計算排放總量的增減。

範疇一和範疇二常被視為同一個類別，因此各組織在公布永續數據時，不僅會公開這兩個範疇的個別數據，通常也會公開兩者合併計算後的結果。如果某個組織並沒有公布範疇三的排放量，那麼人們通常會將範疇一和範疇二的合併總量視為該組織的溫室氣體總排放量。關於「碳抵消」的概念，我將會在第 5 章進一步詳細解釋。

範疇三

在組織的產業價值鏈中進行的商業行為，但是被排除於範疇二之外的其他間接排放。可能包括以下幾種排放情境：

- 組織購入的商品或服務，背後所涵蓋的生產過程。
- 員工通勤或商務參訪的旅行過程（包含陸、海、空不同形式）。
- 售出產品或租出設備被消費者使用的過程。
- 組織無權直接控制的廢棄物清除和報廢的過程。
- 未涵蓋在範疇二內的電力、蒸汽、供暖或冷卻活動。
- 組織無權直接控制的商品及服務，其中所牽涉到的生產過程。
- 組織無權直接控制的業務活動，其中所產生的廢棄物清理及報廢的過程。

- 水資源、土地和其他資源的使用過程。
- 員工通勤和商務旅行所需燃料的萃取、製造和運輸過程。

範疇三的計算比範疇一、二更具挑戰性，因為它們高度依賴組織的供應鏈是否願意揭露相關排放數據。即使是長年以來都有揭露範疇一、二排放量的企業，目前能將範疇三納入計算的企業依舊不太常見。

雖然範疇一、二、三排放量是目前最廣為採納的計算範圍，但這並不表示它們是唯一的計算界線。我接下來要說明的範疇四和範疇五，就是前三個範疇的延伸版本。它們進一步關注了產品在販售行為後，如何在循環經濟中對環境產生影響，並要求企業提供產品在使用及廢棄階段所造成的碳排放數據。

範疇四

發生在產品生命週期或產品價值鏈之外，使用該產品必然會產生的排放行為。可能包括以下幾種排放情境：

- 商品和服務所需原料的生產過程。
- 產品的使用、丟棄及報廢過程。
- 產品的整個生命週期所牽涉的業務行為，包括整個供應鏈及其丟棄處理的過程。
- 組織無權直接控制的產品、基礎設施或服務的使用過程。
- 產品生命週期中，土地、水資源及其他資源的使用過程。

範疇五

這些是來自第三方的溫室氣體排放，且這些排放並不隸屬於特定組織所控制的業務活動。可能包括以下幾種排放情境：

- 組織無權直接控制的營運活動中，產生廢棄物安置和處理的過程。

- 組織無權直接控制的產品、基礎設施或服務的使用過程。
- 生質能源與生物燃料的燃燒過程。
- 在產品生命週期中，土地、水資源及其他資源的使用過程。
- 商品和服務所需原料的生產過程。
- 產品的使用、丟棄及報廢過程。
- 產品的整個生命週期所牽涉的業務行為，包括整個供應鏈及其丟棄處理的過程。

雖然範疇四和範疇五尚未普及，有關如何蒐集和計算這些數據的指導方針也正在制定當中。這些都將會是企業在發展 ESG 策略時，非常值得領導者關注的議題。

S（Social）：社會數據

　　若我們想要得到 ESG 中的 S 數據（社會數據），我們可以從企業中的「人力資源部門」著手。人力資源團隊負責蒐集和分析各式各樣的員工數據，目前常見的資料蒐集範圍包括性別、年齡、種族和文化認同。人力資源部門同時也會針對員工流動率、升遷率、人才培訓和個人發展機會等數據進行內部檢討。企業蒐集這些數據的最終目的是為了保留和延攬人才，確保組織的人力資本能符合組織的業務戰略，並且具備應對未來變化的競爭能力。

　　此外，若一家企業設有企業社會責任（corporate social responsibility，CSR）部門，該企業就很有可能會投入在地社區活動、慈善捐贈活動，或是其他永續發展相關行動，以此提升該企業的社會影響力及社群貢獻度。

另外，組織還會有「公關與宣傳部門」負責蒐集新聞報導、社群媒體和客戶反饋等資料。這些資料都會深深影響組織的聲響以及相關利害關係人對組織的看法。最後再加上「行銷與銷售部門」的業務活動，組合成一個完整的組織社會數據網，提供組織在社會責任及道德影響上的分析材料。

供應鏈在衡量 S 數據的表現上也扮演著重要的角色。組織的供應鏈經理人應該要負責監督上下游廠商，確認他們有落實多元包容和勞工人權保護措施，並留下相關佐證數據。

而組織中的「法務與監察部門」則需要追蹤組織如何履行勞工待遇、人權保障及社區參與義務，並留下相關數據。在我們談到人力資本的落實與相關法規時，就不能不提到 ESG 數據的最後一個領域：公司治理。

G（governance）：公司治理數據

ESG 中的 G 數據（公司治理數據）展示了公司在政策制定、組織結構及管理實務上的表現。維護企業相關利害關係人的權益是組織高層的責任，而這些高層管理團體依組織型態可以分為董事會（股份公司）、理事會（研究機構）及監督委員會（政府單位）。他們需要確保外部頒布的規範和內部制定的策略都能促使組織達成業務目標，並且可以被順利執行。

公司治理數據的主要來源是「法務與監察部門」。這個部門不僅需要留意公司政策的制定與執行方式，也要訂立合適的監察方案，以確保公司能符合法規要求。董事會的相關資訊也包含在 G 數據之中，例如：獨立董事的數量和比例、董事會的組成多樣性、以及董事會在推動永續發展上的積極度等。另外，資源使用效率、員工權利保障等

方面的政策,也都歸類於 ESG 中的 G 數據。

　　除了法務與監察部門,企業中還會有「風險管理部門」負責統籌業務相關風險的數據,例如,氣候變遷、資安威脅或供應鏈中斷等風險。這些監測數據都能提供企業編製永續發展報告。

　　G 數據的脈絡看起來非常簡單明瞭,但是也跟另外兩個數據類別一樣,魔鬼藏在細節裡:單一的 G 數據可能會有誤導性。試想如果有一個 ESG 報告項目是「是否有相關政策規範了董事會的組成方式」。因為詢問的方式使用是非問句,因此這個問題的記錄內容必然只有「肯定」或「否定」這兩種極端的結果。但是我們無法記錄到董事會組成規範是否適用於所有情境,或是有其他特殊條件。我們可以想像一下,如果董事會組成規範的其中一條是:「董事會應該由高個子組成」,那麼就算在剛才的問題中被記錄為「企業『有』遵守自訂的董事會組成規範」,真實情況恐怕會跟受眾的想像有很大落差。相反地,我們應該訂定更具體的規範並與數據一同公開,讓企業在符合當地法規的情況下創造更多元包容的董事會。完整的資料記錄應該要包含政策的執行情況、持續時間,以錯誤糾正程序等的詳細描述。

　　無論是上面第 2 個比較簡陋的規範,還是第 2 個包含許多執行細節的規範,兩者都會讓「是否有相關政策規範了董事會的組成方式」這個問題留下「是」的紀錄。但是很顯然地,這兩者所反映的議題和風險是截然不同的。

　　想要建構出完美的公司治理數據系統,其實遠比我們想像的困難許多。在上述董事會組成的例子中,我們還需要蒐集更多資料,或是對受訪者提出更多問題,這個 ESG 報告項目才會有參考價值。我們也需要對蒐集到的數據再進行細部分析,像是這項公司規範是否為同一個領域中的最佳做法?是否經過通盤思考?是否具有強制力?若我們沒有

進行這些後續的探討，G 數據所能帶來的意義和效用將會十分受限。

永續發展的巨集資料

　　相較於只能反映單一組織永續進度的資訊揭露行為，「巨集資料」則可以提供我們涵蓋範圍更廣、在總體經濟和環境發展上的全貌。巨集資料可以是一個國家的國內生產毛額（GDP）、通貨膨脹率和失業率，也可以是橫跨不同國家、不同地區的溫室氣體排放量和水資源使用情況等環境指標。一般來說，這一類的數據由政府、智庫、大學、研究單位和中央銀行蒐集並對外公布。這些資料可以提供經濟學家、決策階層和市場參與者作為參考，以便充分了解市場的整體走向。

　　巨集資料可以用來評估經濟體的整體永續程度，並追蹤該市場在永續發展目標上的進展。例如，能源使用的紀錄可以看出一個地區的整體能源調度情況；GDP 數據則可以在國家經濟持續發展的同時，追蹤比較兩性薪資差距的趨勢，並以此推動有助於發展永續經濟的相關研究。

哪裡可以取得巨集資料呢？非常多地方！

不同於由企業主動揭露的內部數據，巨集資料全都來自組織外部。這裡提供幾個經常能找到巨集資料的地方，善用這些資源能對企業的永續業務有很大的幫助：

- 不同地區或國家層級的政府機構都會蒐集永續發展數據以做出相關決策，並以此衡量永續目標的進展。例如：美國的環境保護署（Environmental Protection Agency，EPA）、英國的環境局（Environment Agency，EA）和歐洲的歐洲環境署（European Environment Agency，EEA）。他們都會蒐集有關空氣、水質、有毒廢物及其他環境因素的數據。

- 非政府組織（NGO）和其他非營利組織都很積極蒐集永續數據，作為其倡導或研究工作的一部分。旨在提高人們對永續發展的認識，並推動解決這些問題的行動。

- 學術機構的研究人員會對氣候變遷、再生能源及永續農業等主題進行相關研究。他們可能會使用環境監測工具來產出空氣品質、水質和天氣變化的即時數據。這些資訊有助於制定更適宜的決策、預告潛在的危險，並確認永續目標的進度。

- 像聯合國和世界銀行這類的國際組織，會獨立產出永續發展數據，用以指導全球政策發展方向及追蹤永續行動的進展。

- 公營企業會提供能源配比、再生能源的產能、以及能源使用效率等數據。這些資訊能用於延緩溫室氣體的排放並增加再生能源的占比。

- 農業和食品公司會蒐集有關耕作方式、水資源利用和發展永續供應鏈的數據。這些資訊可以用來解釋食品在生產和消費的過程中，會如何對環境和社會帶來影響。

- 消費者調查報告能顯示大眾對永續產品是否有明顯的消費偏好行為。調查顯示，隨著氣候變遷等永續議題的趨勢出現，消費者在永續產品上的需求不僅顯著增加，也推動了願付價格的攀升。

- 社交媒體提供了公眾在永續議題上的多元討論空間。我們可以透過分析社交媒體的大數據，分析永續發展的新興趨勢。這不僅可以了解公眾對這個議題的感受，也能幫助我們追蹤永續活動和相關倡議對社會的影響。

　　還有一個備受推崇也經常被引用的巨集資料提供單位，就是我們在前幾章中提到過的「聯合國政府間氣候變遷專門委員會」（IPCC）。

這個組織經常發表潛在的氣候變遷模式及預測未來走勢的數據。

　　一個組織的領導者如果能更了解所得到的數據該怎麼被歸類、是如何被蒐集而來的，領導者就能更有效地利用這些數據。這項技能在 ESG 領域尤為重要。我們可以藉此深入思考，該如何在既有數據的基礎上與其他組織進行比較，並且確保這些分析結果能適用於你迫切想解決的任何應用情境中。

結合資訊揭露和巨集資料所帶來的影響力

　　結合資訊揭露和巨集資料並加以分析，能幫助我們更全面地了解永續經濟，還可以找出在這方面做出重要貢獻的組織。

　　對組織來說，充分掌握巨集資料所呈現的趨勢，有助於控管永續發展對組織所帶來的風險。這些風險主要包括：「經濟與社會風險」、「維安風險」以及「實體風險」。尤其是氣候變遷帶來的「實體風險」，隨時可能劇烈改變一個企業的商業模式，並直接影響到企業的成敗。

氣候變遷會帶來哪些實體風險？

實體風險指的是氣候變遷可能造成的物理影響，可以分為「極端天氣風險」及「慣性氣候風險」兩種類型。

1. 極端天氣風險（acute physical risk）是指由極端氣候災害這種特殊事件所造成的影響，像是熱浪、洪水、野火、風暴等。

2. 慣性氣候風險（chronic risk）是指氣候模式緩慢轉變的過程，例如海平面上升、溫度增加、降雨模式的變化等。

這些實體風險都可能對組織產生財務上的衝擊。有可能是損害組織資產的直接影響，也可能是供應鏈中斷所帶來的間接影響。

若要了解結合資訊揭露和巨集資料所帶來的影響力，我們可以透過資產負債表上記錄的「有形固定資產」作為觀察目標。假設有一家醫療用品製造商 H 公司，它為了能就近取得生產程序中所需要的鹹水以增進生產效率，於是就在沿海地區設置了十幾家工廠。這時評估溫室效應如何影響海平面上升的巨集資料就派上用場了，它可以用來評估 H 公司的沿海工廠可能面臨多大的淹水風險。

在 H 公司的案例中，工廠的位置需要能對應上巨集資料的情蒐區域，才能模擬海平面上升的影響範圍。也就是說，「外部的巨集資料」需要與「組織內部數據」結合，才會得出能夠實際應用的風險評估結果。這種情況不僅適用於組織內部，組織外部也有許多利害關係人積極關注企業的實體風險，這些外部人士就會利用相關工具進行整合分析。像是利用「地理空間數據」在地圖上找出工廠所在的精準定位點，進而分析出 H 公司與競爭者在應對溫室效應上的優劣勢。

除了 H 公司的股東、顧客和潛在投資人會為了評估組織的競爭力而關注實體風險，承攬 H 公司的保險單位也會積極使用資訊揭露和巨集資料評估企業潛在風險，並以此作為調整保險費率的依循。這不僅會影響 H 公司的保險成本，甚至可能影響 H 公司所在行業的整體保險成本。

總結來說，結合內部資訊揭露和外部巨集資料的分析方法，是我們唯一可以依賴的決策方式。其中的影響力不只牽涉到 H 公司本身，整個產業也將是命運共同體。不過，永續發展數據的生產、使用和監管，都不是資訊揭露和巨集資料的最終目標，他們只是督促我們立即採取行動的工具。防止氣候條件持續惡化，才是我們最終想要達成的目標。

當我們能充分理解手上的數據時，我們只完成了一半的任務，只

是理解了我們有什麼手段可以使用。我們實際上希望得到的是，透過監控今日的行為，讓未來的發展方向變得更為可控，那麼我們今日所做的改變就可以改變未來。如果這些數據能促使人們以更永續的方式行動，我們就可以延緩全球暖化並達到永續地球的目標。通過數據描繪出美好願景的路線圖，才是我們使用數據的原因。

從「回顧過去」到「展望未來」

數據在時間上的關聯程度及變化範圍很大，我們通常將數據所橫跨的時間區段稱為「時間性」。資料類型中的時間元素非常重要，它可以確保數據有用並且與使用目的相關。所有數據都有時間元素，永續發展數據也不例外。我們可以依據時間元素將其分為三個類別：「回顧數據」、「當前數據」和「前瞻數據」（請參見圖 3.1）。

圖 3.1　數據的時間性

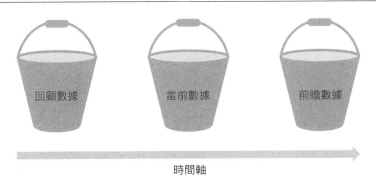

時間軸

每一筆數據都是在記錄某個時間點的瞬間實況。雖然以年為單位來描述現況也是一種記錄方式，但可以這麼做的前提是我們記錄的目標變化不快，或我們的目標就是要觀察長期趨勢。否則這樣的數據不

僅派不上用場，還可能會造成誤導。商業市場瞬息萬變，很多時候，你賴以做出決策的數據，在被記錄下來的瞬間實際情況就已經改變了。這就是我們接下來要談的「回顧數據」。

組織自主揭露的永續數據幾乎都是回顧數據。這類型的數據會回溯過去所發生的事件，讓我們從歷史的視角來觀察目標在某個時間點的狀態。正如我們在第 2 章所提到的，財報上的審計程序通常是針對歷史數據進行核實；而在永續數據方面，也有不同樣態的組織提供類似的查證和認證服務。這些 ESG 歷史數據的認證程序有時是為了符合監管機構的要求，有時則是企業自主進行的。目前這些驗證行為漸漸成為企業的必備程序，企業也將這些驗證時間與費用計入營運成本中，以符合商業市場的主流趨勢。

但是並非所有數據都是歷史數據，還有用以記錄當下狀態的「當前數據」。這種數據有時還會與未來的結果相關。舉例來說，有一家企業通過了土地用途變更許可，允許該企業 5 年後在特定地點著手建設發電廠，這個得到許可的狀態就是一種當前數據。還有像是首席財務官批准了新設備的資本支出，這也是一種當前數據。雖然此次增加的資本不會立即反應在組織的永續表現上，要等到日後才會慢慢顯現這次的購買帶來了哪些好處或壞處。總結來說，當前數據不僅能幫助企業記錄當下的狀態，更能作為企業前景的指路燈，是企業決策很重要的利器之一。

談完回顧數據與當前數據，我們終於可以來談談公認為氣候數據中最關鍵的時間類別了，那就是「前瞻數據」。雖然這些時間類別並沒有官方的定義，不過這裡的前瞻數據想要表達的是，我們可以用以評估未來發展情況的預測數據。即使這些預測結果無法被驗證（因為未來的事情尚未發生），但它能夠幫助我們判別前進的方向，因此前

瞻數據對於未來規劃和設定目標還是很有幫助。就環境數據而言，預測未來的數據總是讓人既期待又害怕受傷。在第 1 章中，我們引用了一些來自聯合國政府間氣候變遷專門委員會（IPCC）的最新數據，這些涉及氣候變遷及未來地球溫度上升的預測，就是一種前瞻數據。

　　IPCC 提供了各界都奉為權威的前瞻數據庫，有助於制定未來的目標並規劃潛在氣候事件的因應策略。範圍包括：氣候、溫度和生物多樣性等。這些外部的 ESG 巨集資料與各組織自主揭露的內部資料，都有著同等重要的參考價值。IPCC 重點監管的溫度數據包含從地表氣象站、船隻和浮標所蒐集而來的數據。IPCC 也使用了冰芯樣本、實地考察和衛星生成等測量方式來監測冰原與冰川的變化，同時以潮位計和衛星監測海平面的變化。以上幾項措施除了能深入理解冰原融化的原因，還能與海平面變化量兩相比對，嘗試推論出兩者之間的相關程度。

　　而海洋溫度、鹽度和洋流等「海洋數據」作為前瞻氣候數據之一，則是拿來與水資源短缺和降水模式變遷的情況做比對。海洋數據能啟發我們用新的思維模式探討海洋暖化的原因，以及暖化可能對海洋生態系統造成的衝擊。此外還有陸地上的「水文數據」，包括河流流量、降水量和土壤含水量。這些數據不僅對水資源運作系統很重要，還有很多廣泛的影響，因此所有需要用水的農牧產業都必須密切關注這些前瞻數據。民生用水配給單位也應該時刻監控這些數據的警示值，保障居民用水需求無虞。

　　有關大氣組成的數據也是一樣。我們要透過蒐集大氣層的數據，才能分析出大氣的變化情形。這是很關鍵的資訊來源，因為我們可以藉此了解全球氣溫上升後會如何影響天氣的變化。

　　IPCC 還會進行氣候變遷的考古研究，嘗試以更長遠的視角來看待氣候議題。透過樹輪、冰層、沉積物等樣本分析，幫助我們重建地球

過去的氣候樣貌，對地球的氣候條件有更全面的掌握。

現在，我們不需要成為環境數據或氣候數據的專家，就能擁有所需要的數據，因為已經有人提供這樣的服務了。除了 IPCC，全球還有很多致力於蒐集地球環境數據的機構，他們都是讓永續數據能落地應用的關鍵推手。而組織領導者的職責就是在這些數據當中，找出對自身組織最有利的切入點。簡單來說，這些數據可以幫助你勾勒出更廣闊的世界，以 ESG 的前瞻數據預設未來的潛在氣候發展。我們稍後會在介紹「轉型策略」時，探討這是如何運作的。

如前面所述，前瞻數據可以是資訊揭露或巨集資料，並且可以通過市場研究、客戶意見、經濟預測、環境預測和金融建模等方式蒐集數據。這些前瞻數據之所以被視為永續發展中的關鍵材料，因為它是制定應用情境計畫和轉型策略的基石。

「轉型策略」以及執行步驟

讓我們先釐清一下「轉型」在這裡的含義。

在永續發展的領域裡，轉型指的是面對全球環境危機的情況下，我們需要採取系統性的變革與行動。一個好的轉型策略要能詳細描述組織預計如何對「日常業務」進行調整，以實現降低碳足跡的目標。在制定轉型策略之前，找出用以衡量計畫表現的「基準點」是最優先的步驟。我們也常將轉型執行的第一年度公開資訊直接當作基準點。

從邏輯上來說，我們需要有一個起始點作為評估標準，在策略執行的過程中追蹤進步幅度，才能訂定出更務實的目標。這對於組織的永續轉型行動有著決定性的作用，其中的核心關鍵就是要妥善運用 ESG 數據。不僅要用數據來建立基準點，更要用來持續監控目標值的變化。

近年來，越來越多人呼籲各大企業及各國政府制定轉型策略，迫

使企業及政府思考該如何改善溫室氣體的排放情況，並列出可行的步驟。轉型策略的關鍵在於要有明確的目標和時間表，並需要公開詳細內容，讓利害關係人得以評估企業的穩健程度、野心和發展進度。

我們之前提到過《巴黎協定》的全球共同目標，是將暖化控制在工業化前的攝氏 2 度以內（理想情況下為攝氏 1.5 度以內）。而各界所訂定的轉型目標通常都會「與巴黎協定一致」，意思是指組織會致力於將溫度變化保持在攝氏 1.5 度以下的永續行動。在本書接下來的旅程中，我想邀請你跟我一起將「與巴黎協定一致」的永續目標視為己任。雖然延緩氣溫上升的方法涉及了複雜的計算，不過目前已有許多單位積極研擬落實辦法，幫助各地的組織一起朝著這個目標前進。

目前已有數十份引導組織如何制定轉型策略的教學文件問世，同時還有很多組織和協會已經將發展重心放在延緩氣候變遷的行動上。接下來請各位讀者打起精神，因為我會向你好好介紹這些數量龐大的永續組織。

關於你的組織該如何參與上述的永續行動或是其他相關倡議，我們會在第 10 章進一步說明，讓我們先回歸到轉型的討論上。這些永續機構發布的轉型文件為企業和政府提供了很好的理論方法，讓他們能在制定轉型策略時作為參考。目前的轉型策略中有一個很重要的趨勢，就是要「將全球經濟視為一體」。

有鑑於此，英國政府在 2022 年成立了一個轉型策略工作小組，致力於制定轉型策略的標準，該標準亦於 2023 年 10 月問世。2022 年，「格拉斯哥淨零金融聯盟」（Glasgow Financial Alliance for Net Zero，GFANZ）發布了他們的永續行動指南，這個指南參考了市面上的各個計畫後，又進一步描述了永續金融應用的具體步驟。

還有一個有助於制定轉型策略的利器是「轉型路徑倡議」

（Transition Pathway Initiative，以下簡稱 TPI）。TPI 原本是為了投資界而設立的，現在已經變成了永續發展的重要工具之一。它詳實的檢視了各公司的公開數據及其永續目標，以此做出轉型進度的評估。TPI 的開發宗旨是為了讓投資人能根據國際公認的永續標準評估公司的表現，並積極追蹤公司實踐低碳經濟的進展。

TPI 會在網路上發布轉型成功的企業評價，這些評價採用了現有最適用的數據及公司的公開資訊，並採用嚴謹的學術研究方法進行。這項工具可以讓投資人作為決策的參考，也可以作為投資人與企業開啟討論的基礎（TPI，2023）。

一般來說，轉型策略必須包括以下這些行動和報告項目：

1. 設定記錄的時間區間，定期檢視溫室氣體排放情況。

2. 設定目標和時間表，以滿足將全球氣溫控制在攝氏1.5度以內的目標。

3. 詳細規劃各個業務項目中所需採取的行動及細部步驟，讓目標的達成過程更為具體。

4. 公開發表這些策略。

5. 定期評估計畫的進展。

6. 透過第三方驗證機構來審查過程中的所有數據。

企業的轉型行動是實踐「科學減碳目標倡議」（Science Based Targets Initiative，以下簡稱 SBTi）的基礎。那麼，什麼是「科學減碳目標」？這是一個很好的問題，因為走在永續發展的旅程中，你將會經常聽到這個名詞。

「科學減碳目標」及全球共同目標

當一個組織的碳排放目標符合《巴黎協定》所要求的減碳標準時，這個組織就會被認為設定了「以科學為基礎」的目標。為了達成《巴黎協定》所要求的減碳標準，我們必須了解到在這個榮辱與共的地球中，每個組織都扮演著各不相同但同等重要的角色。我們也需要明白目前測量到的溫室氣體排放情況和相關預測情況，會如何影響著全球氣溫的變化。這也是為什麼巨集資料及 IPCC 的數據蒐集工作，在永續數據生態系統中扮演著重要角色，若沒有巨集資料提供的背景資訊，來訂定合理的目標與策略，轉型目標就可能會變得毫無意義。

一旦認知到我們所有人都在同一條船上，共同對抗著氣候變遷的課題，我們就該正視全球碳排放量的限額措施，以及自身組織可以扮演什麼樣的角色。

目前我們也已經推導出碳排放量會如何影響溫度變化的計算公式，這是我們設立減碳目標的根基，也是《巴黎協定》標準訂定的依據。這個公式讓我們可以估算出，若要防止溫度上升超過攝氏 1.5 度，大氣中還能容納多少溫室氣體。因為我們不可能維持目前的全球碳排放量，同時又不切實際地期望能控制溫度的增幅。那只有在彩虹獨角獸奔跑在棒棒糖花園的世界裡才可能發生，你應該可以想像得到那個畫面。

「碳排預算」這個概念代表著我們為了實現《巴黎協定》的目標，所能容許的全球總碳排放量。科學減碳目標就是根據初始盤查的碳排放量所訂定的目標，各組織需要依照設定的百分比逐步減少排放量。依此模式將碳排預算在全球主要排放者之間進行分配，讓每個組織都有它該為地球貢獻的份量。

　　若要訂立自身組織的科學減碳目標，就需要一個清楚且廣為接納的研究方法來計算減排量。2015 年，SBTi 發布了迄今為止最常用被人引用且步驟詳細的理論方法：「產業去碳化法」（Sectoral Decarbonization Approach，SDA）。這個方法是根據各企業的行業特性，制定以科學為基礎的減碳目標，並量身打造不同階段的減排行動。

　　無論是透過提升生產效率或是導入新技術，能使企業達到減排目標的手段，都會是產業去碳化法的範疇。這些去碳化的方法都會影響到企業未來的成長幅度，以及在不同地區的市占率。目前的產業去碳化法只能應用於某些特定領域，但這些指引方法還在不斷進化之中，期望可以將更健全的減排策略廣為散布到各行各業之中。如此一來，所有企業都能計算出各自需要達成的碳排減少量，讓各行各業一同負起延緩全球暖化的責任，這將會是科學與商業實踐行動的完美結合。

使用「氣候變遷情境」（climate scenario）

　　氣候變遷情境是另一個需要使用前瞻數據來制定未來計畫的領域。我們可以把這些情境看作是一種衍生資料集，運用我們當前的數據，來模擬未來氣候事件發生時的應對方式與結果，以白話來舉例就是「如果發生○○○，那就以○○○應對」。

　　各界基於不同目的，已經做了許多氣候相關的情境假設與緩解措施。其中，IPCC 根據自身的巨集資料建立了一系列名為「路徑」（pathway）的氣候變遷情境。國際能源署（IEA）也建立了一個全球能源和氣候變遷的運算模型，針對未來能源供應的趨勢提供不同情境的分析報告（IEA，2022）。這些情境在訂定目標、限制、規範及計畫的過程中，都扮演著重要的角色。

　　不同類型的組織在評估氣候變遷對資產的影響上，也正在做出不

同的努力。例如，在各國金融市場中位居領導地位的中央銀行，需要依據所能掌握的前瞻數據，研擬出氣候議題上的壓力測試模型。模型所引用的數據可能來自轄下銀行所參與的相關氣候計畫，或來自銀行的來往客戶。如此一來，全球主要央行與監理機關就能組成「綠色金融體系網絡」（Network for Greening the Financial System，NGFS），幫助各國銀行系統建立良好的風險管理制度。

綠色金融體系網絡也建立了一套氣候變遷情境，編整了全球皆能適用的轉型路徑、物理氣候變遷影響和經濟指標。這一套指標建議各國中央銀行應對轄下銀行進行壓力測試，以便更清楚地了解氣候變遷下的金融體系需要承擔多少風險。

這些氣候變遷的假設情境與中央銀行的強制壓力測試，都形成了資訊的「涓滴效應」。這意味著向銀行申請貸款的公司都需要向上提供相關數據，而銀行又是唯一能向各行業及各地區公司提供貸款的組織。由於銀行肩負了監管義務，他們能要求申請貸款的公司提供應對氣候變遷情境的業務風險評估報告。

因此，當一個國家的中央銀行掌握了轄下所有銀行的貸款資訊，也就等於掌握了所有行業的氣候風險，國家就能站在更高的角度推演氣候變遷對金融系統可能造成的影響、是否會引發經濟體系的系統性風險。這些國家級別的沙盤推演都是依賴未來氣候條件的預測模型才能進行的，而建立這些模型的源頭就是數據。

如果你的組織將來可能需要使用到貸款、信用額度或透支服務，那你就必須要明白在上述的金融管理體系下，組織的 ESG 數據策略勢必要與氣候變遷情境緊密掛鉤。

垃圾進，垃圾出

　　讓我們再次把注意力放到世界各地正在產出的巨量數據。目前儲存的數據量雖然龐大，但並非所有數據都對永續發展的討論有幫助。我想你應該聽過「Garbage in, garbage out」這句話，也就是指如果我們投入沒有價值的垃圾，那麼產出也只會是沒有價值的垃圾。在絕大多數的系統中，輸出的品質通常取決於輸入的品質。

　　當我們把這個概念應用於 ESG 領域時，如果原始數據並沒有足夠的品質（也就是前面提到的垃圾），那麼當我們將這樣的數據當作指標、工具、轉型策略或其他資料集的輸入來源時，輸出結果的可靠性就會充滿疑問。畢竟輸入垃圾數據，就會產生垃圾般的結果。在圖 1.1（請參見第 1 章）將 ESG 數據形容為房屋構造的比喻中，如果在地基裡填滿了垃圾數據，地基就會不夠穩固，這麼一來所有建立在地基上的結構都會變得搖搖欲墜。

　　即使有些數據在環境、社會或公司治理問題上有參考價值，但如果沒有對真正的目的產生幫助，這些數據也一樣只是無用的垃圾。那麼數據需要具備哪些特質才能稱之為有用的數據？只要「有用」就是好數據，為了比較容易解釋這個概念，接下來我會將有用的數據稱為「好數據」、將無用的數據稱為「壞數據」。

　　基本上，不準確的數據就不能算得上是好數據。因為貼近真實的數據才能在現實世界派上用場，這是數據應用的最基本原則。為了讓「好數據」更加具象化，我們可以列出一些重要原則來描述何謂「準確的數據」，也是我將要向你介紹的「數據的 3 個 C」；另一方面，也有一些徵兆可以讓我們保持對「壞數據」的警覺，也就是「數據的 3 個 E」。

數據的 3 個 C

　　若要徹底地發揮數據的價值，數據就需要具備「可比性」（comparable）、「連貫性」（coherent）和「完整性」（comprehensive）。這 3 個數據的關鍵元素，我稱為「數據的 3 個 C」。讓我們接著解釋為什麼這是數據的關鍵元素。

　　第 1 個 C 是數據的「可比性」（comparable），有效的比較能使數據變得更有意義。如果從一個地方蒐集到的數據無法與另一個地方蒐集到的數據相互比較，我們就無從判斷這些數據的相對表現，也就無法確定數據所提供的資訊是好消息還是壞消息。尤其是當數據的讀取者希望能將兩個不同的組織並列比較時，可比性的重要性就顯現出來了。比較的對象可能屬於相同的行業、類似的部門、銷售類似的產品、處於相同的地區，也可能完全沒有共同點。如果他們所蒐集到的數據使用不同單位紀錄、記錄了不同時間區間、或記錄的範圍不一致，這些數據就無從比較，用途也會十分受限。

　　你可能會以為那些知名的 ESG 資料集已經克服了所有可比性的問題，可惜事實並非如此。即使我們已經留意到可比性不足的問題，至今還是難以克服這個挑戰，甚至是溫室氣體排放量這麼基礎的監測項目也是一樣。

ESG 數據可比性的挑戰：以溫室氣體排放量為例

為了讓 ESG 數據具有可比性，我們就需要對數據的記錄形式制定詳細的定義。因為即使是溫室氣體排放量這麼重要且基礎的監測項目，也可能同時存在不同的解釋方式。例如，你可以將自身組織的溫室氣體排放量定義為範疇一、二、三的總和，但你也可以只包含範疇一和範疇二，甚至只單獨計算範疇一。這三種詮釋方式都可以產出

一個溫室氣體排放量的數字。

再來，我們根據《京都議定書》中所定義的溫室氣體來看，二氧化碳（CO_2）、甲烷（CH_4）、氫氟碳化物（HFCs）、一氧化二氮（N_2O）、全氟化碳（PFCs）和六氟化硫（SF_6）都是溫室氣體的一部分。你的組織有可能只有測量這 6 種氣體的其中一部分，並將這個數據作為總排放量對外公布。因此，相同行業中的各個組織所測量的溫室氣體種類很可能不盡相同，這就會使得這項數據難以進行有效比較。溫室氣體排放量的量測與比較，確實還是個很大的挑戰。使用一個統一的標準一直是很困難的事情，有時候在同一個組織的不同單位之間，所使用的度量衡單位和細節（包括排放發生的時間點）都有可能有所不同。請查看表 3.1 概覽不同排放情境下，可能使用的計量單位。這張表格中的所有活動都會造成溫室氣體的排放。由於測量單位和記錄頻率的不同，需要經過計算、預估和假設，才能得出一個排放數字。然而，要得到一個具有可比性的資料集，並沒有想像中那麼簡單，不同公司總是會製作出不同的數據報告。當跨公司的比較變得困難，就會增加各公司的道德危機誘因：公司可能會選擇「最有利於自身形象」的方式來定義排放量，而非「最有利於永續發展」的方式。

那我們選擇某一種固定方法作為所有人的基準不就好了？這樣我們就可以用同一套規則重新記錄所有監測項目，達成可比性的訴求。如果事情可以這麼簡單就好了。對組織外部人員而言，想重新記錄數據並維持正確的計算，幾乎是不可能的事情，讓我舉個例子跟你解釋。我們先將比較數據的討論範圍縮小到能源使用的範疇，且只專注於一套最廣為接納的數據規格：全球報告倡議組織（Global Reporting Initiative，GRI）所發布的「GRI 標準」。這套標準看起來似乎能讓數據的紀錄既清楚又具有可比性。

表 3.1 溫室氣體排放數據的來源及記錄頻率

活動	計量單位	資料來源	記錄頻率
用電量	千瓦時（kWh）或焦耳（J）	電費帳單	每月或每季
再生能源使用量	千瓦時（kWh）或焦耳（J）	有多個來源：太陽能、風能、水力等能源使用報告。	每月或每季
瓦斯使用量	千瓦時（kWh）或焦耳（J）	瓦斯帳單	每月、每季或每年
公務車的燃料使用量	購買的燃料加侖數（gal）	發票或收據	每週或每月
公司員工旅遊	飛行里程、汽車行駛里程、火車及其他交通工具行駛里程	以距離計算	每月或每季

很遺憾，事情並沒有想像中的這麼簡單。即使在 GRI 這麼狹窄的揭露定義之下，仍然存在著許多模糊地帶，阻礙了數據的可比性。在 GRI 標準的指南中，允許企業在以下的類別清單中，在既定範圍中選擇想採用的規格：

• 能量單位，例如：焦耳、瓦時或其倍數單位（譯註：常用倍數單位包含千瓦時、毫安時）

• 再生能源和不可再生資源的定義

• 實施標準、研究方法論和論述前提

• 換算係數的參考依據

• 計算工具

在上述的清單中，只要在其中一個類別選擇了不同規格，將會產生完全不同的數據記錄結果，導致公司外部人員無法正確解讀這些數據。既然現在我們都知道這樣的選擇範圍很不理想了，GRI 標準制

定團隊也嘗試要提供更詳細的指示,讓企業的資訊揭露行動更加具體且能實際應用。即便如此,目前的數據紀錄還是存在很多模棱兩可的空間。

總結來說,GRI 標準所提供的指導雖然有幫助,但仍然存在解釋的空間。而這些解釋空間會讓人難以了解數據紀錄的背景,並使跨組織的比較變得很困難。這不僅會影響提出報告的機構,也深深影響著接收資訊的受眾。這時就需要組織領導者推一把,讓組織的資訊揭露行動盡可能地簡單易懂,才能讓接收資訊的「所有利害關係人」充分了解組織的永續行動,並做出對組織有益的決策。這裡的「所有利害關係人」包括你自己、你的領導團隊、董事會以及更廣泛的外部利害關係人。

假設有一家 A 公司選擇將溫室氣體排放的測量範圍定義為範疇一、二、三中的所有氣體排放量,並以公噸為單位將所有氣體都換算為二氧化碳當量(tCO_2e)進行報告。而 B 公司則選擇將溫室氣體的排放範圍限縮於範疇一和二,且僅包含二氧化碳排放量,同時還採用了較為寬鬆的方式來計算再生能源使用量,最後同樣以 tCO_2e 為單位報告。在這個情況下,我們其實難以對兩者進行有意義的比較。由此可知,若沒有揭露數據的具體蒐集過程,儘管我們站在至高的角度看待數據,也不見得能理解數據背後的真正意義。

此外,如果有一家公司遵守較為嚴謹的資訊揭露標準,例如「碳揭露計畫」(以下簡稱 CDP)的「氣候變遷因應框架」或「GRI 標準」,而另一家公司則使用不同的資訊揭露結構(例如,公司自定義的永續報告標準),那麼數據之間的比較能力也會進一步被削弱。

目前全球最廣泛使用的溫室氣體核算標準是「溫室氣體盤查議定書」

（GHG Protocol），它提供了一個溫室氣體排放資料集的創建指南，以明確的定義確保了數據的可比性，如此一來，投資人和其他利害關係人就能進行更全面的數據比對。但是並非所有公司都使用這種方式揭露溫室氣體排放數據。因此，即使溫室氣體排放已經是最常見且最基本的 ESG 指標，在比較上仍然存在很多挑戰。

此外，數據的可比性還會受到時間因素的影響。企業通常會在公布年度財務報表的同時公布 ESG 相關資訊，但是企業和上下游供應鏈廠商可能有不同的財報年度結算日，讓這個原本單純的報告變得相對複雜了許多。所以我們在查看報告時，必須要留意溫室氣體排放量和其他監測項目的結算日期是否一致；報告採用了截至哪個時間點的資料。另外還有一個很常發生的情況是，因為企業轄下部門及供應鏈中不同廠商的數據結算日期各不相同，要在實際情況發生的 12 到 24 個月之後，才有辦法公開這些資料的整合結果。這些因素都會導致數據的比較產生問題。

第 2 個 C 是「連貫性」（coherence）。這裡指的是共享資源中的數據是否一致，包含單一資料集內的數據吻合程度，或不同資料集之間的邏輯關聯度和完整性。連貫性是數據透明度的關鍵因素，同時也與上述可比性中提到的揭露定義密切相關。因為數據的計算或揭露定義如果不一致，就會連帶影響數據的連貫性。

如果同一個組織針對同一個項目進行量測，卻出現兩個不同的結果值，這樣的數據就會被稱為缺乏連貫性。但是這在現實中有可能發生嗎？

我們可以來看看這個玻璃製造商 C 玻璃公司的案例。C 玻璃公司有義務向全球數據供應商 D 數據公司報告其水資源的使用數據，而 D

數據公司都會在每年年底主動向 C 玻璃公司索取這方面的永續數據。通過 D 數據公司的定期監督，C 玻璃公司已向大眾公開了第一個水資源使用數據。如果 C 玻璃公司在每年 6 月的公司年度報告發布過程中，也向 CDP 提供了這部分的數據，那麼 C 玻璃公司將會產生第 2 個公開的水資源使用數據。如果訊息接受者並不清楚這些數據所反映的時間範圍，就會很容易會覺得混亂。比如投資人在 10 月份時查找 C 玻璃公司的相關資料時，就會同時在 D 數據公司和 CDP 找到的兩份項目一致但結果不同的數據，因為 D 數據公司的結算時間是去年年底，但 CDP 的結算時間卻是今年 6 月。

最後一個 C 是「完整性」（comprehensive）。足夠完整的數據規模才能確保數據讀取者有充足的資訊進行評估。打個比方，如果我們現在正在評估東京證交所上市公司的永續發展情況，其中 E 公司只願意公開水資源使用情況的數據，而另一家 F 公司則是只願意公開廢棄物管理情況的數據。僅憑這寥寥無幾的監測項目，投資人將無法衡量任何一家公司對永續發展所做的貢獻。

此外，因為我們需要根據產業特性來設計永續策略，如果這個產業僅有少數公司選擇公開永續數據，那麼我們就很難從這些數據上找出任何意義。因此，我們的目標不僅是要改善數據的紀錄密度和分布廣度，也需要透過數據的完整性來達到經濟、產業和地理區劃的全面解析工作。

資料品質的威脅：3 個 E

若要想要確保資料品質，就需要注意到「數據的 3 個 E」：「估值」（estimation）、「外推」（extrapolation）和「錯誤」（error）。

第 1 個 E 是「估值」（estimation）。這是指根據現有數據，對無

法測得的「相同類型」的數據進行估算的過程。估值在營運管理上是一個很有用的工具，但也需要非常小心地確認估算是否合理。如果初始假設就不正確，或是計算時所採用變數常有劇烈變化的話，都會影響到估值的可用性。

在 ESG 數據的環境下，估值通常也無法如實反映實際情形。因為每個組織所進行的轉型策略非常不同，即使估值所採用的數據來自非常相似的公司、在非常相似情境被記錄下來，計算結果還是很難適用於單一組織。

不過，當我們手上有許多 ESG 數據時，估值還是一個很可靠的參考資訊。但是目前 ESG 數據的完善程度還沒有達到我們的預期，當我們使用這些品質與規模都不夠理想的原始數據時，就可能會導致這些估值無法提供有意義或可以被解釋的資訊。這也是我常在各個組織的估算中所看到的情況。如果在一個投資組合中有 20 家公司，但只有其中兩家公司公布了溫室氣體排放數據。那麼，無論這 20 家公司的基礎業務有多麼相似，都無法算出一個合適的估值來形容這個投資組合。

第 2 個 E 是「外推」（extrapolation）。指的是利用當前的數據來「預測未來」的數據，藉此推測出未來可能發生的事件或趨勢。假設你的組織目前有一項成功上線的 Y 業務，並計畫在不久的將來發展另一個類似的 J 業務，那麼你就可以根據已經啟動的 Y 業務數據來推測未來 J 業務的走向。

外推對於預測未來趨勢可能很有用，但它畢竟是假設，而且高度依賴我們假設的條件。不過在沒有強制實施 ESG 資訊揭露的時候，外推很常被用來補足缺漏的資料。比如，企業早期有公布某些 ESG 數據，但之後的報告中並沒有提供相同數據內容，我們就可以根據這些早期數據來推算並填補資訊缺口。不過我也要再次強調，這個做法存在準

確性不足的問題。輕易地根據外推數據做出外部投資決策或企業內部決策，都可能會產生有害或危險的後果。

最後一個 E，也是最容易想像的一點，那就是數據存取過程中可能產生的「錯誤」（error）。這些錯誤可能源自於很多不同種因素，有可能是單純的人為操作錯誤，也可能是資訊系統發生相容性問題或操作中斷等錯誤。使用了錯誤的原始數據自然會導致錯誤的推論。雖然有時候出現誤差在所難免，但是一個成熟的數據處理團隊就應該要有相應的除錯機制。

想減少數據產生錯誤的情形，最好的方法就是建立一個穩健的治理系統。一個穩健的公司治理系統，需要確保蒐集數據及產出報表的資訊系統有持續更新且值得使用者信賴，還要定期檢查系統的運作模式符合企業的目標。企業一直都把執行業務時的品質管理視為重中之重，同樣的嚴謹程度也應該被放到 ESG 數據的產出過程中。企業只要加強數據產出過程的掌握度及公司治理文化的透明度，就可以增加人們對數據的信任感，同時滿足企業的核心需求，生產出可靠且沒有錯誤的數據。

另外，增加資料量以及資料來源的多樣性，也可以有效減少估值和外推所造成的誤判風險。資料量越多，數據所記錄的案例在母體中的占比就越大，那麼使用這些數據所做出的估算和推斷就越能代表現實情況。

同樣地，資料來源越多，就有助於降低單一資料來源在蒐集數據時所遇到的限制，避免得到偏差的估值和外推結果，這個原則我們稱為「交叉檢證法」（triangulation）。指的是以不同來源的數據對同一個目標進行核算，我們就可以通過交叉檢證的方法來提高計算結果的精確度。交叉檢證法還可以幫助我們識別潛在問題。例如，如果有兩

個不同的資料來源提供了完全不同的分析結果，代表至少有其中一個是錯誤的，我們就可以知道應該要多加留意哪些面向的正確性。

我們在前面介紹過，為了衡量和管理永續發展的進程，我們必須使用品質優良的原始數據來建構穩健的 ESG 決策基礎。所以當原始數據受到「3 個 E」的因素影響時，我們的 ESG 基礎就可能出現潛在的裂痕。當我們在這個不穩固的基礎上建設 ESG 策略時，無論是投資人、董事會成員、客戶或監管單位，所有利害關係人所做的決策也會變得極具風險。這就是為什麼數據的「3 個 E」是我們極需警惕的潛在威脅。就算沒有對此採取積極行動，也至少要它有所了解。

總結來說，「3 個 C」是指優質數據需要具備的 3 個特徵，可以幫助我們做出正確決策；而「3 個 E」則是指需要謹慎處理的數據威脅，需要採用透明的治理方針來應對。我們需要保有警覺心，注意哪些地方可能出現不準確、不可靠、甚至答非所問的數據，因為這些都會導致不恰當的判斷結果。

不過，事物從來都不是非黑即白，數據也沒有單純的「好」與「壞」。就像人的個性或傾向一樣，每一個數據的集合體都有著程度不一的特徵，交織組合成數據的「資料品質光譜」。**要創建數據的資料品質光譜，我們需要將前面提到過的「重大性」與「時間性」考慮進來。**

例如，有些數據包含了詳盡的內容（好），但它可能包含了一筆樣本數不足的估值（壞）；有的數據很準確並且有實時存取的設計（好），卻可能因為傳輸技術上的延遲而錯過使用的時機（壞）；也有的數據傳輸速度很即時（好）但充滿錯誤（壞）。領導者需要保持批判性思維來看待數據中的優劣元素，才能真正利用數據的力量來支持所做的決策或進行控管。

正如我們多次提到，完美的數據往往是可遇不可求的。但是即使

數據不完美，只要數據的缺陷有如實提供給使用者，且使用者對數據的運作模式也有清楚的理解，這種「由數據驅動的決策模式」仍然是採取行動的最佳做法。在永續發展的領域中，我們還需要經過很長的一段過程，才會有一個相對理想的數據系統。當我們走在這個漫長的旅程中，3個C、3個E、時間性、重大性和透明度都是我們的必修課題。

讓數據成為企業策略的後盾

　　人們很容易陷入「永續數據一定是客觀測量結果」的迷思中，特別是當觀察對象為量化數據時更是如此。然而，數據的「相對表現」是一個更重要的評價準則。我們公司相較於業界其他公司的數據表現如何？這些數據是否顯示出我們公司在轉型上所做的積極努力？這些問題都是組織領導者應該思考的角度。尤其全球氣候狀況的瞬息萬變，我們所需要的 ESG 數據也在不斷演進，企業的永續目標也應該跟著改變。在我琢磨如何下筆寫出這本書的同時，也還是持續看著這些惡化的 ESG 數據（例如全球氣溫上升），如何督促企業採用更迫切的行動來應對氣候變遷議題。

　　數據還有一個很重要的作用，就是向外界展示你想塑造的組織形象。如果我們沒有將數據完整的背景資訊提供給受眾，這些數據反而可能會讓受眾得出錯誤或不完整的結論。輕則造成利害關係人的短期誤會，重則對公司的形象產生不可逆轉的傷害。

　　美國著名文豪馬克·吐溫就曾在作品中轉述英國前首相班傑明·迪斯雷利（Benjamin Disraeli）的看法：「世界上有 3 種謊言：謊言、天大的謊言以及統計數字。」

　　由此可以得知，具備充分的前提資訊才能創造出數據的說服力。

但是該如何判斷某一個 ESG 監測項目對永續發展有正面影響或負面影響？企業領袖要如何依據手上的數據，判斷自身組織是環保領先者還是落後者？若要找到這些問題的答案，就需要參考更多背景資訊。讓我們舉一個例子。K 製造商公開了自身的高碳排放量數據，顯示該公司相較於整體平均而言，在永續經營方面的表現不佳。但是當我們將觀察範圍限縮到同一行業中的類似公司時，卻發現 K 製造商名列於該領域最「乾淨」的企業名單之中。

讓我們再看看另一個例子。數據顯示 L 公司的用水量逐年下降，這看似是值得讚許的事情。因為這個數據可以代表 L 公司致力於保護稀缺資源，以行動支持永續發展。但如果這個下降趨勢是由於地區法規開始限制用水等外部因素造成的呢？如果 L 公司的下降量其實並未符合新規定的限額量呢？我們還可以認為這是一家永續企業嗎？

由此可知，一樣的數據可以講述截然不同的故事。我們需要將數據與其他面向的資訊進行比較，才能知道數據是大是小、是顯示上升趨勢還是下降趨勢、是重要還是無關痛癢。我們有幾種方式可以做到這件事。

一個是把現有數據與歷史數據進行比較，我們就可以看到數據的發展趨勢。例如，你的碳排放量比去年高還是低？再跟前一年相比的話呢？這時數據就能顯示我們前進的方向是否如我們的預期。正如我們之前討論過的，逐年比較的檢討方式是轉型工作的發展基礎。

對於董事會或領導團隊來說，有展示明確發展方向的數據，是確認組織有朝向永續目標邁進的最佳媒介，所以我們需要學習如何將數據與目標結合應用（我們將在第 6 章詳細討論如何設定組織的目標）。要結合數據與目標，「KPI」就是一個領導者在管理和決策過程中可以利用的工具。它可以幫助領導者檢視進度，也非常易於定期追蹤。KPI

的時間區隔可以依照你的需求設定為每月、每季、或是每年進行。關於 KPI，我們在第 10 章會有更深入的討論。

KPI 雖然是衡量組織內部發展趨勢的好辦法，但是沒有一個組織是完全獨立運作的。我們應該與其他組織進行比較，更客觀地評估自身組織的相對永續程度。不僅可以了解自己在該行業、該區域或產業價值鏈中的排名，也是企業本身發展良好的證明。金融家經常使用這些背景資訊和可比較的特性，來對一個組織的永續價值進行加減分。

對永續發展背景資訊的需求，也為我們創造了一套全新的工具體系：「ESG 評量分級和分數」。每個評量工具的提供者都有自己定義的量表，這些量表能總結企業的永續性或 ESG 優勢，並針對不同公司進行排序比較。大眾就能輕鬆地使用這些清楚的指南，判讀出單一公司為永續發展所做的貢獻。這些 ESG 評量分級和分數雖然不是原始的測量結果，但它們可以用來製作衍生資料，提供外部利害關係人比較組織的優劣。

組織領導者也應該要積極了解這些 ESG 評量分級和分數的邏輯，才能妥善運用它的影響力，讓這些評量工具輔助企業拓展市場，並在市場中建立優良的企業形象。

評量基準、分級和分數

將企業與同行以統一的基準進行比較，是一個能結合產業背景資訊來分析企業優勢的方法，並能將企業的表現完整地呈現在大眾眼前。其中最關鍵因素就是選擇合適的評量基準。不適合的基準將使我們無法進行任何有意義的同類比較。假設你在能源產業，你應該會希望自身的碳排放量與在該地區、該產業且規模相似的公司中具有優勢吧？這就是「評量基準」派上用場的時候了。

不過要選用什麼樣的評量基準，是由各組織的領導者來決定的。

各組織對於不同的 ESG 監測項目，可以設定自身的目標、界線和限制。這些措施可以只針對特定行業或地區，也可以有更廣泛的適用性。比如，你可以選擇第三方機構所設定的永續任務作為自身的評量目標；也可以自訂基準點，或選擇產業現況作為評量基準；你也可以選擇使用相關機構發布的 ESG 評量體系作為評量方法。

這些評價是誰給的呢？

隨著企業 ESG 表現與市場價值的關聯性日益增加，企業對 ESG 數據的依賴性也逐步增強，迫使企業更積極地尋求能發揮數據價值的工具。

但是環境數據相當複雜，需要輔以專業知識才能解讀。這可能超出了某些投資人和利害關係人的能力範圍，尤其在各個組織提供的資訊都不夠完整的情況下更是如此。投信機構經常提到「數據的可靠性不足」是阻礙企業發展 ESG 策略的主要障礙。對投資人和金融從業人員而言，在數據有缺陷的情況下，如何妥善運用目前所擁有的數據是一項很大的挑戰。與此同時，分析 ESG 數據的人才短缺，導致組織內部也很難挖掘出有價值的 ESG 數據。為了能幫助投資人和利害關係人在種種環境的限制下依然能理解並利用這些數據，一個全新的衍生資料集就此誕生：「ESG 評量分級和分數」。

雖然我們無法單就 ESG 評量分級和分數就做出決策，但是這些工具可以幫我們對於手中的數據有一個通盤的了解。這會是深入了解組織 ESG 表現的捷徑，也是進一步研究的起點。

然而，使用這個看似強大的工具卻也有矛盾的一面。

在我撰寫本文時，ESG 表現的定義及衡量方式還是尚未達到標準化。各單位各自採用了自定義的分析規則，導致不同評量系統所得出

的結果有很顯著的差異。根據不同指標及監測項目的權重分配，同一家公司可能從一家評量單位拿到很高的評級，卻從另一家評量單位得到表現差勁的評價。

不同評量單位的做法各有差異。有些評量單位會從公開資料中蒐集資訊；而有些則會另外聘請分析師，從訪談、問卷及其他獨立分析作業中拿到資料，再應用他們獨有的研究方法進行分析。還有一些評量單位專門針對特定 ESG 議題進行分析報告，例如，碳排放情形、企業治理、人權或性別多樣性等，對特定領域貢獻了許多寶貴的見解。

評量分級基本上是從原始 ESG 數據中衍生出來的，我們之前學到的「3 個 E」也可能是評量所採用的資料之一，這些資料的記錄密度會影響 ESG 評量的結果。當有些公司提供了詳細的 ESG 數據，而其他公司卻沒有時，評量結果就很難具有比較的效力。此外，有些單位會將估值和外推納入評估，這些估算所隱含的偏差也會影響評量分數的公正性。再者，蒐集資料的時間點不同也會導致有不同的結果。倘若一家公司才剛更新了 ESG 策略的進展，這個最新進展卻不一定能反映在每一家評量單位的報告之中。

據說目前市場上有 600 多家正在營運的 ESG 評量機構，為投資人、監管單位和相關公司提供了各式各樣的評估系統和服務領域。只要具有足夠明確的評估目標，這些評量單位就可以提供有價值的見解。不過，所有的評量分級和分數都是衍生資料。還記得我們之前討論過數據的房屋構造以及地基嗎？**數據地基的建構始於基礎原始數據，而評量分級和分數則是建築在這些地基上的進階層次，所以評量分級和分數十分依賴原始 ESG 數據的準確性和完整性。**

因此，碳揭露計畫（CDP）就開始針對原始數據與 ESG 分數之間的關係進行核實。他們將評量結果中所出現挑戰和缺陷分為兩類：「事

前挑戰」和「事後挑戰」（兩者與評量工具的關聯請見圖 3.2）。

- 「**事前挑戰**」（Ex-ante challenge）：這些挑戰通常與不完善的 ESG 數據環境有關。這些挑戰之所以被認為具有「事前」屬性，是因為儘管評量工具已經存在，這些挑戰還是可以直接影響 ESG 評量工具的穩定性。事前挑戰的議題包括：透明度、可比性以及 ESG 數據的可用性。

- 「**事後挑戰**」（Ex-post challenge）：這是 ESG 評量工具在構建和使用的過程中一定會面臨到的挑戰。例如，評量方法在設計上有多樣性及透明度不足的缺陷，或是存在利益、覆蓋範圍和成本上的衝突，也可能會討論到評量單位與被評量組織之間的互動（CDP，2023）。

　　上述的事前挑戰和事後挑戰，可以適用於所有仰賴 ESG 數據的工具和創新策略。儘管這些工具、評量和衍生資料集對於領導者來說有著莫大的效益與影響力，但是只有在了解它們的缺點和局限性的情況下，才能真正幫助我們做出明智的決策。

圖 3.2　事前挑戰與事後挑戰

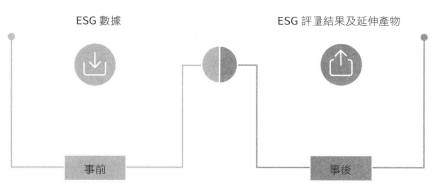

圖表內容來自 CDP，2023

揭開數據的面紗

　　我們在這個章節已經講述了你應該注意的各種原始數據類型，分別包含環境（E）、社會（S）和公司治理（G）；也涵蓋了一些重要的衍生資料，例如，評量分級和分數。要整合這些資訊並為我們所用，我們需要重新檢視「為什麼我們需要使用它們？」這個問題，並考慮到「永續發展數據 ABC 使用情境」：取得營運資本（A）、擴張業務並提高效能（B）及符合法規及監管要求（C）。哪些是你會面臨到的使用情境？對於每一個使用情境，你都需要迎合你的受眾，這些受眾可能包括組織內外部所有人員。你需要在不同情境下提供各自所需的數據。

　　你現在已經了解我們在第 1 章提到的「永續發展重要性」、「永續發展數據使用情境」，而這一章你也應該認識了不同的資料類型，更清楚地了解到「3 個 E」的風險會如何動搖你的 ESG 數據策略，影響著組織對內及對外公布數據的公信力。所以，你應該更果斷地檢討自身組織產出數據的過程，並以此作為決策的依據。希望這已經對你產生啟發，讓你開始思考你需要哪些數據，來支持組織在全球轉型浪潮中所扮演的角色。

　　現在是時候將我們的視線轉向組織內部了。接下來，我們將告訴你如何定義組織在 ESG 資料管理發展歷程中的相對位置，你就可以更清晰地規劃出組織在 ESG 數據上的發展藍圖。

參考文獻

CDP (2023) Data for public good: Steering the role of ESG ratings and data product providers, www.cdp.net/en/reports/downloads/7242/ (archived at https://perma.cc/PZ7T-SBQJ)

Environmental Finance (2020) ESG data market to more than double, to $5bn, www.environmental-finance.com/content/news/esg-data-market-to-more-thandouble-to-$5bn.html (archived at https://perma.cc/L5ZW-ZYKM)

IEA (2022) Global Energy and Climate Model: Documentation, https://iea.blob.core.windows.net/assets/2db1f4ab-85c0-4dd0-9a57-32e542556a49/GlobalEnergyandClimateModelDocumentation2022.pdf (archived at https://perma.cc/CP68-2YZ6)

International Data Corporation (2022) Worldwide IDC global datasphere forecast, 2022–2026: Enterprise organizations driving most of the data growth, www.idc.com/getdoc.jsp?containerId=US49018922 (archived at https://perma.cc/N2KL-S53G)

The Economist (2022) Should 'data' be singular or plural? www.economist.com/culture/2022/08/11/should-data-be-singular-or-plural (archived at https://perma.cc/A4D9-7PX7)

TPI (2023) FAQs, www.transitionpathwayinitiative.org/faq (archived at https://perma.cc/ESZ3-M98L)

4

如何評估你的組織在 ESG 數據上的成熟度？

┌─ 問題反思 ──────────────────────────────┐

- 我要如何進行規劃才能拿到我所需要的永續發展數據？

- 我的組織目前在數據發展的哪個階段？

- 有哪些利害關係人會對我的組織產生影響？

- 我們對數據（尤其是 ESG 數據）的掌握程度如何？

└────────────────────────────────────┘

既然我們已經知道數據在一個組織的永續發展過程中占據了核心地位，我們也在上一章清點了永續發展範圍下的數據類型。那麼現在我們手中的問題就變成了：「哪些數據是我需要蒐集、揭露和追蹤的目標？」換句話說，哪些數據對「我的組織」來說才是重要的？

關於這個問題，組織的董事會和領導者需要在不同層面做出取捨才能回答。這些取捨的決定不僅需要考量到目前的「永續發展程度」、目前的「資料管理成熟度」、未來希望達到的目標，也需要將組織原本的優先任務及外部的影響勢力納入考量。

所以目前要做的事情就是先把組織的永續發展實況記錄下來，我們才能邁出關鍵的第一步。在這個章節中，我們會透過自評項目定位出你的組織目前在永續發展及商業發展道路上的定位，建立基準點以展望未來。在進行自我評量的環節時，請記得，沒有任何答案會被認為是錯誤答案，所以請放心且誠實的進行作答。這也是最重要的作答原則，因為這樣你才能根據自身組織在永續旅程中的現實情況做出正確的判斷。

完成這一章節的練習之後，你就能清楚知道組織在 ESG 資料管理成熟度上屬於哪個階段。為了幫助你有效進行辨認，本書定義了 5 種永續發展資料管理成熟度指標，這些指標能幫助你評估組織在永續數據報告上是否準備充分。最終成果可以是對內或對外發表的報告，這就由你自己決定，本書只是提供你做出決定所需要的參考資訊。

在本章中，你將會認識不同的永續數據發展歷程，以及該如何判斷組織屬於哪個階段。找出組織對應的發展階段，你可以更輕鬆地分辨組織手上有多少資源，以及組織還需要什麼數據。這些發展階段要描述的是一個組織目前的實況，但是在實務上需要再將組織的文化、風氣、目標、能力及抱負等因素考慮進來。這就需要由你來立定志向，定下組織要在何時、達成何種程度的 ESG 資料管理成熟度目標。

要確保組織所採取的永續發展策略能夠成功，你和領導團隊就是最重要的推手，需要保持堅定的意志來達成最終的 ESG 資訊揭露目標。你今天所在的位置以及你為未來所做的選擇，將會形成一個堅固的資訊系統，支持著組織的永續發展策略。

一旦你清楚了解組織目前的狀況、未來的目標以及你想採用的永續數據策略，你就可以著手進行細節工作，並安排好資料管理的優先順序。

你需要深入思考以下這些問題：

• 你還缺乏哪些數據？

• 哪些數據是你不需要蒐集的？

• 你需要哪些外部數據來進行更精準的情境分析？

• 哪些數據因為太新或太稀有而難以取得，所以我們應該要設法推動相關政策，以利於這些數據的發展？

組織目前的發展階段＋組織的目標＝
你的優先處理事項

「生活中唯一不變的事情就是會一直改變。」

——赫拉克利特（Heraclitus），

約為西元前 535 年出生的希臘哲學家

很多人都曾經以不同的方式提到過，你唯一可以相信的真理就是「變化」這件事。正如古希臘哲學家赫拉克利特所言，這件事頻繁發生在我們的生活中，同樣的道理也可以應用在企業管理和商業營運上。在 ESG 數據的使用和揭露領域，變化尤為顯著。

ESG 數據的使用模式只會不斷演變，我們稍後也會在第 8 章提到有關變化趨勢的內容。這些變動有可能會令那些已經擬定 ESG 數據策略的組織感到失望，因為他們必須因應全球政策或行業趨勢的隨時調整策略。而我能給你的建議只有一個：深呼吸，繫好安全帶，準備好迎接這趟刺激的旅程！ ESG 是一個快速變化的領域，作為企業領袖，你的職責是辨識這些變化將如何影響組織的發展計畫，並透過調整業務內容以適應這些變化。就像你在其他業務領域中一直在做的事一樣，這並不是什麼新的技能，所以請相信自己一定做得到。

接下來 3 個章節，我將用 3 個步驟帶你了解，該如何規劃組織的永續數據發展方向。第 1 步，我們會透過一些自評項目，找出組織對應的永續數據發展階段。第 2 步，我們會使用第 2 章的 ABC 使用情境，來訂出組織在數據應用上的優先順序。而最後一步，我們則會考驗你，作為一名領袖，對未來是否有遠大的抱負。我在圖 4.1 中也整理了這些步驟的概述，我稱之為永續數據發展旅程的「MUD」步驟。

圖 4.1　永續數據發展旅程的「MUD」步驟

M (Map)	**U** (Use)	**D** (Determine)
評估ESG資料 管理成熟度	排出優先處理 的應用情境	定下企業願景
辨別你目前處於 ESG 資料管理成熟度的哪個階段	辨別 ABC 使用情境中，哪個情境對你來說最重要	定下你的目標，並辨別需要依賴哪些數據達成

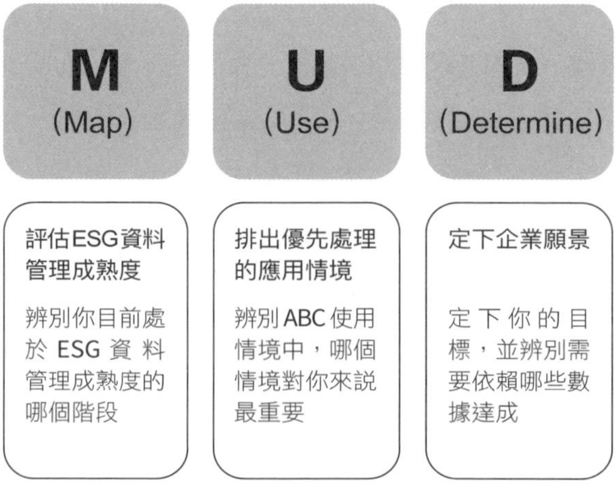

現在對你來說，這些步驟可能只是很模糊的概念，不過稍後你會全部理解的。在本章中，我們會先重點討論「M」：評估你的 ESG 資料管理成熟度（Map your ESG data maturity）。

你的組織在 ESG 數據方面有多成熟？

組織在發展 ESG 資料管理成熟度的過程中，可以看出組織在應用 ESG 數據達成業務目標的熟練程度。值得特別注意的是，這裡要談的並不是「企業是否永續」，而是「數據如何被使用」。我們要評估的是企業使用數據進行永續成果量測與管理的成熟程度。如果是一家具有成熟 ESG 資訊揭露系統的組織，外部分析師也有辦法根據各自的標準，從外部來判斷該組織的永續程度。不過你身處組織內部，你可以掌握的數據和消息遠遠超過其他人，這就賦予你利用數據做出改變的能力。

當你能掌握你的數據，你就能幫助企業塑造出想要展示給內外部利害關係人的形象及影響力。這是本書的主要目的，也是 ESG 資料管理成熟度能為你帶來幫助的部分。

ESG 資料管理成熟度的發展歷程共有 5 個階段，如圖 4.2 所示。

根據 5 個指標，將企業的發展歷程分為 5 個階段

每個組織都是獨一無二的。而作為讀者的你們之所以會翻開這本書，絕對也有各自不同的原因。雖然將不同規模和類型的組織強行歸類到這 5 種階段中，可能會限制討論的廣度，然而我們還是需要先進行概略的分類，才能確定下一步該怎麼走。

圖 4.2　一個組織 ESG 資料管理成熟度的發展歷程

我們都知道，明天的我們會面臨什麼樣的處境並不是我們可以左右的。市場壓力、政策規章以及員工組成等各種因素，隨時都在影響局勢。但是無論在任何情況下，數據都會是助你達成目標的關鍵因素（我相信選擇翻開本書的你，應該不會對這個結論感到意外）。

第一步就是要運用以下幾個指標，找到組織的定位。這些看似呆板的準備工作，實際上非常有助於釐清組織的現況：

- 資料管理成熟指數
- ESG 資訊揭露指數
- 監管壓力指數
- 利害關係人參與指數
- 永續發展的氣候偏重程度

1：資料管理成熟度指數（The Data Maturity Index）：組織目前對數據的掌握程度如何？

資料管理成熟度是一個衡量指標，可以顯示公司利用數據進行業務營運的能力。要達到高水準的資料管理成熟度，企業必須有一個穩

健的資訊系統，並且完全將數據融入到所有決策和業務活動中。這個指數涵蓋了各種類型的數據應用，不單單只侷限於永續發展領域。

當你深入思考組織在這方面的成熟度時，可以想一想你的組織所產出、使用、分析、評估及制定策略上，牽涉到的所有數據。這些數據可能來自營運、財務、人力資源、研發、銷售、行銷，或任何可能影響組織業務發展的部門。

資料管理成熟度中的「成熟度」其實指涉的是整個組織的運作。如果一家公司被視為在資料管理上「很成熟」，這意味著他們能有效地利用數據，並將數據在蒐集、維護和監控過程中的價值極大化。成熟的機構都需要具備管理數據的嫻熟技巧，同時更要加倍重視這些數據的資訊安全。

因為組織每天需要處理大量數據，如果你記得我們在第 3 章中提過的「ZB 級資料量」，世界上存放的海量數據大多都是由這些商業組織創建及儲存的。而這裡面不僅包含了一般業務運作數據，還有許多個人機敏資訊（包括年齡、地址、聯絡方式）。

自從「歐盟一般資料保護規則」（General Data Protection Regulation，以下簡稱 GDPR）在 2018 年 5 月 25 日生效以來，這個條例就一直對全球企業在個人資料的蒐集及使用上產生巨大的影響力。「個人資料」是組織所蒐集、使用和傳輸的數據中的一個資料子集，也是 GDPR 特別聚焦的數據領域。有別於廣義的「資料」，個人資料如果處理不當，後果比一般資料更為嚴重。因此 GDPR 高度重視各組織對個人資料的處理方式，也迫使各界高層更為謹慎的處理這個資料子集的使用策略。

儘管遵守各類資料保護法規是很重要的任務（各地有不同的法規要遵守），但這並不是你唯一需要關注的議題。作為領導者，你需要

將精力放在業務運作的活動紀錄上。

這些活動紀錄是組織用來優化營運業務的數據，可以涵蓋各式各樣的項目，且蘊含了極高的價值。舉例來說，著重數位化發展的組織會蒐集用戶的活動紀錄，包括瀏覽網頁的時間長短、與網頁的互動模式（點擊了什麼內容）、以及再次回訪的機率等；而著重商業版圖拓展情形的組織，則可能將主要精力放在西班牙各城市的產品銷售數據；製衣商可能比較在意暢銷單品所使用的棉花價格；而服務型企業為了掌握業務效率並精準規劃專案排程，則需要蒐集員工在不同專案中的工時資訊。對企業來說，哪些數據是必需的，取決於能從數據中獲得什麼知識，以及企業可以如何應用這些知識。

雖然我們可以從數據中獲取寶貴的見解，但是這些見解的使用方式在不同組織之間差異很大。隨著資料管理成熟度的提高，我們就能加快「以數據驅動商業模式」的腳步。

示範案例

我們以一個資料管理成熟度不足的組織作為案例來討論。假設有一家 H 公司，他們的業務是銷售節慶賀卡。H 公司主要蒐集的數據是「區域銷售量」和「紙張成本價格」，並以「季度」為單位紀錄。如果在聖誕節前夕，紙張的成本價格突然飆升，但 H 公司對此並未採取對應的行動（也就是說，沒有及時更換供應商、協調新合約或對未來價格進行避險等行動），那麼 H 公司就很有可能會度過一個不太愉快的節慶檔期。我們可以來檢討一下哪個環節出錯了：有可能季度的資料並非 H 公司最需要的數據，或者 H 公司並未利用蒐集到的數據做出足夠的改變。如果不採取行動，公司在一年中最精華

的檔期也只能賺取微薄的利潤。

倘若現在有一家競爭對手 J 公司，它能實時追蹤價格數據並加以分析，預測紙張成本的上漲。那麼，面對同樣的成本危機，J 公司與 H 公司將會處於完全不同的處境。J 公司如果能根據蒐集到的數據做出及時的判斷，減少投入成本或提高成品的價格，公司的營銷狀況就不會受到太大的衝擊。兩個不同作法所帶來的差異，就像是口袋塞滿「煤塊」還是塞滿「鑽石」那麼懸殊。

因此，確認組織目前在「資料管理成熟度」上的發展程度，可以確保你能最大限度地利用現有的數據。不過，世界上有著各式各樣的數據和組織，所以市面上也有許多不同的資料管理成熟度評估模型。了解資料管理成熟度模型的運作原則，可以幫助你妥善分類並整理自己的數據。

要定義組織的資料管理成熟度並不容易，許多組織都會特別向外部專家諮詢，希望這些專家能為組織提出有建設性的建議。說不定你的組織也經過某些顧問單位的評估了。不過，這裡並不是為了告訴你必須跟著這麼做，而是要強調你作為一位商業領袖，需要了解數據在你的決策過程中有多麼重要。

在學習如何運用數據的過程中，你可以參考前人的研究，也可以參酌你作為組織領導者的過往經驗。更重要的是，你要持續帶領你的團隊一同學習與成長。

資料管理成熟度評估

我們可以利用圖 4.3 來查閱所屬組織的「資料管理成熟指數」。該指標將資料管理成熟度拆分為 4 個階段。以下將簡略說明各項指標的

定義，並闡述企業該如何達成各階段的要求：

- **資料意識（Data Conscious）**：在入門階段，組織會以人力彙整報表。在這個階段，意識到什麼是資料，就跟如何與資料互動一樣關鍵。管理階層可能會發現自己沒有掌握足以做出決策的數據，或認為數據的尺度與即時性不足以分析利用。在這種情況下，管理者無法依賴資料做出商業決策。

- **資料可用（Data Capable）**：在第二階段，數據的處理會逐漸趨向自動化，資料的使用情境也更清楚易懂。在這個階段，資料標準化的概念被套用在商品或服務產出流程中，這將有利於確認數據在不同的蒐集與回顧時期，依然保有數據的可信度與準確性。管理階層可能發現自己掌握了一些資料，但還是會想問：「我能拿這些資料做什麼？」此時歷史資料主導了資料的面貌，但這些資料常常不足以支持商業計畫或市場預測。

- **資料信賴（Data Confident）**：組織內對資料的重視來到新的層次，參照資料所做出的決策變得舉足輕重。從這一階段開始，資料對組織和管理者開始發揮深遠的影響力。管理階層掌握了能做出核心商業決策的數據，影響了商業流程設計、產品開發、銷售策略與預測、成本評估以及價值鏈分析。在這個階段，管理階層能感受到數據很適合在決策時作為參考。

- **資料驅動（Data Compelled）**：這個階段是世界頂尖科技公司的菁英執行長與董事會抱有的最終願景。在這個階段，數據代表組織的一切，任何決策都要基於資料的解讀。管理階層會預期所有商業報告都是出自於背景數據的分析與預測，並可以使用其他數據交叉驗證。資料可以回答「為什麼要這麼做？」並且可以用數據回溯測試未來趨勢。

圖 4.3　資料管理成熟度指標

資料意識	資料可用	資料信賴	資料驅動
以人力處理不同系統中未經標準化的數據。	可以在組織的平台查看經過標準化的數據。	數據可用於核心商業決策。	數據已經內化為決策的一部分，且總是在正確的時機被取用。
使用者：我需要更多數據。	使用者：我想要更細緻且更即時的數據。	使用者：我們可以將數據導入組織關鍵規劃與預測。	使用者：沒有數據就難以決策。

資料管理成熟度

　　正常企業會促使組織達到階段 4「資料驅動」。但這在商業生態中並不是一件容易的事，尤其還要考量數據系統建置的龐大成本。儘管如此，嘗試發展到更高級別的資料管理成熟度，對企業來說會是很好的營運方針。你所屬的組織目前在哪個階段呢？這是本書中第一個需要動筆的練習，請在圖 4.4 中圈出你認為的組織資料管理成熟度。

圖 4.4　你的組織在資料管理成熟度指標中處於哪個階段？

資料意識　　資料可用　　資料信賴　　資料驅動

2：ESG 資訊揭露指數（ESG Data Disclosure index）

　　在我提議能如何改善組織對 ESG 數據的投入程度之前，我想先問問身為領導者的你，目前看過多少有關永續發展指標或成果的具體數

據？

　　要回答這個問題，你需要先評估組織的 ESG 數據可用性如何？可用性指的是用來追蹤、衡量和管理企業永續表現的所有數據，是否有取得的管道。這些數據包括了組織影響力所及之處和組織會納入商業考量的領域：

- 空氣汙染
- 水資源短缺
- 勞動力多元化
- 化石燃料的使用
- 甲烷的排放情形
- 一次性塑膠的使用
- 廢棄物管理
- 人權保障措施
- 商務旅行政策
- 採購透明化
- 土地使用情況
- 其他

　　ESG 數據的類別越來越多元。成千上萬的監測項目和質化資訊都可以分別歸類於 E、S 或 G 類別。這可能會讓人感到望而生畏，但是請不要自亂陣腳。ESG 領域目前已有一些受到大眾關注的基礎監測項目。表 4.1 列出了這些關鍵監測項目，便於讓你追蹤組織是否有能力提供這些數據。請你使用此表格，勾選出最能描述組織目前狀態的選項。

表 4.1　ESG 資訊揭露的概略評估表

ESG 數據	沒有數據	內部有一些可用的 ESG 數據	外部可以要求取得 ESG 數據	有公開揭露 ESG 數據
溫室氣體排放量				
能源使用情況（不同能源類型需分別檢視）				
廢棄物數量及處理方式				
水資源使用情形				
員工人口統計分析（包括性別、種族和族裔）				
員工流動率				
現行公司治理政策（法規、人力資源、隱私等）				
現代奴隸制度及治理結構				

　　上述的監測項目在全球尚未有一個具體的標準化規範，就如同第 3 章的「溫室氣體排放範圍」界定尚有爭議一樣。因此在這個勾選「組織 ESG 資訊揭露指數」的練習中，我們先將表格 4.1 的標題欄作為基礎指導原則來進行評估。如果你的組織有蒐集、分享或報告這些類別的數據，或有產出相關的結果，請在右方的評估欄位中勾選出與組織狀態最為相符的選項。

　　如果你覺得有點難以分辨組織符合哪個選項，你可以參考以下的詳細定義：

- **沒有數據**：這表示你的組織沒有蒐集或計算這些數據。如果有部分數據在特定部門中被蒐集，那麼你的組織就可以被歸類為下一類（內部有一些可用的 ESG 數據）。如果你勾選了沒有數據這個項目，表示你的組織在這個類別中完全沒有蒐集或計算任何數據。

- **內部有一些可用的 ESG 數據**：這個類別反映了組織有蒐集一些監測數據，但並未對外公開。「內部」在這裡涵蓋了所有階層的管理團隊，也包含董事會。

- **外部可以要求取得 ESG 數據**：在這個類別裡，你的組織可能因應外部利害關係人的要求，向他們揭露特定的數據結果。無論是以保密形式還是公開形式，都在此範圍之內。這種資訊揭露是由外部需求所驅動，而非內部利益驅動。驅動原因包括：法規要求、供應鏈的相關廠商要求、協會或特定行業團體的請求等。

- **有公開揭露 ESG 數據**：如果你的公司有主動向公眾揭露數據，就符合這個項目的要求。企業需具體提供該主題的重要資訊，形式可以是透過永續數據媒介（如 CDP、GRI 或本章稍後將提到的其他平台），也可以透過組織的永續發展報告或類似文件進行揭露。不過，就算組織有編製永續發展報告，不管報告的內容多麼詳盡，只要沒有包含表 4.1 中的第一個項目（溫室氣體排放量），就不能算是一份及格的報告！

　　既然我們已經釐清了評估的原則，那就請你依據這個標準完成資訊揭露指數的勾選練習。我們會在表 4.2 中，以一家名為 DFI 的虛構公司作為案例，再次詳細解釋如何依據組織的現況勾選評估結果。

表 4.2　DFI 在 ESG 資訊揭露行動上的概略評估表

ESG 數據	沒有數據	內部有一些可用的 ESG 數據	外部可以要求取得 ESG 數據	有公開揭露 ESG 數據
溫室氣體排放量				×
能源使用情況（不同能源類型需分別檢視）				×
廢棄物數量及處理方式		×		
水資源使用情形	×			
員工人口統計分析（包括性別、種族和族裔）			×	
員工流動率	×			
現行公司治理政策（法規、人力資源、隱私等）			×	
現代奴隸制度及治理結構				×

　　DFI 是一家狗糧製造公司，目標市場為歐洲和中東區域。他們去年在公布年度報告的同時，也發布了企業的永續發展報告，其中包括了他們的溫室氣體排放量和能源使用情況等資訊。

　　他們蒐集了歐洲地區各個地點的廢棄物數據，以及這些廢棄物的流向（比如回收、掩埋、焚燒等）。但是他們在中東地區僅有一個地點有進行這些數據蒐集的工作。因此，他們根據內部分享的資料庫，以外推的方式計算出沒有蒐集數據的地點，可能會發生的廢棄物數量及處理方式。目前這些廢棄物數據僅有管理團隊能使用，也就是尚未

在永續發展報告或新聞稿中公布。另外，DFI 並沒有蒐集自身的水資源使用數據。

DFI 的人力資源團隊有追蹤員工人口統計數據，並按性別、種族和族裔的比例分別進行分析。他們利用這些數據來計算兩性薪資差距；並評估在 DFI 所有層級的員工中，是否有達到多元化的目標。DFI 的管理團隊會將這些資料分享給所屬的協會，其中包括一家位於瑞士伯恩的著名寵物食品多樣性研究機構。不過在員工流動率方面的數據，DFI 只會向內部的管理層及董事會報告。

DFI 為了繼續持有寵物消耗品委員會所頒發的執照，需要向這些委員會提供旗下員工及味覺測試犬隻的福利政策。DFI 也對外公布了機敏資料處理、員工權利等方面的內部政策。我想以上這些資訊應該能讓你理解，DFI 管理者為何會如表 4.2 所示的方式填寫 ESG 資訊揭露評估表。

┌ 評估有誤的徵兆

如果在上一部分「資料管理成熟度」的評估中，你將你的組織定位在最基本級別（即資料意識階段），那麼你不可能在資訊揭露評估表中勾選「有公開揭露 ESG 數據」欄位，因為這完全不合邏輯。這代表你的組織尚未在其核心業務流程中蒐集和使用數據，那麼向市場公開揭露自身 ESG 數據的機率就微乎其微。

如果在進行 ESG 資訊揭露的概略評估時遇到這種情況，我建議你花點時間重新閱讀這兩個部分的內容，並重新自評。

圖 4.5　你的組織在「ESG 資訊揭露發展歷程」中處於哪個位置？

當你根據自己組織的經驗填寫完表 4.1 之後，我們可以再來看看你的組織目前位於 ESG 資訊揭露發展歷程中的哪個位置。

要找出組織在圖 4.5 中的位置，請先查看組織在表 4.1 中哪一個揭露狀態的勾選次數最多。這將會對應到「ESG 資訊揭露發展歷程」的類別：

• 沒有數據＝ ESG 數據的入門學生

• 內部有一些可用的 ESG 數據 ＝ ESG 數據的應用新手

• 外部可以要求取得 ESG 數據 ＝ ESG 數據的計算專家

• 有公開揭露 ESG 數據 ＝ ESG 數據的完美境界

現在就請你使用這個公式，以你的角度來轉換看看組織目前發展到哪個階段了。稍後在討論組織的「永續數據發展階段」時，這就會是我們的「資料」。

3：監管壓力指數（Regulatory Pressures Index）

這是一個很需要謹慎評估的指標項目，因為這會直接影響一個組織的 ESG 資訊揭露規格。如果我們只用「迅速發展」來形容 ESG 資訊揭露規範的變化，可能還是太輕描淡寫了。在 2023 年，企業資訊揭露的規範一直都是全球熱烈討論的話題，而且這些討論已經被很多企業

付諸實行了。

　　雖然我認為在這本書中條列出所有組織適用的法規，完全是一件徒勞無功的事情。因為在這本書出版後、以及在你閱讀到這篇文章之間，情況絕對已經有所改變。話雖如此，我還是希望你能查閱第 8 章的內容，根據你的企業所在地、業務規模、產業類別及公司治理條件（如公營公司、私營公司或非盈利組織等），查看我為你整理的最新資訊。假設你已經大致了解與自身組織有關的永續發展法規，那我們就可以來看看這些法規背後的架構，方便我們後續評估組織對應的指標表現。

　　當我們要討論監管壓力這個議題時，我們首先需要了解「鼓勵型」和「強制型」的含義：

● **鼓勵型的資訊揭露報告**：監管單位認可了某一套 ESG 資訊揭露的報告系統，並且公開鼓勵轄下機構自主使用這一套系統來進行資訊揭露。這些報告系統通常採用了「氣候相關財務揭露工作小組」（Task Force on Climaterelated Financial Disclosures，以下簡稱 TCFD）所發布的編寫原則，包括了分類方法以及揭露報告的細節。值得注意的是，TCFD 提供的是一個原則性的做法，並沒有非常具體地說明不同資料集應該對應到哪些特定的揭露類別，這也是制定單位能為組織提供輔導的地方。不過，對你來說，你更需要關注的是「鼓勵」，意味著組織沒有義務對外發表任何永續數據，組織完全可以自行決定是否要進行 ESG 揭露報告。但是，只要你所處的地區有這些資訊揭露上的指導規範，你就必須知道揭露與否可能帶來哪些影響。

● **強制型的資訊揭露報告**：當監管單位要求組織揭露數據時，組織若是想要繼續營運就必須要遵守。而監管單位可能要求的數據範圍十分廣泛且多變。正如前面提到過的，因應永續發展環境的持續變化，一個

成熟的監管體系也應該要與時俱進地調整對企業的資訊揭露要求。

不過，並非所有地區都會頒布鼓勵型或強制型的資訊揭露指導規範，還是有某部分區域的司法機構完全沒有相關作為，雖然這樣的情況已經非常少見了。同時，越來越多相關規範開始要求企業報告對「整個地球」造成的影響，而不僅限於所處地區。我們在第 7 章會更深入討論其中牽涉到的「域外管轄權」，這裡只是先讓你知道這是一個需要注意的議題。

另一個需要注意的，則是司法管轄區內的優先監管目標。正常來說，法規會率先以大型企業或政府大量持股的組織來進行前期測試與調整，這可以讓法規普及到所有組織身上時，施行得更順利。因為大型企業通常擁有更多的資源可以分配到法規管理實務上，而監管單位也能藉此評估法規是否能達到預期的目標。

你知道這會如何影響你的組織嗎？如果你是一家上市公司，或者你是該地區裡相對大型的機構，你就很可能會成為監管單位的實驗對象，成為首批被強制要求揭露永續數據的組織之一。但這並不代表比較小的組織或是民營機構就可以避開所有資訊揭露的義務。實際上，這些組織也需要密切關注法規的發展階段，確保組織能及時掌握何時將會開始受到法規的約束。

就像大多數的事情一樣，在兩個極端之間不是只有 0% 跟 100% 的選項，在「沒有規定要揭露永續數據」與「強制揭露永續數據」之間還是有很多中間地帶。如果你的組織目前還沒面臨這些揭露要求，未來還是可能會遇到鼓勵型或強制型的法規要求。有鑑於永續領域的變化速度之快，未來的發展可能比你想像中得更快速。有時候規章制度會先採取「鼓勵企業自主揭露」的建議模式；但有時也可能直接就進入「強制要求揭露」的階段。根據企業所在地點以及所屬管轄單位的

不同，變化速度也不盡相同。

正常來說，法規在成為強制型規範前都是有跡可循的。因為政府和監管單位在商討的階段就會有媒體開始追蹤報導，你通常可以透過法規制定過程中的討論、諮詢、定案、採用和執行的過程來追蹤進展。不同的階段可能會有重疊，也可能有嚴謹的分界，這取決於擁有主導權的人是誰、想要監管哪些地方以及監管哪些事項。這個過程所耗費的時間長則數十年，短則幾年或幾個月。而你作為一位商業領袖，你就算不是組織中最能掌握永續資訊揭露法規的人，也至少要知道有問題應該要找誰。

圖 4.6 展示了一個組織接受監管的情形。請選出你的組織在「監管壓力指數」上的位置，以進一步了解你在整體 ESG 資料管理成熟度發展歷程中的處境。

圖 4.6　你的組織在「監管壓力指數」中處於哪個位置？

4：利害關係人參與指數（Stakeholder Engagement index）

所有組織都會有外部的利害關係人。你的組織帶給這些利害關係人的形象和互動模式，都可能會決定組織的成敗。這些利害關係人會要求組織提供氣候和社會影響方面的永續數據，並透過這些數據完成對組織的評估，進而採取更多影響組織發展的關鍵行動。因此我們還

是要回到這些問題上：為什麼你該揭露數據、你應該揭露哪些數據以及你要如何揭露這些數據。

我們首先要來探討的是，目前在利害關係人所施加的壓力下，為什麼你應該揭露資訊。你需要了解他們的需求，同時也要知道沒有滿足他們的要求會帶來什麼後果。有些後果可能會對組織的成敗產生重大影響，當然也有些只是無關痛癢的小插曲。

為了幫助你辨別這些利害關係人對組織存在哪些影響力，我們會先回顧一些利害關係人團體，並描述他們的行動會如何影響組織的ESG 數據發展。這也是塑造組織永續數據發展歷程的重要一環。

我會向你介紹 6 個主要的利害關係人團體，請參考圖 4.7。你的組織還會有其他沒被提到的相關利益團體，請在評估的過程中，將這些有關人士一併考慮進來。

- 顧客
- 合作夥伴
- 職員
- 投資人
- 股東
- 政府

接下來我會一一向你講解，在永續發展數據的領域中，當我們想要了解這 6 個利害關係人團體與組織的互動模式時，我們應該將哪些因素考慮進來。

顧客

組織的業務能否發展順利，顧客的需求扮演著重要的角色。不過，不同單位對顧客的定義可能有很大的出入，這裡的定義是你或你的經銷

商想要售出產品的對象，可能是企業或個人。而你的銷售通路僅僅是接觸客戶的渠道。我們在這裡想要強調的是真實終端用戶的興趣和需求。

我們需要思考的是，你的客戶要從你這裡得到什麼，才會願意繼續向你購買產品？如果這個答案中包括了一定程度的永續發展要求，或是企業在環境、社會或公司治理方面的實際行動，那麼你的客戶就是一位高度關注永續發展的利害關係人。

這將會導致組織面臨顧客的壓力，必須準確並及時地提供客戶所需資訊。一旦沒有這些資訊，潛在的顧客就可能選擇不購買你的產品。組織只要沒有提供必要的永續相關資訊給顧客，就會面臨收益下降的風險。

圖 4.7　組織的利害關係人地圖

合作夥伴

和客戶一樣，合作夥伴也需要企業提供永續相關資料，才會選擇與你進行業務往來。從廣義上來講，合作夥伴可以包括你所依賴的整個生態系統，其中有許多協作廠商參與了產品或服務的製造與交付過程，其中的供應商更是提供你營運所需資源的重要角色。根據每家公司本身的業務特性不同，都會形成自己獨有的合作體系。他們的合作夥伴可能是提供重要物理材料的供應商，例如，製造高級自行車所需要的碳纖維廠商；也可能提供更廣泛的服務，例如顧問業常需要搭乘的飛機航班等。

當不同類型的廠商逐漸意識到自己在供應鏈中所占的份量，就會開始在意他們的業務夥伴表現如何。他們可能會要求了解他們所協助生產的產品會如何被使用、產品在使用週期結束後將如何重新利用或處理（比如說，企業會如何履行循環經濟的理念）。

在組織的價值鏈中，永續發展的資訊需求是雙向的。意識到合作夥伴有這方面的資訊需求，就能幫助組織加深理解永續發展報告的影響力。

職員

組織需要依賴職員的付出才能提供商品或服務。如同我之前提過的，職員在組織的永續發展道路上扮演了非常重要的角色。積極貢獻的員工會對所屬組織有高度的期待，他們可能要求領導者提供更多企業責任相關資訊，包括 ESG 數據、永續發展計畫或轉型計畫。這些資訊可以是內部員工共享的機密，也可以是組織對外公開的揭露報告。

現有內部員工可能會因為組織所發布的永續數據及相關行動成果，選擇繼續留在組織內奮鬥。而潛在的未來員工也可能在入職前，要求

了解組織的企業責任相關資訊。

潛在投資人

趨勢顯示，投資人對數據的需求日益增加，我想你可能也已經感受到了這件事。這些要求提供資訊的對象可能來自現有的投資人或潛在的新投資人。這些投資人非常有可能向你的組織要求特定的 ESG 資訊揭露內容，至於會要求什麼樣的內容，則取決於投資人各自在意的領域。根據不同投資人的永續數據需求，他們與組織互動的積極程度也會大不相同。

股東

有別於潛在投資人，股東則是已經持有企業股份的利害關係人。他們多半會在年度股東大會上對公司的管理情形、公司的發展方向與目標發表看法。在股東大會以外的時間，這些股東也會時刻關切公司的營運情形。

奉行「股東行動主義」的股東們也越來越關注永續發展議題，希望公司能證明自己正在積極承擔社會責任。這些情況不僅會發生在公營單位或大型企業，在意永續條件的股東同樣，也在挑戰著中小型公司的處理能力。

政府

在這本書中，我們還會持續討論許多有關監管單位的內容，因為政府是所有組織的重要利害關係人。每年出席氣候變遷會議並代表國家做出減排和淨零目標承諾的就是各國政府，這些承諾也日益影響著公司和組織所處的經濟環境。政府可以直接透過稅收優惠或徵收額外

稅額的方式形塑組織的理念和目標，也可以間接透過影響買家觀感來改變組織的行為。

　　現在我們已經討論完這些利害關係人團體以及他們各自在意的利益了。現在請你回顧一下你的組織，哪些利害關係人會使用不同手段要求你提出ESG數據報告？這個不同手段包含了直接要求公開資料集，或以其他間接的形式要求組織採取永續行動，讓組織承受壓力並做出回應。即使組織還沒有真正採取行動，但是來自這些利害關係人的壓力會迫使組織思考做出改變的可能性。現在請你使用表4.3，在不同利害關係人的欄位裡，勾選要求公司提供ESG數據的情況。

表 4.3　利害關係人積極程度評估表

利害關係人	會要求 ESG 數據＝是	不要求 ESG 數據＝否
顧客		
合作夥伴		
職員		
潛在投資人		
股東		
政府		

圖 4.8　你的組織在「利害關係人參與指數」上處於什麼位置？

完全沒有參與　少部分參與　大多數參與　所有群體參與

　　表 4.3 是對利害關係人參與情況的一個簡單測試，但是作為一名領導者，你應該更深入了解這些群體對永續議題的需求。了解利害關係人的積極程度和可能對組織施加的壓力，能幫助你做出符合現在和未來趨勢的商業決策。現在我們可以利用表 4.3 中的答案，幫助你確定組織在「利害關係人參與指數」（圖 4.8）上的位置。

　　如果在表 4.3 中，沒有任何利害關係人被標記為「是」，那麼你的組織在指數中對應的程度就是「完全沒有參與」；如果有少於或等於兩個利害關係人欄位中選擇了「是」，那麼你的組織就屬於「少部分參與」；如果在表格中有 3 到 5 個利害關係人欄位勾選了「是」，你的組織就屬於「大多數參與」；最後，如果表格中的所有利害關係人都要求你提供某種形式的 ESG 數據，你的組織將被歸類為「所有群體參與」。

　　請你在圖 4.8 所列的利害關係人參與指數中，圈出你的組織所屬的類別。

5：永續發展的氣候偏重程度 (Climate vs Sustainability Index)

　　我在這本書中已經無數次提到「永續發展」這個詞彙，當然接下來還會出現更多次。我特別選用這個術語，因為它可以涵蓋環境、社會和公司治理問題，構成所有與 ESG 有關的數據。

　　然而活躍於永續生態系統的參與者或組織，在處理永續議題時不一定會同時將 E（環境）、S（社會）和 G（公司治理）這 3 個面向都納入考慮。有些人的永續發展定義側重於氣候變遷；有些人甚至將他們對永續發展的關注範圍限縮得更窄，屏除了其他影響環境變化的因素，僅僅把注意力放在碳排放量上。

　　也有一些組織會優先考慮永續發展中的社會因素。這些組織考慮

的可能是工作環境中的平等、多樣性、人權保障以及在地參與等企業責任。不同組織在永續發展上的重心有所差異，是 ESG 報告形式不斷演變下的正常現象。

　　一般來說，組織在處理永續議題時，會先想到氣候變遷議題。組織就會投入資源在環境保育及控制溫室氣體排放，試圖減緩地球的溫室效應。在永續數據的術語中，我們會說這是專注於 ESG 中的 E 數據。這種「氣候優先」的策略也出現在許多已將 ESG 融入營運流程當中的組織。就拿我們將在第 6 章進一步介紹的非營利組織「CDP」來說，CDP 營運著一個全球環境資訊揭露平台，每年都會發布一份相關問卷結果。當 CDP 在 20 多年前剛成立時，它只專注於蒐集有關碳排放的數據。隨後，CDP 慢慢在其他環境主題上擴展版圖，例如用水安全、森林保育等，最近還延伸到生物多樣性和塑膠濫用的問題上。由此可見，相對於 S 數據，CDP 主要還是著重在 E 數據的應用上。

　　「國際永續準則委員會」（International Sustainability Standards Board，以下簡稱 ISSB）也是一個致力於制定氣候數據標準的組織。ISSB 最初在制定相關數據定義時，就已經決定要優先處理氣候數據（並於 2023 年 6 月發布第一份數據揭露標準）。後來才依序擴展到其他資料集，當中包括了 S 數據以及其他特定的數據類別，如生物多樣性、自然生態解法等。

　　無論你的組織目前在永續發展上的重點為何，它都可能隨著時間而改變。企業往往會為了塑造對外發表報告的信心與形象，從眾多永續目標中選擇更有利的發展項目。除了企業自己的選擇之外，這些項目也可能是受制於法規要求而被迫優先發展的。這也再次證明了永續旅程是一個持續推進的過程，你的組織也不會是例外。在這個過程裡，我們只要一步一步踏穩腳步即可。

　　在我們探討數據到底應該集中解決氣候危機，還是應該將資源均衡分散在不同永續議題之前，我們可以先定義出組織目前的商業策略和發展理念。請你先問問自己這些問題：

• 組織的營運策略是否有考量到本身對氣候（E）的影響力？
• 組織的營運策略是否有考量到本身對社會（S）的影響力？
• 組織的營運策略是否有考量到本身在公司治理（G）上的成熟度？

　　請你根據以上問題的回答，將組織的定位對應到圖 4.9 的位置中。

圖 4.9　你的組織在「永續發展中的氣候偏重程度」處於哪個位置？

現在我們終於可以找出組織的 ESG 資料管理成熟度定位了！

　　該怎麼對外公布 ESG 數據才能對組織最有利，是一個看似簡單，實際上卻相當複雜的難題。多觀摩不同類型的公司如何處理 ESG 資訊揭露，能培養你對數據的敏感度，釐清以組織目前的程度來說，什麼才是最重要的。你要先認知到自己今天表現好的是哪一部分，才能計畫下一步要往哪裡前進。

　　這種根據不同組織特性發展 ESG 資料管理成熟度的方法，需要區分為「產品主導型」或「服務主導型」企業。這兩種不同類型的組織對其 ESG 數據的需求和優勢有明顯的區別，就算它們處於相同的 ESG

資料管理成熟度階段，也需要分開來討論。

　　資料管理成熟度是為了指引領導者了解組織目前的處境，而組織的分類則能幫助領導者思考企業的下一步行動，協助企業找出在不同使用情境（請參考第 2 章）中所需的關鍵 ESG 監測項目。找到這些關鍵數據，ESG 資料管理成熟度的風險和機會就會隨之顯現，組織就能做出更明智的決策。

　　當你了解你的組織在 ESG 資料管理成熟度中的位置時，你就會更有把握能訂出領導者所需要的永續發展 KPI。你可以藉此調整自己對永續發展的心態，以吻合組織的發展現況。如果你在永續發展上的野心沒有組織這麼高昂，那麼這就會是一個很有用的工具，能幫助你分析 ESG 資訊揭露的價值所在。相反地，如果你的抱負超越了你的組織，那麼這也能幫助你著手規劃如何改變組織。

　　在我向你介紹 5 個永續數據的發展階段之前，請你記得，稍後需要參考你剛才使用以下這 5 個指標所找到的組織定位：

1. 資料管理成熟度指數
2. ESG 資訊揭露指數
3. 監管壓力指數
4. 利害關係人參與指數
5. 永續發展的氣候偏重程度

　　我接下來會詳細描述圖 4.10 中不同階段的組織會有哪些特徵。此部分希望能讓你重新檢視每個指標，引導你找到最能反映組織現況的類別。希望你不要輕易因為私心而誤將你的組織放在你「期望」的位置，而不是「最真實」的位置。我們會在後面討論你的抱負和未來計畫，這裡請你先誠實作答。

永續數據的 5 大發展階段

圖 4.10 一個組織的 ESG 資料管理成熟度發展歷程

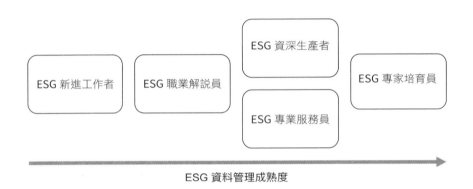

ESG 資料管理成熟度

ESG 新進工作者（ESG Data Debutants）

特徵：

- 在「資料管理成熟指數」的任意位置上
- 在「ESG 資訊揭露指數」中得到的分數偏低
- 在「監管壓力指數」中被評估為「沒有規範」
- 在「利害關係人參與指數」中被評估為「完全沒有參與」
- 在「永續發展的氣候偏重程度」的任意位置上

　　這個級別的組織在 ESG 的數據管理方面，就像是新生兒一樣。但是從現在開始，一切都會越來越好的！目前市場上可能不會認為你的組織在永續發展議題上具有前瞻性。尤其當你的同行都已經在另一個發展階段中了，那麼你就會被認為在永續方面是落後者。會導致這個結果，有可能是你的行業或所在地區並不關心永續發展，因此這個議

題對你的組織來說根本沒有影響力。

　　不過你目前作為 ESG 新進工作者，至少能反映出公司的董事會及高階領導者開始認同永續發展議題的價值。雖然它在管理實務上的地位還是很低，甚至無法影響大多數的營運事務。在 ESG 數據的產出數量方面，無論是對組織內部或外部發布的資料都還是很少。因此，你尚未將永續發展的概念納入組織的商業決策之中。組織的其他業務活動有可能會以數據為軸心，也可能不會，但是 ESG 有關的資料顯然沒有出現在組織管理的討論中。

　　作為一個數據的新進工作者，組織沒有能力滿足 ESG 資訊揭露的監管要求。一旦相關法規開始實施時，你的組織將會面臨法律危機，甚至有可能面臨停業的風險。

　　目前，你們的股東並沒有要求你們提供永續發展數據。你們並未設定永續發展或氣候目標，例如，「淨零排放」或「碳中和」的目標或相關承諾。你們也尚未制定氣候轉型策略。

　　但是你對 ESG 數據的使用和 ESG 能帶來的價值至少有一些興趣，從你開始閱讀這本書本身就是最好的證明！然而，你也會意識到，你組織目前在永續發展議題中的參與意願非常低。作為一名 ESG 新進工作者，如果你願意，你們有很多機會可以增加在 ESG 數據上的投入程度。

ESG 職業解說員（ESG Competent Commentators）

特徵：

- 在「資料管理成熟指數」的任意位置上
- 在「ESG 資訊揭露指數」中得到中等分數
- 在「監管壓力指數」中屬於中高水準

● 在「利害關係人參與指數」中得分偏低至中等

　　在「永續發展的氣候偏重程度」中，更接近「偏重氣候」而非「完全均衡」的那一端。這個級別的組織不會以永續發展聞名，但你們也並非完全不被關注。通常不是組織主動尋找機會來蒐集數據，而是從風險趨避的角度來看待永續議題。組織通常會藉以達到提高效能、贏得商機、提升形象、留住人才等正面效果。

　　你們已經蒐集並公開了一部分 ESG 數據，且遵從了組織適用的永續資訊揭露規定（無論是財務上的適用性或是產業特性上的適用性）。組織只有對外公布最基本的 ESG 資訊揭露範圍，但是組織內部還有更多的數據可供你們查看和使用。你們可能在業務的其他領域中精通數據應用，並且知道如何利用數據來改進某些業務決策。

　　你們可能已經訂立淨零目標、碳中和目標或其他承諾，也可能尚未設定。你們可能已經達到碳中和，但可能仍在使用「碳權交易」和「碳抵換」的方法來實現這個目標。不過你們還沒有制定轉型策略，你們也還無法與業界其他公司比較並提出有利的佐證。你們採取一種「僅提供必要資訊」的方法來進行 ESG 報告。

　　你們至少會對外公布企業的範疇一排放數據，並且可能已經對範疇二排放量的資訊揭露充滿信心。但是你們可能還無法獲得範疇三的排放數據，想當然爾也不可能對外公布這些資訊。你們清楚知道市場在永續發展上施加的壓力，但還是沒有將永續發展列為企業擴張的首要任務。你們的 ESG 數據覆蓋範圍還算合理，但也僅止於此而已。

　　接下來的兩個類別在 ESG 資料管理成熟度方面相似，但代表的是兩種不同的組織類型：一個是產品型公司，另一個是服務型公司。

ESG 資深生產者（ESG Proficient Producers）

特徵：

- 在「資料管理成熟指數」中屬於中高水準
- 在「ESG 資訊揭露指數」中屬於中高水準
- 在「監管壓力指數」的任意位置上
- 在「利害關係人參與指數」中屬於中等水準
- 在「永續發展的氣候偏重程度」的任意位置上

　　這個級別的組織會以生產商品為主，在市場上或許能以永續著稱。董事會、高階主管和領導團隊都意識到永續發展會成為影響組織擴張的重要趨勢，並在做出商業決策時將 ESG 數據納入參考。你們知道 ESG 承諾是組織對外溝通和形象塑造的重要管道。在包裝、行銷或銷售文宣上，都會提及組織及產品是如何達到永續要求。

　　你們可以選擇自主提供或依照法規要求公開 ESG 相關數據，這些數據包含了溫室氣體排放量和能源使用詳情。你們可能在多個年度中揭露了範疇一和範疇二的排放量，可能還揭露了範疇三的排放量。不過組織的主要溫室氣體排放量都來自於範疇一。你們可能已經設定了永續目標，例如，「在 2030 年以前達成淨零排放或碳中和」，並且也可能已經達成了這些目標（如果你不確定這些目標的實際內容是什麼，我們會在下一章討論詳細的定義）。你們可能已有轉型策略，也可能正在設計或準備公開這些轉型策略的過程中。

　　總體而言，永續發展在你的業務版圖中扮演著重要角色，你們蒐集了氣候相關數據（E 數據），也在社會或公司治理方面也保存了一些重要數據。領導者不僅需要負責研討業務上如何施行永續發展，也要

時刻留意其他同業的發展進度。組織裡會有一些人積極參與永續發展相關社群，例如，委員會、協會、工作小組或政策研討會等。

你們是可靠的 ESG 數據貢獻者，你的組織清楚知道蒐集、揭露和分析這些數據，能為組織業務和地球環境帶來的好處。在內部和外部蒐集和揭露 ESG 數據時，你們會付出超出法規最低要求的努力。

ESG 專業服務員（ESG Skilful Services）

特徵：

- 在「資料管理成熟度指數」屬於中高水準
- 在「ESG 資訊揭露指數」中屬於中高水準
- 在「監管壓力指數」的任意位置上
- 在「利害關係人參與指數」的任意位置上

在「永續發展的氣候偏重程度」中，評為中等至高等（高等代表完全均衡的發展）。

這個級別的組織會以提供服務為主，並且會抱持著永續發展的理念對外溝通。與「ESG 資深生產者」的情況類似，董事會、高階主管及領導團隊都已經意識到永續發展作為影響組織運作的宏觀趨勢，並在做出商業決策時會將 ESG 數據納入考慮。你們知道 ESG 承諾是組織對外溝通和形象塑造的重要管道。

你們可以選擇自主提供或依照法規要求公開 ESG 相關數據，這些數據包含了溫室氣體排放量和能源使用詳情。你們已經在多個年度中揭露了範疇一和範疇二的排放量，可能也已經揭露了範疇三的排放量。組織的主要溫室氣體排放量來自於範疇二。你們很可能在 2030 年前達到碳中和或淨零排放目標，抑或已經達成這些目標。你們可能已有轉

型策略，也可能正在設計或準備公開這些轉型策略的過程中。

總體而言，永續發展在你的業務版圖中扮演著重要角色，你們蒐集了氣候相關數據（E 數據），並且在社會方面（S 數據）的表現尤為亮眼。你們提供的服務大量依賴人力資本的投入，所以你們也可能擁有公司治理方面（G 數據）的強大資料庫。領導者不僅需要負責研討業務上如何施行永續發展，也要時刻留意其他同業的發展進度。組織裡會有一些人積極參與永續發展相關社群，例如，委員會、協會、工作小組或政策研討會等。

你們是可靠的 ESG 數據貢獻者，你的組織清楚知道蒐集、揭露和分析這些數據能為組織業務和地球環境帶來的好處。在內部和外部蒐集和揭露 ESG 數據時，你們會付出超出法規最低要求的努力。

ESG 專家培育員（ESG Expert Educators）

特徵：

- 在「資料管理成熟指數」中展現超高水準
- 在「ESG 資訊揭露指數」中展現超高水準
- 在「監管壓力指數」的任意位置上
- 在「利害關係人參與指數」的任意位置上
- 在「永續發展的氣候偏重程度」中評為高等（完全均衡發展）

這個級別的組織在內外部都會生成、分析並揭露各種 ESG 數據。你們所提供的數據超出法規或利害關係人所要求的範圍，你是主動在尋找那些能對社會和自然環境產生正面影響的數據。下到基層經理、上到董事會，所有領導階層都把永續發展視為重中之重，且所有階層的員工薪酬都與永續發展及 ESG 數據表現掛鉤。

你們會編製永續發展報告並對外公布，同時也會向第三方 ESG 數據蒐集機構進行報告。你們已經使用或計畫使用「氣候相關財務揭露標準」（TCFD）來揭露組織的重要氣候數據。你們已經達到「碳中和」或「負碳排」的任務，也設定了「2040 年前實現淨零碳排放」的目標、甚至已經完成了目標。你們同時有一個已經發布的轉型策略。

數據在你的業務策略和管理中扮演關鍵角色。你重視數據，並投入資源在數據的生產、管理和分析上，並且持續優化包括永續發展在內的每個數據面向。你們會追蹤同行的數據來評估自身的 ESG 數據及永續程度，並努力成為業界的佼佼者。

你們計算並揭露範疇一、二和三的溫室氣體排放量，也公開了其他廣泛使用的環境、社會和公司治理數據指標。你們不甘於停滯不前，於是你們繼續擴大蒐集其他領域的數據，這可能包括生物多樣性和自然生態影響的數據、地理空間和資產位置的數據、以及效益量測的數據。你們會透過參與智庫建立、監管諮詢、工作小組、協會、政策制定機構等多種方式向業界分享經驗。

你們以重視永續價值而聞名，品牌形象包含了普世認可的永續標章。你們同時也在制定永續發展政策及帶領業內實踐的道路上發揮了重要作用。

確定組織的定位以及對應的下一步

閱讀完上面的描述，並完成本章節的 5 個指標對照練習後，你現在應該已經知道如何在資料管理成熟度中正確定位組織目前的情況了。但是我要提醒你，這只是一個起點。我們所做的這些分類只是反應了組織今天所在的位置。正如我們從前幾章中所學到的，永續發展領域的變化可能非常迅速。現在的你可能找到了組織的定位，這個定位也

許可以繼續適用於可預見的未來，但你也可能因此沒有保持應有的危機意識。

如果你的組織是歸類於 ESG 新進工作者，但是你知道目前有一個即將生效的法規將影響組織的運作，你就需要考慮如何幫助組織升級到不同的階段，以符合法規的要求。如果你的組織是 ESG 職業解說員的級別，你可能會認為自己的做法完全正確，且資訊揭露行動也完全符合相關規範。你可能不覺得需要改變，直到外部因素迫使你改變。

如果換個方式思考，結果可能完全不同。如果你的組織是 ESG 資深生產者，而你相信轉型成 ESG 專家培育員會帶來顯著的商業利益。透過相關的積極行為，你就能贏得新的業務版圖，並提升你在重要利害關係人中的形象。

接下來，該如何決定組織的下一步，我們就需要確認最重要的 ESG 數據使用情境是什麼、組織擁有什麼樣的抱負。還記得我們在圖4.1 中描述過的永續數據發展旅程的「MUD」步驟嗎？你現在已經完成了「M」這個行動，也就是評估你的 ESG 資料管理成熟度。隨著組織內部不斷地變動，我們也會需要定期進行上述的這些評估，不過現在我們可以先把這件事從待辦清單上劃掉了。

在下一章中，我們將會回顧永續發展數據的使用情境，從中找到組織目前最需要蒐集和揭露的數據。讓我們繼續在這條探索之路上一步一步往前走吧。

列出 ESG 使用情境的優先順序

┌╴問題反思╶────────────────────────────

　• 哪些 ESG 數據的使用情境對我來說最重要？

　• 什麼是「永續金融分類法」？對我有什麼影響？

　• 什麼是「碳權」？它是如何運作的？

└──────────────────────────────────────

在永續發展數據的發展歷程中，現在是時候把「為什麼要這麼做」落實在你的核心業務目標中了。「為什麼要這麼做」是驅使我們思考、蒐集、分析、分享或揭露 ESG 數據的主要原因。所有行動都必須帶來價值，不然我們沒有理由耗費心力去處理這些數據。

接下來的步驟要利用我們在第 2 章中提到的「ABC 使用情境」，確認事情的優先順序，以及它們如何融入組織的營運和成長計畫中。這一章我們確認完你需要優先處理哪個使用情境之後，下一章我們再來談組織該如何訂立未來願景。因為無論你是 ESG 新進工作者、ESG 職業解說員、ESG 資深生產者、ESG 專業服務員還是 ESG 專家培育員，在永續發展歷程中都有改進和改變的空間。

讓我們確認一下，你的永續數據發展歷程是否能夠支持你需要優先處理的 ESG 使用情境。我們將延續圖 4.1 永續數據發展旅程的「MUD」概念，繼續討論第二步驟「U」：排出優先處理的應用情境（Use case prioritization）。這裡簡單複習一下，ABC 使用情境是指：取得營運資本（A）、擴張業務並提高效能（B）、符合法規及監管要求（C）。

經過這一個步驟，我們就能看清楚對組織來說，最迫切需要的 ESG 數據是什麼。現在是時候明確定下組織的優先任務，藉此了解組織需要蒐集並定期檢查哪些 ESG 數據，以確保組織的業務規劃符合未來趨勢。

取得營運資本 (A) ──這是組織最重要的任務嗎？

為了評估「取得營運資本」這個情境對組織的重要性，請你問問自己以下幾個問題：

- 你有打算增加資本額或整頓財務體質嗎？
  - 回答「是」：你是否計畫透過股權首次公開發行（也就是上市）或二次發行新股的方式來獲取資本？
    - 回答「是」：你考慮要進軍的證券交易市場，是否有強制揭露 ESG 資訊的相關法規？
- 你是否計畫透過債務型的工具獲取資本？
  - 回答「是」：你有計畫要發行債券嗎？你是否有考慮要發行綠色債券？
    - 回答「是」：你知道需要哪些數據的支持才有資格發行綠色債券嗎？
- 你有打算向銀行申請貸款嗎？
  - 回答「是」：你知道銀行在審查企業的永續程度時，有哪些一定會提出的問題嗎？
- 你打算取得私募股權基金嗎？
  - 回答「是」：你已經找到投資人了嗎？你清楚知道他們有哪些 ESG 資訊揭露的要求嗎？

　　基本上，如果你對上述任何一個問題回答了「是」，你就有一定程度的 ESG 資訊揭露壓力。有些資金提供單位會明確表明要採用哪個資訊揭露規範；也有些資金單位會採用獨樹一格的資訊揭露標準。如果你正在尋求資金的挹注，那你就必須了解這些金融單位的資訊揭露要求，否則你將會面臨融資失利的風險。

　　我建議你一定要好好閱讀本書第 7 章和第 8 章的內容，了解與金融機構有關的監管和揭露政策，這可以加強你在資訊揭露要求上的應對能力。與此同時，讓我們來看看最基本的貸款行為是如何進行的。

把錢亮出來：把 ESG 數據亮出來

銀行是接觸貸款申請者的第一線單位，因此，銀行的貸款決策可以對經濟、社會和環境產生重大影響。傳統的貸款標準通常只專注於企業的財務表現，忽略了可能影響長期生存能力和永續發展的其他影響層面。透過將 ESG 資料納入貸款審核流程，銀行可以更加全面地評估借款單位的整體風險，其中也包括一些不會立即顯現的潛在非財務風險。

環境考量（E）

銀行越來越重視借款單位的環境實踐及其對生態系統的影響。為了評估公司的環境保育表現，銀行可能會要求借款單位提供以下數據：

- **碳足跡**：測量組織所造成的溫室氣體排放量，讓銀行能評估組織對氣候變遷的影響程度及監管風險。例如，碳費波動對組織的影響（後面會解釋「碳費」的概念）。

- **能源效率**：顯示組織在減少能源消耗方面所做的努力。組織可以藉此實現永續發展的承諾，也可以展示在節省成本上的潛力。

- **水資源使用**：在缺水地區營運的公司需要特別注意這方面的應對策略，避免影響組織的長期營運和財務穩定。

社會考量（S）

借款單位的商業行為所造成的社會影響，是銀行評估是否貸款的另一個重要考量。ESG 數據可以幫助銀行衡量借款單位在社會責任和員工福利上的承諾。相關數據可能包括：

- **員工多元化與包容性**：以多元員工組成的公司，在面對挑戰時往往更創新且更有應對的彈性。

- **保障勞工權益**：銀行可以評估公司遵守公平勞工標準和勞工權利的情況，以降低形象受損或法規稽查帶來的損失。
- **在地社區參與**：了解公司在營運所在地的社區參與情形，可以印證公司對永續經營的承諾。

公司治理考量（G）

一家公司若想要擁有良好的管理成效並實行永續發展方針，公司的治理結構就是最重要的基幹。為了評估真實的治理情形，銀行可能會要求組織提供以下的數據：

- **董事會多元化**：具有不同專業知識的董事會，有助於做出更周全的決策和風險管理。
- **高階主管薪酬結構**：高階主管薪酬的透明度，能確保組織與股東價值衡量方式一致，最大限度地減少內部利益衝突。
- **反貪腐政策**：組織如果擁有健全的反貪腐政策，面臨形象受損或法規稽查的可能性就比較小，降低了銀行蒙受損失的風險。

近年來，將 ESG 資訊整合到貸款審核流程已然成為趨勢。經濟合作暨發展組織（Organisation for Economic Co-operation and Development，OECD）在 2020 年的出版品也顯示，超過 60% 的全球主要銀行已將 ESG 納入申請貸款的標準之中（OECD，2020）。這就展示了金融業對於實現永續融資的集體承諾。

這裡想要強調的一點是，如果你根據上述的問題判斷出「取得營運資本」是你優先考慮的應用情境，那麼你就需要依據這個結論，著手建立關鍵資料集的蒐集、報告和揭露系統。

　　這些關鍵資料集是什麼呢？雖然這會根據你的資金來源而有所不同，但是我們可以先簡化這個問題。如果你只能選擇一個監測項目作為蒐集及揭露的目標，那它就應該要是「溫室氣體排放量」。這個項目可以展示組織控制碳排放量的能力，這也正是目前最能吸引資金提供者的方法，這個項目也很容易應用在更多有關的投資評估上。

擴張業務並提高效能（B）
——這是組織最重要的任務嗎？

　　為了評估「擴張業務並提高效能」這個情境對組織的重要性，請你問問自己以下幾個問題：

- 你的供應鏈上下游廠商對你的 ESG 數據感興趣嗎？
  - 回答「是」：永續發展數據是否會影響你擴張業務的機會？如果你沒有足夠可信的 ESG 數據，是否會影響你成為其他企業的供應商？產品的終端用戶是否會在他們的購買決策中納入永續發展的考量？
- 你的員工是否在意組織的永續發展優先目標是什麼？
  - 回答「是」：你是否正在經歷人才流失，因為你的員工渴望在更積極發展永續行動的公司工作？以組織目前的永續發展概況來說，在吸引人才上是否遇到阻礙？

　　現在我們處在一個所有事物都會快速變化的時代。上述提到的問題今天可能只對組織產生些許的影響，但很快就會成為組織業務的主導力量。當你的重心放在擴張業務並提高效能時，你就會開始仔細思考目前的情況和趨勢，因為這將幫助你提前準備好利害關係人未來會

提出的資訊要求，也就是共享組織的永續發展數據。這也是我們蒐集數據的主要原因：你可以在任何你需要它的時刻，快速拿出展示材料並說服觀眾。

　　無論是作為 ESG 新進工作者還是 ESG 專家培育員，你可能很好奇我們為什麼沒有按行業類別，來細分 ESG 資料管理成熟度的定義。這是一個很值得思考的角度。讓我們來想一想，有哪些特定產業會因為揭露永續數據的行為，而更容易受到世人的關注？

　　但是這裡要注意的是，我們不能將「可能性」轉化為「必然性」。沒有哪個領域不會受到氣候變遷的影響，因此不是只要關注影響最深的產業就好，也沒有一個行業可以被屏除於氣候變遷影響的討論之外。有了這一項認知之後，我們就可以來了解哪些領域是溫室氣體排放的最大來源，藉此評估不同組織的利害關係人對永續行動的重視度。

哪些產業的溫室氣體排放量占比最高？

國際能源總署預估 2021 年全球溫室氣體排放總量為 37.9 億噸二氧化碳當量（$GtCO_2e$）（International Energy Agency，2022）。其中哪些產業在全球溫室氣體排放量中所占比例最高？

1. 能源產業

能源使用是全球溫室氣體排放中最主要的來源。以 2021 年的數據來看，它們大約占總排放量的 73%。這個產業包括所有使用化石燃料的行為，例如，煤炭和石油的燃燒行為，以及天然氣在發電、供暖、運輸和工業製造上的使用過程。化石燃料的燃燒會大量排放二氧化碳及其他溫室氣體，因此也成為氣候變遷的主要人為因素。

2. 工業活動

以 2021 年的數據來看,包括製造業、水泥產業和化學加工業在內的工業排放,約占全球溫室氣體排放量的 19%。其中,大家又特別關注水泥製造業,因為水泥製造過程中的碳酸鈣受熱反應,分解後的產物就是石灰及大量的二氧化碳($CaCO_3 \rightarrow CaO+CO_2$)。此外,化工業中的某些反應過程會釋放強效溫室氣體,例如氫氟碳化合物(HFCs)和全氟碳化合物(PFCs),這些產物對全球暖化的影響力甚至比二氧化碳還要高。

3. 土地開發與林業活動

土地開發和林業活動牽動著溫室氣體的排放量和封存量。以 2021 年的數據來看,它們大約占全球排放量的 8%。一方面,森林砍伐、農業整地和泥炭地乾涸,都會導致大量二氧化碳排放到大氣當中。另一方面,林地復育、植樹和其他永續管理則可以形塑地球的「碳匯」(carbon sink)倉庫,協助封存大氣中的二氧化碳。

4. 農業活動

以 2021 年的數據來看,農業活動約占全球溫室氣體排放量的 10%。除了稻田以外,畜牧業也是製造溫室氣體的大宗。特別是飼養牛和羊等反芻動物,不僅在消化過程中的發酵反應會排出甲烷(CH_4),這些動物的糞便同樣也會造成甲烷的排放。而且農業所使用的氮肥,一樣也會釋放俗稱笑氣的一氧化二氮(N_2O)溫室氣體。

5. 交通運輸

交通運輸,包括公路、航空、鐵路和海上旅行,也是溫室氣體的重要排放者。以 2021 年的數據來看,交通運輸的排放量約占全球排放量的 16%。車輛、飛機和船舶使用化石燃料的過程中會釋放二氧化碳,而航空和海運還會排放包含一氧化二氮和氫氟碳化合物(HFCs)等溫室氣體。

6. 民生產業及商業活動

以 2021 年的數據來看,民生產業和商業的溫室氣體排放量約占全球溫室氣體排放量的 8%。這個類別包括供暖、冷卻、照明、電器以及所有建築物相關的排放。其中用於電器和暖氣的化石能源,是這個類別中最主要的排放來源。

還有許多不同的領域都會造成溫室氣體的排放,上述只是重點介紹了一些行業並提供量化的排放數據。

探討溫室氣體排放的主要來源,可以幫助你了解外界會如何看待你的組織。因為各界會特別關切高碳產業的排放數據和實際行動。

在決定使用情境的優先順序時,股東的影響力常會使得組織將情境 B 中的「擴張業務並提高效能」列為優先選項。它會促使組織優先考量利害關係人的短期需求(即使你目前並沒有強烈的感受),促使組織擴大 ESG 資訊揭露的範圍並公開轉型策略。

這些公開資訊需要涵蓋組織所購買的「碳權」(carbon credit)數量和類型。尤其是身處高碳產業中,更需要揭露這個數據項目。組織購買碳權的主要誘因是為了遵守組織分配到的碳排放額度,而這個碳

排放額度的概念也是情境 B「擴張業務並提高效能」與情境 C「符合法規及監管要求」的主要連結。因為碳排放額度相關規範會直接影響企業的利潤，並為提高生產效率帶來壓力。這個碳排放額度可能現在就對你產生影響，也可能將來才會適用於你的組織。

「碳排放額度」的概念是先從政府對整個經濟體系或整個產業所設定的總量限制開始，再將這個總額度分配給每個公司，以此訂定各公司的排放上限。這個額度會逐年降低，以此減少整體的碳排放量。這個「排放上限」是由政府指定的管理單位決定如何分配給各公司（或各產業、各經濟體）。

如果一家公司的碳排放超過預設的上限，則必須以本身累積的「碳權」來抵消違規行為，在許多司法管轄區裡會透過「碳權交易市場」（carbon credit market）這個系統來完成。也就是說，達成減量目標的公司可以將未使用到的排放額度（也就是「碳權」）出售給其他超額排放的公司。這個系統採用的是「總量管制與交易」（cap and trade）的運作模式，也被稱為「碳權交易系統」（emissions trading system or scheme，以下簡稱 ETS）。在這個體系內獲得的碳權可以拿到碳權交易市場上進行買賣。

這件事對於組織「擴張業務並提高效能」的情境中有何影響？因為碳權需要透過付費取得，企業就會被迫提高成本並影響獲利空間。如果你需要持續購買碳權，就代表你需要持續付出額外成本（在某些司法管轄區還需要支付超額排放的罰款）。這可能會導致組織沒有資金投入其他研發項目，相關的成長計畫或創新方案都可能因此而停擺。

知道「碳權」會深深影響企業的盈利能力這件事之後，讓我們繼續深入了解該如何妥善運用碳權並發揮它的最大價值。

碳權的運作方式

　　碳權交易市場或是 ETS 體系，都是為了鼓勵減少碳排放而建立的交易系統。這個系統基於兩種基本機制：分別代表扮演著糖果和鞭子的「碳權」和「碳排放配額」。

　　碳權的計算需要利用到組織自我揭露的排放基準點，並以二氧化碳當量（CO_2e）作為測量單位。當一家公司能減少溫室氣體的排放量時，就能獲得碳權。

　　讓我們以排放量居高不下的鋼鐵業作為討論案例。現在假設有一家鋼鐵公司名叫綠色鋼鐵。監管單位認定綠色鋼鐵的二氧化碳當量排放基準點為每年 525 噸 CO_2e，並將綠色鋼鐵接下來第一個年度的排放上限設定為 500 噸 CO_2e。綠色鋼鐵在這個限額之下，每減少一噸的排放就可以得到一單位的碳權，就可以將這些碳權拿到市場出售。假設現在有另一家鋼鐵公司名叫棕色鋼鐵，它們在這個年度遇到了超額排放的問題，那麼棕色鋼鐵就可能成為綠色鋼鐵的碳權買家。

　　這個系統中的糖果就是讓達成目標的組織能獲得實際收益的「碳權」，用以鼓勵更多組織實現減排目標。在這個制度下，每個人都會想要拿到糖果。這就是碳權和碳抵換（carbon offset credit）的真正意義：減少碳排放的組織將獲得經濟獎勵，而過度造成碳排放的組織將受到經濟處罰。

　　在上面的案例中，棕色鋼鐵從綠色鋼鐵那裡買到了碳抵換的額度。綠色鋼鐵得到了美味的糖果，而棕色鋼鐵則被打了一鞭子。從理論上來講，這種資本重新分配的遊戲規則，可以促使整個體系努力獲得經濟補償，藉此達到減排的目標。

　　上述參與碳權交易的兩家虛構公司都從事鋼鐵生產，然而，購買

和銷售碳抵換額度不應該只限於同產業公司之間的交易。因為不同產業可能遇到的限制並不相同,導致交易市場無法正常運作的原因也不同,有時還會取決於該行業的整體效率。以鋼鐵業為例,如果整個鋼鐵業的碳排放超過了整個行業的配額,那麼市場上就沒有任何人能獲得碳抵換,市場就無法發揮應有的機能。

這就是範圍更廣泛的碳權交易市場可以發揮作用的地方。碳權只要投入市場,任何行業的公司都有資格購入。透過碳權交易市場的供需法則,我們就能賦予每一單位溫室氣體排放量最直接的經濟價值,有效激勵各組織盡最大努力減少排放量,以便在碳權交易市場上取得最大利益。以上就是 ETS 體系中的碳權交易市場賴以運作的基本邏輯。

ETS 體系及其運作方式

碳權交易市場的交易標的是源自於 ETS 體系中所產生的「碳權」。如果沒有碳權的存在,碳權交易市場就沒有什麼好交易的。而其中的關鍵要素就是「排放上限」,也就是這個經濟體下的組織可以排放的溫室氣體額度。之前在介紹「基準點」時提到過,減排目標需要為不同組織量身制定,並且需要逐年加大減量的幅度,以推動整體碳排放量降低。這就為碳權的存在創造了機會。

如果組織想要避免逐年增加碳權的購買量,他們就需要找到降低排放量的方法,或至少不要超過排放上限。如果組織不採取任何行動,每年不斷減少的排放額度將會不斷增加企業的碳權購買成本。這種逐年減少碳排放量的財務誘因,可以對應到我們在第 3 章中討論過的轉型概念。

大多數組織的減排規劃還是會著重在改變排放情況,如果需要購買碳權,那也只是權宜之計。因此,身為領導者的你,需要更加了解

碳權交易市場的運作模式，才能藉此判斷局勢並做出正確的業務決策，為組織省下碳權的開銷。

未來成本：碳費

我們要如何計算碳排放的成本呢？碳權的價格主要會透過兩種機制來決定：「碳稅」和「總量管制與交易」系統。關於總量管制與交易系統（也就是 ETS 體系），我們剛才已經介紹過它與碳權交易市場之間的關係了。在「碳稅」（carbon tax）的制度裡，政府會直接設定一個固定的碳排放價格，並向造成排放的企業徵收稅額。但是在總量管制與交易的制度下，碳排放的價格是由市場來決定的。總量管制與交易系統會先設定溫室氣體排放限額，實際的市場價格則會根據買賣需求量而浮動。

世界銀行追蹤碳權交易市場的情形已有將近 20 年的歷史。目前全球約有 23% 的溫室氣體排放量能被 73 種定價工具所涵蓋。碳稅和 ETS 體系的收入也穩定成長，2022 年已經累積達到 950 億美元的交易額，2023 年預計還會繼續向上攀升（World Bank，2023）。

世界碳定價資料庫（World Carbon Pricing Database）在追蹤了 1990 年以來世界各地的碳費（carbon price）後，顯示了碳排放的定價在全球各地有顯著的差異（Resources for the Future，2023）。世界碳定價資料庫也提供了各地區的「加權排放碳費」（emissions-weighted carbon price），這個數據是先計算出一個經濟體中所有產業的平均碳費，並按不同產業在總排放量中的占比進行加權。

碳費會由減排目標的嚴格程度、低碳技術的發展程度以及當地市場條件等因素所決定，因此世界各地的碳費差異甚鉅。舉例來說，截至 2022 年 4 月 1 日為止，烏拉圭的碳稅稅率為每噸 CO_2e 收取 137 美元，

而波蘭的碳稅則是每噸 CO_2e 收取低於 1 美元的費用。

公司該如何運用碳權及碳權交易市場？

現在讓我們回到你的領導者角色上。碳費、碳權和 ETS 體系對你和組織來說有什麼意義？

在 ETS 體系下運作的組織，都會有各自的排放配額。你的組織也可能會進入這個體系當中。這時測量和控制溫室氣體排放量就是必要的業務。如果組織超出了預定的排放目標，你就必須採取行動。你可以選擇從 ETS 體系下購買碳權，也可以選擇想辦法賺得碳權。

碳權可以透過多種方式獲得，最直接的方式是透過調整業務流程進行永續轉型，讓排放量控制在配給額度以下。這樣你就有機會將節省下來的碳排放額度轉化為碳權，並拿到市場出售。當然，你也不一定要賣掉這些碳權，這時候選擇權就在你手上。

另外，有一些碳排放交易系統允許使用「碳抵換」的額度來取得碳權。在碳抵換（carbon offsetting）的概念中，組織可以透過額外的減碳計畫來申請碳權，像是發展再生能源、森林保育，或是發展「碳捕捉與封存」（carbon capture and storage, CCS）等技術。只要組織能夠證明自身所做的措施確實減少了大氣中的二氧化碳當量，就可以用這樣的行動來抵消其他業務行為產生的碳排放（前提是組織所屬的 ETS 體系允許進行碳抵換）。

可以產生碳權的方式有很多，我在表 5.1 列出一些常見的活動。

表 5.1　產生碳權的活動

造林與林地復育（Afforestation and reforestation）	植樹造林或復育舊有森林區域。
發展再生能源（Renewable energy project）	開發風場、太陽能發電廠或水力發電大壩。
改善能源使用效率（Energy efficiency improvement）	提高工業效率、減少建築物能耗或提高車輛燃油效率。
甲烷捕捉（Methane capture）	從垃圾掩埋場、煤礦場或農業廢棄物中捕捉甲烷。
碳捕捉與封存（Carbon capture and storage）	在發電廠等碳排放源頭發展二氧化碳捕捉技術，並將其儲存在地底下以防釋放到大氣中。
農業、林業和其他土地使用規劃（Agriculture, forestry, and other land use project）	包含了減少排放量或增加封存量的行動。例如：加強森林管理、發展混農林業（agroforestry）、離岸養殖（oceanic farming）。或針對農業行為進行調整，以增加土壤中的碳儲存容積。

註：講到這個主題，我不能不提到「海藻」這個潛力無窮的物種。海藻具有強大的吸碳能力，還可以作為陸地農業的替代產品。我的女兒從 6 歲開始就把這句話掛在嘴邊：「海藻是我們的未來」（她應該是從我這裡學來的）。雖然這可能不是一個完美的永續方案，但它的確是一個能減少溫室氣體的選擇。

荷蘭皇家殼牌公司（Royal Dutch Shell，以下簡稱殼牌石油）提供了如何在實務中使用這些技術的範例。作為一家歐盟公司，殼牌石油需要受到歐盟碳排放交易體系（EU ETS）的制約。目前在該制度中，排放配額是以特定廠房為單位，而不是分配給整個公司。廠房分布廣泛的大型企業就需要採取一系列的應對措施。

殼牌石油承諾在 2050 年實現淨零排放，範圍包括了其能源產品的排放（範疇一和範疇二）以及其供應鏈的排放（範疇三）。為此，殼

牌石油嘗試了多種方法來實現自身的淨零目標，包括：提高營運效能、供應低碳能源產品、進行碳捕捉與封存、以及基於自然的解決方案（nature-based solutions，NbS）。殼牌石油的策略中還包含了碳權的購買。

就殼牌石油而言，在努力實現淨零排放的過程中，碳抵換的使用幾乎是不可避免的，因為殼牌石油的主要業務就是銷售化石燃料。因此，如果殼牌石油無法推出不同於以往的替代產品，業務活動勢必會產生碳排放。為了平衡自身的排放並遵守 ETS 限額，殼牌石油計畫直到 2050 年都要擴大植樹造林，用以抵消 1.2 億噸的二氧化碳排放量。

但是有人指出這項重新造林計畫，需要 3 倍的荷蘭國土面積才可能實現。殼牌石油可能會為了實現這項計畫而對收購他國土地，並對當地帶來潛在的負面影響（Action Aid，2021）。這讓人質疑殼牌石油是否真的有決心要在淨零排放上做出貢獻。我們應該認可企業以這種方式遵守 ETS 的規定嗎？以購買碳權的方式來實現淨零目標真的是件好事嗎？

這也是碳權和碳抵換制度被質疑的原因。因為企業可能會進行商業操作和不實陳述，對外展示的永續表現只是淪為表象。我們將在本章的最後一部分，詳細探討碳權交易市場中的弊病。目前，殼牌石油還計畫在 2030 年將範疇一和範疇二的排放量直接減少 50%，同時採取其他內部行動和外部碳抵換措施以實現目標。所以，殼牌石油並不是完全只透過植樹來取得碳權。當然，這種做法也不應該出現在任何組織的永續發展策略中。

採用 ETS 體系的司法管轄區域，參與碳權交易市場並不是企業唯一的選擇。許多沒有被設定排放上限的組織，也正在減少碳排放和碳抵換，這當中的原因和 ESG 數據的使用情境有關。儘管如此，我們幾乎可以肯定的說，碳權的價值依舊只會持續增加，因為這對 ETS 制度

下的投機者來說極具吸引力。

　　有些組織開始考慮如何從碳權的發展中獲利，這當中就包括那些不受 ETS 體系監管、但自願參與碳權交易市場的組織。越來越多人自願參與 ETS 體系，因此，「擴大自願型碳權交易市場工作小組」也正在積極研討如何應對這個趨勢。

擴大自願型碳權交易市場工作小組（Taskforce on Scaling Voluntary Carbon Markets，以下簡稱 TSVCM）

TSVCM 是一個私人機構，致力於提倡自願型碳權交易市場的可行性，並且積極輔導各地的組織實現淨零碳排（TSVCM，2021）。

許多組織目前還是以淨零碳排為目標，因為要實現「完全零排放」還是太困難了。因此，碳權還是會繼續發揮作用，使組織能夠用以抵消他們無法經由改變流程或技術升級等手段逐步減少的排放。

TSVCM 估計，到了 2030 年，碳權的需求可能會成長 15 倍，甚至更多。屆時碳權的潛在市場估值將高達 500 億美元（Blaufelder et al，2021）。這龐大的市場可以吸引各界投資相關技術與減排行動，並利用市場力量擴大 ETS 體系的覆蓋範圍。TSVCM 認為，建立自願型碳權交易市場也許能讓組織的雄心壯志轉化為實質的行動，並在過程中創造價值。

但是，碳權交易市場和碳權還需要面臨一系列的挑戰。**TSVCM 將這些挑戰分為 3 類：「市場考量」、「誠信與品質考量」以及「監管串聯」**。「市場考量」（market concern）包括：新的市場參與者需克服多重阻礙；買家和賣家之間的資訊嚴重不對稱；風險管理工具（如合約、保險等）不足；以及供應商獲得融資或其他重要資

源的機會有限等。而「誠信與品質考量」（integrity and quality concern）則包括測量方法沒有說服力，以及數據缺乏透明度的問題，因而無法建立人們對碳排放數據的信心。

最後，如果體系中的監管單位整合性不足，導致計算範圍重疊，就可能會影響碳權交易的可信度（但是它們真的有影響力嗎？）。值得注意的是，人們擔心使用碳抵換可能會助長「漂綠」的行為，所以需要先建立暫時性的防堵方案，阻止更多有心人力的利用。因為上述的種種因素，就有了「監管串聯」（regulatory linkage）這個議題，用以討論自願型交易市場與其他強制型市場之間的聯繫是否過於薄弱。

因此，TSVCM 提出了 6 個關鍵行動領域來應對這些挑戰：

- 「核心碳權原則」（CCP）和屬性分類：我們需要有碳權的品質把關機制，以確保碳權能代表真正的環境和市場趨勢。這些品質檢查機制應該由獨立的第三方機構進行，而且這些第三方機構應該要有一套可以針對碳權的屬性或特徵進行分類的方法。例如：專案類型（project type）、地理位置（location）、技術方法（methodology）、時間範圍（time frame）等屬性。

- 核心碳權的基準合約：「流動性基準合約」（liquid reference contract）會提供當日價格信號，幫助市場參與者進行價格上的風險控管，保持整個供應鏈的穩定性。來自這些標準化合約的資訊也可以用於場外交易。

- 基礎設施：交易處理、交易後業務、融資活動和數據處理都需要建立有彈性和可擴展的基礎設施，促進合約順利執行。例如，建立「清算所」（clearing house）和「後設註冊機構」（metaregistry），使交易後業務（包括場內和場外交易）正確被執行，並防止交易雙方違約。數據相關基礎設施將強化重要數據的可用性，並提高市場的穩定性和透明度。

- **碳抵換的合法性**：在使用碳抵換時，需要制定一套公認的規範，以此檢視各組織對外宣稱的永續表現。
- **保證市場的穩定性**：在監管體制、參與門檻、運作機制等方面，自願型碳權交易市場都需要建立一個更健全的系統。
- **需求信號**：如果這些市場想要擴大規模，就需要有更加明確的市場需求。這可以透過產業的整體承諾、發想新的賣點、優化買家體驗以及簡淺易懂的碳抵換計畫等方法來實現。

TSVCM 提出，這些原則能為自願型碳權交易市場奠定紮實的基礎。儘管「脫碳」仍是最重要的任務，但是碳權仍然會在實現淨零排放的道路上占據一席之地。

ETS 體系和碳權交易市場的優缺點

碳權和 ETS 體系並沒有被所有人認定為可靠且有益的工具。像是「科學基礎減碳目標倡議」（SBTi）就認為，碳權應該被視為臨時性的應對措施，並在永續經濟持續發展的道路上逐漸被淘汰。

雖然它們具有一定的優點，但也存在一些缺點，而且這些缺點不是透過一些簡單的調整就能解決的。了解 ETS 體系的優點和缺點，我們就可以更深入地了解該如何利用它們，真正的為碳權背後所代表的永續目標做出貢獻。

我們先來談談 ETS 體系的優點。碳權能被推廣的絕大部分原因就是它能利用市場力量來促成永續目標：

- **成本效益**：ETS 體系能透過市場力量來推動減排行動。這樣的動力比法規監管的力道更直接，企業會在成本效益的推力下實現減排目標。對於減排成本不高的公司來說，就有十足的誘因進行減排。還可以將額外的配額出售給其他減排成本較高的公司。

- **靈活性**：公司可以自由選擇減少排放的方式。他們可以進行其他創新實驗，並從中找到適合企業本身體質的具體方法。

- **創造收入**：政府可以透過販售排放配額來增加收入。這筆收入可以投資於再生能源、提升能源效率和其他氣候友善專案。

- **激發創新思維**：因為這個體系制定了減少排放的獎勵措施，為了得到獎勵，可以激發企業在產業技術升級上的潛力。

　　但 ETS 體系同時也具有缺點，這與市場力量的限制有關。在處理錯綜複雜且範圍涉及全球的永續目標時，這些限制尤為明顯：

- **執法挑戰**：碳權交易體系需要可靠的監測工具、報告系統和認證機制，這對於現有的架構來說是一大挑戰，也存在許多違規和舞弊的空間。世界經濟論壇的研究指出，目前的審計方法不僅極為複雜，還需要投入大量的人力資源，如何有效執法目前還是個問題（World Economic Forum，2023）。

- **環境效益的不確定性**：「總量管制與交易」這個系統所能帶來的環境效益具有不確定性。如果上限設定得太高，就沒辦法激發減排的潛力。此外，企業也有可能透過「碳洩漏」（carbon leakage）的行為轉移排放量。碳洩漏只是將原本的汙染情況轉移到其他規定較為鬆散的地區，而非真正實現減排目標。

- **價格波動**：排放量的價格波動會為企業帶來不確定性，這也會影響系統的有效性。因為系統無法保證組織所採取的行動能獲得可預期

的回報。

- 潛在的不平等關係：無力購買碳權或減少排放的公司會面臨可觀的成本增長，而這些成本可能會轉嫁給消費者。也有人擔心，如果某些地區的企業選擇購買碳權而不是減少排放，汙染可能就會集中在這些地區。

　　以上這些原因都使 ETS 機制的長期有效性受到質疑。這也解釋了為什麼 ETS 被認為，只是最終解決方案路上的墊腳石而已。許多政府甚至認為碳權交易市場會對長期的永續發展構成威脅。

　　當你在思考「擴張業務並提高效能」的使用情境時，ETS 體系的義務會直接影響企業的資源可用性。這會對企業成長帶來影響，迫使領導者做出決策以優化業務效率，而這些優化最終將會反映在你的 ESG 揭露報告當中。從正面的角度來看，如果你的企業有能力取得碳權和碳抵換額度，你就可以考慮擴張這些能產生碳權的業務，以取得更多在碳權交易市場上出售的額度。

　　總結來說，ETS 體系、碳稅和碳權交易市場都是影響企業擴張業務並提高效能的一種重要監管框架。在你為這個使用情境安排優先順序時，請把第 2 章提及的相關影響因素與上述的碳權交易體系納入考慮。

符合法規及監管要求（C）
——這是組織最重要的任務嗎？

　　現在讓我們將注意力放到「符合法規及監管要求」這個應用情境。除了上述的總量管制與交易系統、財務規範以外，我們還有更多需要

考慮的事情！

即使你的組織在監管壓力指數中處於「沒有規範」或「鼓勵型」這種較低的階段，「符合法規及監管要求」還是有可能被組織視為優先目標。組織可能會自願揭露數據，以爭取在同業之中脫穎而出；組織也可能預想到未來會實施強制型的揭露法規，因此需要提前做好準備。

為了評估「符合法規及監管要求」這個情境對組織的重要性，請你問問自己以下幾個問題：

• 組織目前是否已有適用的 ESG 資訊揭露法規？

　○ 回答「是」：這個法規是「原則型」還是「框架型」的規範？

• 這些原則或框架是否已寫明哪些監測項目能滿足監管要求？目前是否有正在制定或已經完成的 ESG 資訊揭露標準，未來可能適用於你的組織？

　○ 回答「是」：這項標準是否具體說明了資訊揭露行動應該採用的資料來源、計算方式及報告框架？

• 這項指標是否具體規定了資訊揭露的報告時間？

　○ 回答「是」：這項指標是否規定了數據從蒐集到揭露的過程，最多不能超過多長時間？

從上述問題可以明顯看出，組織一旦開始受到資訊揭露法規的監管，就需要馬上掌握法規對資料的具體要求。要做到這件事，我們需要將監管原則、框架和數據進行串聯。

「原則」和「框架」是什麼意思？

我們可以用兩種不同的角度來看待原則、框架和數據之間的關係。

首先，它們的目的不同。「原則」是指行動背後試圖實現的目標，是一種比較宏觀的敘述方式。

而「框架」則是建構資訊的工具，它也可以建立在基本原則之上，解釋框架中的資訊為何需要或為何重要。而「數據」就是被輸入框架的資訊，我們需要數據來賦予框架力量並使其發揮作用。一個框架可以拿來支持原則性的目標，但是它需要充足的數據才能證明組織確實符合這些標準。關於組織是否有遵守框架進行報告，並達成最終的原則性目標，數據就是這當中最重要的判斷工具。

你可以查看圖 5.1 來釐清這些概念之間的關係。在圖 5.1 中，我們可以看到鑑定標準、步驟引導和計算方式都會被輸入到「數據」當中。這 3 個元素不僅有助於定義套用框架所需的資料，同時也可以讓框架內的數據具有可比性。這樣一來，我們就可以將使用同一套框架的組織進行比較，也可以用同一套基準來評價他們的實際行動。

圖 5.1　原則、框架、數據

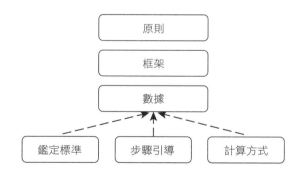

目前為止，並非所有永續資訊揭露的原則和框架都已被納入監管，也不是所有組織都必須遵守這些規範。不過近年來越來越多相關概念

已經形成自願型報告規範，甚至逐漸轉變為強制型規範了。第 7 章和第 8 章會提供你在這段過程中如何前進的路標。

表 5.2 永續發展主題及相關原則、框架與標準

主題	永續金融分類法	永續發展資訊揭露	自然和生物多樣性
原則	創造綠色分類系統，將氣候和環境目標轉化為投資活動的具體標準。	永續議題的揭露報告應該可靠、可被驗證且客觀	透過監測、評估及揭露的方式，公開企業在營運、投資組合、供應鏈和價值鏈方面，對生物多樣性的造成的影響。
相關框架	歐盟永續分類法（EU Taxonomy）	氣候相關財務揭露工作小組（TCFD）	自然有關財務揭露工作組（TNFD）
相關標準	歐洲財務報導諮詢小組（EFRAG）所發布的標準	國際永續發展標準委員會（ISSB）、全球報告倡議組織（GRI）、美國證券交易委員會（SEC）	待定

表 5.2 挑選了一些正在發揮作用的主題作為範例，將原則和框架的概念嵌入永續發展的討論當中。

我們接著會概述「永續分類法」（sustainability taxonomy）和「氣候相關財務揭露工作小組」（TCFD）如何影響 ESG 資訊揭露的生態系。坦白說，在撰寫本文時，上述這些主題的鑑定標準、步驟引導、計算方式，離完成都還很遙遠，不過他們的進度都在急速推進當中。當你要評估「符合法規及監管要求」的情境是否應該列為優先選項時，你應該要注意的是，組織是否有足夠的危機意識，將可能成為強制性規範的原則和框架納入布局當中。

其中，TCFD 就是一個很重要的框架，已被各地政府視為 ESG 資訊揭露的範本。目前有許多標準或多或少都與 TCFD 有關。

TCFD 似乎很重要，那麼它到底是什麼？

TCFD 工作小組成立於 2015 年，著重於指引企業在永續報告中揭露自身的氣候相關風險和機會。不過 TCFD 所涵蓋的範圍僅有 ESG 中的 E 數據（環境數據）。

TCFD 的框架提供了一種自願性、具有一致性和可比性的方法，讓企業可以用以揭露自身的氣候相關風險和機會。為了符合 TCFD 要求，公司需要揭露 4 個關鍵領域的資訊：「公司治理」、「營運策略」、「風險管理」以及「指標與目標」。以下我會詳細說明每個項目的具體要求，以及你的組織需要蒐集和揭露哪些資料才能符合 TCFD 的要求。

公司治理

組織需要揭露的第一個領域是「公司治理」。為了遵守 TCFD 規定，組織需要揭露以下資訊：

- 在面對氣候相關風險和機會時，董事會的監督方式。
- 在評估氣候相關風險和機會時，管理階層所扮演的角色。
- 在面對氣候相關風險和機會時，組織與利害關係人的互動方式。
- 在追蹤氣候相關風險和機會時，董事會和管理階層所發揮的監管作用。

為了取得上述的報告內容，TCFD 建議組織檢查自身的治理結構，並將氣候相關風險和機會納入決策過程。公司也需要審視董事會和管理階層的組成，確保組織擁有必要的專業知識來領導團隊處理氣候相關的風險和機會。

營運策略

組織需要揭露的第二個領域是「營運策略」。為了遵守 TCFD 規定，組織需要揭露以下資訊：

- 在辨別氣候相關風險和機會時，組織的評估流程。
- 在面對氣候相關風險和機會時，對組織業務策略的影響。
- 在處理氣候相關風險和機會時，組織的管理流程。

為了取得上述的報告內容，TCFD 建議組織將氣候相關風險和機會納入策略規劃的流程當中。組織也需要重新檢查風險管理流程，確保組織有將氣候相關風險納入考量。

風險管理

組織需要揭露的第三個領域是「風險管理」。為了遵守 TCFD 規定，組織需要揭露以下資訊：

- 在識別氣候相關風險和機會時，組織的評估流程。
- 在處理氣候相關風險和機會時，組織的管理流程。
- 在控管氣候相關風險和機會時，與現有風險管理流程的整合模式。

為了取得上述的報告內容，TCFD 建議組織檢查現有流程，以確定如何將氣候相關風險和機會納入其風險評估流程中。這個領域與前面兩個領域的要求有些許重疊。

指標與目標

組織需要揭露的最後一個領域是「指標與目標」。為了遵守 TCFD 規定，組織需要揭露以下資訊：

- 在評估氣候相關風險和機會時，組織使用的參考指標。
- 在管理氣候相關風險和機會時，組織所設定的目標。

• 在實踐氣候相關目標時，追蹤進度的方式。

為了取得上述的報告內容，TCFD 建議組織檢查現有的指標和目標，重新確認組織在測量和報告上的表現。這一個領域也是 TCFD 框架中，最需要直接蒐集、測量和管理數據的領域。

目前已經有許多組織提供了如何符合 TCFD 要求的導引文件。因為 TCFD 只是一個框架，而不是一個說明詳細的報告標準。因此，即使 TCFD 框架中要求具有一定格式的資料集，對資料的解釋仍然存有模糊地帶。國際永續準則委員會（ISSB）、全球報告倡議組織（GRI）、美國證券交易委員會（SEC）等資訊揭露標準制定者也都正在填補這個空缺。

這裡我們很清楚知道的是，我們需要對資料集進行詳細定義，各個組織才不會對於即將採用的原則和框架感到無所適從。為了實現這件事，世界各地都正在使用一項工具：「永續分類法」。讓我們看看這些分類法是什麼，以及它們為何如此重要。

為什麼需要永續分類法？

如果我們對所用詞彙的含義沒有共識，溝通中就很容易產生誤解，這似乎是必然的結果。因此，為了確保人類彼此能互相理解，我們創建了字典來準確定義我們所使用的單字有什麼含義。在談論永續發展主題時，創造共同語言也是一樣重要，我們才能盡可能避免誤解的發生。

當我們意識到進行投資活動或評估市場價值倘若發生誤會，就會

導致額外的風險時，共同語言就變得格外重要。如果沒有一套可靠的共同語言，組織的「綠色性」就有可能被有意或無意的扭曲，最後甚至需要承受外界的「漂綠」指控。

另一方面，如果我們沒有明確定義「永續發展」應該包含哪些內容或排除哪些內容，組織在永續領域所發揮的領導能力就很難受到認可，相關數據的價值也無法取得大眾的重視。所以我們需要更具體的定義，讓永續發展不僅僅只有「環保」這一個要素，也讓市場在使用這些術語時具有足夠的信心。

現在讓我們進入分類法的世界。**簡單來說，分類法是判斷投資是否永續的指南，而使用分類法的目標是要幫該地區建立一個永續金融詞典。**在我撰寫本文時，全球各地目前已經有 27 種正在研擬的分類法。如果可以把整個地球視為一個地區、通用同一套法則，那麼商業領袖們的任務就可以變得更加輕鬆。但是因為全球不可能被視為單一地區，因此也不存在一個全球通用的分類法。

雖然玲瑯滿目的分類法可能會讓你想要舉雙手投降，但你也要理解，永續分類法會以這種方式發展是有原因的。其中有一些是邏輯性的原因，也有一些是政治性的原因。

為什麼會有這麼多永續分類法？

分類法是一本字典，但它同時也能解釋如何區分永續發展定義的「界內」和「界外」。這個界線的定義因地區和國家而異，因為各地對於永續行動的看法存在很大的差異。尤其是在能源領域方面，核能和天然氣是否應該被視為再生能源，是目前研擬分類法時最備受爭議的問題。

各地的分類法會有不同發展還有另一個主要原因，那就是國家對

於議題的取捨不同，這也大大影響了分類方法的整體發展路徑。第一種分類法的開發路線著重於碳本身，關注於如何將製造和排放最小化。第二種分類法的開發路線則著重於轉型策略，關注產業為實現永續發展所做的改變。

我們已經知道碳排放的測量和轉型策略都是ＥＳＧ數據的主要領域。無論使用上述任一種開發路線，這些分類法都需要具有很強的科學邏輯作為基礎。

如果不談科學，我們也可以發現分類法的差異其實可以反映不同國家的政治現實。舉例來說，部分國家嚴重依賴化石燃料來推動經濟發展，這些國家所採用的分類法如果沒有包含任何碳氫化合物價值鏈上的公司，就可能會限縮了該國積極參與永續行動的投資選擇。這些國家的目標可能是獎勵和支持在轉型方面取得進展的公司，因此就很可能採用側重於轉型策略的分類法。

其他國家也許在服務型產業的實力較強，對化石燃料的依賴程度較低，可能會選擇著重於碳本身的分類法，也就不需要擔心有哪些產業會被排除在外。

分類法所代表的政治和監管理念也很重要，因此我們需要知道誰是分類法的發起人。在某些國家，分類法是由政府或監管單位制定的。但是也有很多時候，建立分類法是由民間組織所主導的活動。在看待分類法的不同開發路徑時，不同發起單位也會有很大的差異。像是政府這種由領導層下達指令到基層的管理制度，就有機會讓私人組織傳達意見與建議，但是分類法的最終決策權還是掌握在政府手上。如果是像私人機構這種從基層往上報告給領導層的工作模式，就比較能反映市場情緒，但是卻可能不符合政府對未來的永續承諾和計畫。因此，分類法的採用過程可能會有很多曲折。

那麼這些分類法實際上發展如何、如何分布呢？請參考圖 5.2 的全球分布概況地圖。

理解分類法的邏輯，以及如何實際應用在數據上

雖然分類法的數量激增，但請記住它們都有相同的目的：定義「綠色」及「永續」的界線，讓投資人能清楚地辨識企業的業務活動是否達到標準。所有的分類法都有一些重疊之處，而領導者的工作就是要了解你所在地區正在採用或開發哪些分類法。掌握業務活動套用分類法的辨識度，會影響到你的受眾如何看待組織的活動。結合組織的直接監管義務、分類法的結構以及你在任何 ETS 體系下的義務，你就能思考「符合法規及監管要求」這個情境是否該列為優先處理項目。

我們已經分別討論了永續數據 ABC 使用情境的詳細內容，現在你可以為組織確定各自的優先順序了。你當然可以將多個使用情境同時放在優先進行的類別中，但如果組織目前的永續數據發展歷程中尚為早期階段，那麼將 ABC 情境分別安排 1 到 3 的順序，會比較容易推動後續的工作。

請你試著在表 5.3 中寫下你的答案。請注意，如果組織有受到特定組織的監管，就必須將「符合法規及監管要求」列為首要任務（即表中的 1）。這是排序練習中唯一需要遵守的規則，其餘的情境則取決於你作為企業領導者的觀點。

讓我們結合前面兩章所學到的知識，大致了解組織今天的定位。你在上一章的 ESG 資料管理成熟度發展歷程（從 ESG 新進工作者到 ESG 專家培育員）中已經找到組織的發展階段，這一章你也為組織釐清了 ESG 使用情境的優先順序。那麼你就可以使用表 5.4，來了解組織目前最需要蒐集和管理的 ESG 數據是什麼。

圖 5.2　永續分類法在全球的分布概況

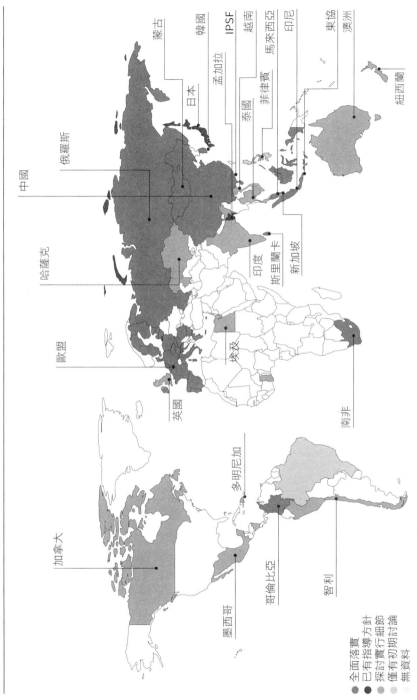

資料來源：未來永續數據聯盟（FoSDA），2022 年
特別感謝氣候債券和彭博社

全面落實
已有指導方針
探討實行細節
僅有初期討論
無資料

表 5.3　ESG 使用情境排序表

使用情境	1 ＝首要任務	2 ＝次要任務	3 ＝非關鍵任務
取得營運資本（A）			
擴張業務並提高效能（B）			
符合法規及監管要求（C）			

表 5.4　目前對組織有用的 ESG 數據

資料管理成熟度的發展歷程	ESG 數據的 ABC 使用情境		
	A	B	C
ESG 新進工作者	溫室氣體排放範疇一和二	溫室氣體排放範疇一、二、三	溫室氣體排放範疇一和二（必要時才納入範疇三）
ESG 職業解說員	溫室氣體排放情況 / 符合 TCFD 的資訊揭露報告	溫室氣體排放範疇一、二、三 / 能源消耗 / 人權保障政策	溫室氣體排放情況 / 符合 TCFD 的資訊揭露報告 / 符合所有監管義務
ESG 資深生產者	所有範疇加上 G 數據	所有範疇加上產品的 E 數據 / 廢棄物管理數據。	所有範疇加上產品的 E 數據
ESG 專業服務員	所有範疇加上 G 數據、S 數據（多樣性指標）	所有範疇加上 S 數據（多樣性指標）	所有範疇加上 S 數據（多樣性指標）
ESG 專家培育員	以上所有數據，加上氣候相關目標的碳權數據。	以上所有數據，加上氣候相關目標的碳權數據。	以上所有數據，加上氣候相關目標的碳權數據。

　　隨著組織在不同階段的發展，你將逐步蒐集和管理更多的 ESG 數據，增加公開揭露的數據項目。作為領導者，這對你來說是一個重要

的決定：要蒐集哪些數據以供內部使用，以及要向大眾公開哪些數據。其中的部分決策可能已經不在你的掌控範圍內，比如當你受到其他外部利害關係人或法規的要求時，你就必須將組織的永續發展報告置於公眾領域之中。

表5.4概述了組織在目前ESG資料成熟度等級下，應該測量和管理的資料深度。也許你認為你的組織尚未到達這些階段，也許你的組織反而遠遠超過上述所要求的資料量。你可以僅將此表作為參考，因為每個組織都是獨一無二的，需要優先蒐集對核心業務最有用的數據。根據ABC使用情境的重要程度排序，你可能已經發現，你之前認為「應該擁有」的數據，實際上就是組織未來發展的「核心數據」。

無論你今天身在何處，明天都可能要面臨新的優先目標和新的資料要求。在下一章中，我們會說明你目前的處境和抱負，將會帶領你走向怎樣的明天。是時候讓我們確定下一步該做什麼了！

參考文獻

Action Aid (2021) Shell's net zero climate plans need land up to three times the size of the Netherlands for carbon offsets, https://actionaid.org/news/2021/shellsnet-zero-climate-plans-need-land-three-times-size-netherlands-carbon-offsets (archived at https://perma.cc/6Z9T-JZU3)

Blaufelder, C, Levy, C, Mannion, P and Pinner, D (2021) A blueprint for scaling voluntary carbon markets to meet the climate challenge, McKinsey Sustainability, www.mckinsey.com/capabilities/sustainability/our-insights/a-blueprint-for-scaling-voluntary-carbon-markets-to-meet-the-climate-challenge (archived at https://perma.cc/842Z-YLL3)

FoSDA (2022) Taxomania! International overview update 2022, https://futureofsustainabledata.com/taxomania-international-overview-update-2022/ (archived at https://perma.cc/GQ6M-B6T3)

International Energy Agency (2022) Global Energy Review: CO2 Emissions in 2021, www.iea.org/reports/global-energy-review-co2-emissions-in-2021-2 (archived at https://perma.cc/SL8K-3AV8)

OECD (2020) OECD Business and Finance Outlook 2020: Sustainable and Resilient Finance, https://doi.org/10.1787/eb61fd29-en (archived at https://perma.cc/WA5K-2XLE)

Resources for the Future (2023) The World Carbon Pricing Database, www.rff.org/ publications/data-tools/world-carbon-pricing-database/ (archived at https:// perma.cc/9ZKK-CRJV)

TSVCM (2021) Summary Pack, Institute of International Finance, www.iif.com/ Portals/1/Files/TSVCM_Summary.pdf (archived at https://perma.cc/2FZTMXV4)

World Bank (2023) Press release: Record high revenues from global carbon pricing near $100 billion, www.worldbank.org/en/news/press-release/2023/05/23/ record-high-revenues-from-global-carbon-pricing-near-100-billion (archived at https://perma.cc/QE5P-MK7V)

World Economic Forum (2023) Briefing Paper: Recommendations for the digital voluntary and regulated carbon markets, www3.weforum.org/docs/Recommendations_for_the_Digital_Voluntary_and_Regulated_Carbon_Markets.pdf (archived at https://perma.cc/VSN3-HUQW)

定下你的永續數據願景

問題反思

- 組織的 ESG 資訊系統是根據什麼目標而建立的？

- 哪些數據是所有組織都有義務揭露的？

- 聯合國永續發展目標（SDGs）與 ESG 數據有關係嗎？淨零排放目標、碳中和及轉型策略很重要嗎？

- 哪些工具可以幫助我們實現永續發展目標？

隨著當今媒體對永續議題的關注度提高，我們每天都可以透過新聞、政府公告、大型活動、專家交流、網路研討會、教育訓練、問卷調查或廣告等地方看到永續相關的討論。我們已經不可能在日常生活中避開這個話題。你身為領導者，也需要意識到永續發展這個議題如何滲透到商業的各個層面中。

在本章中，我們將會討論企業外部的聲音要如何轉化為內部參與的動力。這裡的內部參與程度可以因公司情況而異，並沒有一個固定的標準。比起做得多或做得少，更重要的是，你需要做出有意識的選擇，主動思考如何將永續議題納入公司治理的一環，並建立所需要的資料集（dataset），而不是直接忽視它的重要性。你可以選擇採取更積極的行動，也可以選擇將永續發展的優先程度往後推遲。這個選擇就會展現你的組織在永續發展上的企圖心。只要你做出選擇，定下目標和願景，你就有機會領導組織走向成功。

我們之前在圖 4.1 提到過永續數據發展旅程的「MUD」概念，經過前兩章的討論，我們已經走到旅程的尾聲。這一章我們會透過定下組織的永續願景來走完整趟旅程。在訂立組織的永續願景之前，我們需要考慮你目前的永續數據發展階段，也就是 ESG 新進工作者、ESG 職業解說員、ESG 資深生產者、ESG 專業服務員、ESG 專家培育員這 5 個不同的成熟度。所有程度的組織都有機會朝下一個里程邁進，也許做得更多、也許做得更少、也可能僅僅是滿足於現況。所有組織都應該繼續探索潛在的永續發展目標，例如，淨零承諾、碳中和、「與巴黎協定一致」的目標，以及可以於實現這些目標的數據工具。

最重要的是，在讀完這一章節之後，你將了解一個組織在進行資訊揭露的行動上有多少選擇。

你的永續發展願景是什麼？

無論你是 ESG 專家培育員、ESG 職業解說員、ESG 資深生產者、ESG 專業服務員還是 ESG 新進工作者，你都會有一個關於永續發展的企業願景。儘管它們目前可能不是企業最優先發展的業務，但你一定抱持著某種程度的決心想要引領企業走向成功的未來。不同的企業所展現的決斷力都不盡相同，有的有可能還很保守，需要由外部力量來推動永續行動；也有的已經懷著雄心壯志，渴望成為永續發展行動的先鋒。

無論你的決心是大是小，這些目標都需要有 ESG 數據的支持。就算你的目標非常單純，如果沒有數據，你就無法知道自己是否實現了目標；如果沒有數據，你就無法向組織內外的利害關係人證明你們正在朝著長期目標邁進。

現在，我們需要請你重新回顧組織的資料管理成熟度和 ESG 資訊揭露程度。有這些評估作為背景資訊，我們才能建立目標的相對基準點，進而利用接下來蒐集到的 ESG 監測數據來評斷組織是進步或退步。從這個前後比較的過程中，組織就可以建立一條通往永續目標的軌道，也可以從中發現偏離正軌的業務，並及時修正。

建立基準點的下一步是什麼？這就需要視情況而定了，因為每個組織對於爭取 ESG 表現的企圖心不同，永續發展的方向也就會有很大的差異。因此，我們可以透過觀察組織的願景，判斷你是否應該滿足於現況，或覺察到你其實應該爭取達到更高階的資料管理成熟度。

因此，我們可以把 ESG 願景定義為：**你期待組織能在多大程度上將永續數據融入到企業文化和核心營運中，以推動業務發展。**我要再提醒你一次，這裡沒有對錯之分。與其說在評估企業的資料成熟度和 ESG 管理能力時需要誠實作答，其實在設定永續發展願景上更需要投

入真誠。

你作為企業領導者所提出的願景以及後續的一連串選擇，將會帶領企業從目前的狀態走向你希望的未來。這些選擇都將影響企業的資源分配、人才招募、供應鏈管理、定價策略和溝通模式，甚至為企業帶來巨大的改變。

我會建議你多花點時間確認組織真正想要達成的目標是什麼，再來思考下一步。不僅要考慮你自己的觀點，還要考慮管理團隊、董事會和所有利害關係人的觀點。你可能會覺得這樣看待永續發展議題好像過於嚴肅了，但是訂立明確且具體的目標，才是保障企業前景的不敗之道。

同業最佳 vs 最低標準

在制定永續發展目標時，你需要先問問自己一個問題：你想成為同業中的模範生嗎？還是你只求達到最低標準就可以了？這個問題實際想問你的是，你是否想要將永續發展放入企業的核心策略布局中？如果你沒有這種想法，那麼對於你來說，也許達到最低標準就綽綽有餘了。

所謂的最低標準，簡單來說就是遵守現行法規。具體來說就是：如果有產業監管單位、金融監管單位、ETS 監管單位或政府機構提出相關要求，你就必須提供 ESG 數據，不然就會有罰款或停業的風險。這不僅僅是經濟上的損失，也可能直接影響到企業的營運和生存。

如果企業只是想符合遵守監管要求，那你的永續願景就只是最低標準而已。以 ESG 資料管理成熟度的發展歷程來說，大概會定位在「ESG 新進工作者」或「ESG 職業解說員」。

雖然適度降低目標也能帶來一些好處。企業一旦不主動揭露數據，外界就缺乏能與同業進行比較的材料，也就不會發現企業的永續表現

是否低於平均值。如果企業將表現不佳的數據公之於眾，也沒有發布任何計畫或解釋預計如何解決問題，這些企業的形象通常都會大受打擊。因此，那些已經從數據中發現自己處於永續後段班的企業，如果沒有痛定思痛地進行轉型並解決問題，就會選擇縮小資訊揭露的範圍，試圖隱藏企業的弱點。

相反的，企業也可能擁有非常強的企圖心，甚至是想成為產業中的領頭羊。不過這並不是一件容易的事，尤其在現今如此快速變化的時代，我們很難定義怎樣可以被稱之為「先鋒」。首先你需要在商業市場和政策環境投入足夠的資源，以廣泛和多元的視角探索可能引領風潮的趨勢，才能跟上新興想法發酵的速度。再者，當市場上還沒有可以借鑑的公開報告時，你就需要提出創始版本的資訊揭露報告，作為周遭企業的範本。

無論企業的願景是高是低，過於極端的目標都會帶來相對的風險。剛才提到的最低標準是如此，現在討論的同業最佳典範亦是如此。作為 ESG 資訊揭露的先驅，這些組織通常都會率先面臨外界對數據品質及應用價值的質疑。很少有一個組織能隨著時間的推移，永遠保持在同業最佳的位置上，這時就會遭到外界放大檢視。尤其當相關的揭露定義尚未明確敲定之前，這些數據表現更有可能使你成為競爭對手或其他外界人士的抨擊目標。

你需要為你的企圖心付出什麼代價？

如果你沒有規劃在 ESG 資訊揭露行動上投注資源，那麼企業的企圖心就毫無意義。蒐集、編製和發布報告都需要投入資源，特別是當你的組織涉及跨境運作並包含許多業務線時，負擔尤為沉重。2022 年有一項研究訪問了美國的企業經營者和投資機構，調查他們在衡量及

管理氣候相關揭露行動上所耗費的成本。研究顯示，各組織的資訊揭露成本約為每年 53.3 萬美元（SustainAbility Institute by ERM，2022）。這些成本主要分為以下 4 類：

1. 溫室氣體排放情況的分析與揭露工作
2. 未來氣候變遷情境的分析與揭露工作
3. 企業內部的氣候相關風險管控工作
4. 永續數據的相關認證與審計工作

　　美國證券交易委員會（SEC）也在 2022 年發布氣候相關揭露規定時，得出了非常接近的成本分析預估結果。SEC 預測的企業揭露成本為每年 53 萬美元（Office of the Federal Register，2022）。這即使是對大型上市公司來說，也不是一筆小數目。在現有的財務透明規範之下，上市公司已經比非上市公司需要承擔更多的揭露成本了；現在再加上氣候揭露規定的義務，這對於上市公司來說無非是更嚴重的壓力。（譯註：在作者撰寫本文時，SEC 發布的氣候相關揭露規定尚未實施，不過本書在台灣出版時，此法規已經開始實施。）

　　組織參與 ESG 評量分級、建立資料蒐集和分析的系統，全都需要成本。這些成本包括直接向評量單位支付的評估費用、員工處理的時間、諮詢服務及數位工具的費用等。另一項在 2023 年 3 月發布的調查顯示，上市公司平均每年需花費 22 萬至 48 萬美元在這些數據的評量工具上；而有外部投資機構持有股份的私人企業，花費稍低於一般上市公司，每年平均的評量支出則是 21 萬美元到 42.5 萬美元之間（Sustainability Institute by ERM，2023）。

　　全部的調查報告都顯示了這是一筆不小的成本。因此，當你要設定組織的目標時，你也要同時對實現理想所需的資源有一定的了解，

才能確保目標有實現的可能性。

實現企業願景的重要前提：設定里程碑

你的組織可能沒有對永續發展目標做出承諾，但是許多人已經這麼做了。這個趨勢在 2021 年格拉斯哥舉辦的締約國會議（COP 26）上開始被各大企業採納。當時許多世界級大型企業透過「淨零承諾」或類似的自願協議，向大眾承諾會對氣候變遷採取積極行動。

當時的締約國也在會議上宣布，英國富時 100 指數（FTSE 100）中的公司，已有 60 家確定參與「奔向淨零」（Race to Zero campaign）的全球倡議。這是一項由聯合國發起的全球性倡議，致力在 2050 年實現淨零碳排放。這是組織可以做出永續承諾的一種方式，透過加入擁有共同目標的全球聯盟，藉以宣示組織將會把這些目標視為業務決策中的重要部分。

這些做出承諾的富時 100 指數公司，也就是倫敦證券交易所中市值最大的 100 家企業當中，有很大一部分企業已經擁有相關數據能作為承諾的證明基礎。這意味著，他們至少處於 ESG 資料管理成熟度中的「ESG 職業解說員」階段。他們必須在做出承諾之前就先追蹤管理自身的 ESG 數據，公司董事會才能夠評估在 2050 年實現淨零排放的成功機率有多少。

如果組織尚未蒐集相關數據，那麼你的組織可能還沒有準備好要實現這些目標。對於任何領導者來說，在承諾做出改變之前，都應該要考慮到組織目前的進展對於預期表現來說是否合理。尤其是當組織做出的承諾有非常嚴格的完成期限時，領導者對現況的評估能力就更為重要。因此，你也應該效仿這些參與「奔向淨零」的企業，盡快掌握組織的 ESG 資料管理能力。倘若組織沒有蒐集、追蹤和管理 ESG 數

據的能力，卻想要做出永續承諾，那麼你可能會將自己推向經濟與聲譽的雙重威脅當中。

在進一步討論之前，讓我們先來了解一些常見的企業目標和承諾。請你在我們認識這些目標的過程中，一邊思考哪些是你目前已經在推進的項目、還有哪些是你考慮要實施的項目。

組織在永續發展中的宣言、責任、理想及里程碑

組織的「理想」和「里程碑」實際指的是什麼？在全球永續發展倡議中，組織可能提出的永續宣言或自願承擔的責任相當多元，其中有些可能符合你的資料管理成熟度能力；另外還有一些值得我們詳細討論，因為它們受到各界歡迎、影響力遍及全球。

在眾多永續目標的選項之中，我將會帶領你一同認識以下幾個主要目標：

- 淨零排放（Net zero）
- 碳中和（Carbon neutrality）
- 轉型策略（Transition plan）
- 科學減碳目標（Science-based target）
- 氣候相關財務揭露標準（TCFD）
- 聯合國永續發展目標（SDGs）

淨零排放與碳中和宣言

不僅本書頻繁提及「淨零排放」這個詞彙，我相信在你拿起這本書之前，你應該也已經聽過不下數百次甚至數千次了。現在，讓我們給這個術語一個更明確的定義。

淨零排放是指「進入大氣中的溫室氣體」與「從大氣中移除的溫室氣體」之間達到平衡的狀態。當一家公司定下了淨零排放的目標，意味著這家公司需要減少整個供應鏈的「絕對排放量」，以支持 2015 年巴黎氣候高峰會商定的共同目標：將全球氣溫升幅控制在工業化前的攝氏 1.5 度內。因為排放量和減碳量對大氣產生的影響會互相抵銷，我們也就可以藉此計算組織對溫室氣體的貢獻。當這個計算結果等於零時，淨零目標便實現了。

不過，在這個達到平衡的過程中，碳抵換措施應該是「最後手段」，而不是達到淨零排放的唯一途徑。因此，當組織聲稱他們達到「淨零」時，他們應該要先透過調整業務內容來減少溫室氣體排放量，然後再採取其他永續措施來平衡這些無法再縮減的剩餘量，抵銷排放對環境造成的影響。

你可能會覺得「淨零排放」聽起來跟「碳中和」的意思很像。沒錯，這兩個名詞是類似的概念，但不同之處在於如何實現排放和減排之間的平衡。仔細探究這兩個名詞就會發現，「淨零排放」考慮了所有溫室氣體對環境造成的影響；而「碳中和」則只討論「碳」的總和。

碳中和指的是透過「碳排放」和「碳抵消」實現的動態平衡，從而讓碳在大氣中的「淨增加量」為零。這是透過各種抵消方式來實現的，但是這個過程中並沒有要求要比過去的碳排放量更少。但是「淨零排放」則要求先減少實際的溫室氣體排放量，再通過碳抵消來達到最終的平衡。

在碳中和的概念中，組織可以透過購買碳權實現目標。這也是淨零排放和碳中和在實際影響層面上最大的差異。相比於淨零排放的徹底檢討並改變營運方式，購買碳權是更快的捷徑。雖然碳中和可以是實現淨零排放的墊腳石，但是目前還是普遍認為「淨零排放」才是永續行動的標準原則。因為它代表著整體溫室氣體的減少，這就不是花錢購買碳權這麼簡單的事情了。

當公司聲稱達成「碳中和」時，他們有可能只是透過碳抵換來平衡他們所造成的碳排放，並不代表他們有主動減少排放量以達成全球或該行業的淨零排放目標。公司甚至還有機會在帳面上實現「負碳」。負碳意味著你從大氣中吸收的碳多於你排放的碳。這可以透過取得超額的碳抵換額度來實現，或透過在核心業務活動之外發展減碳活動來實現，包括碳捕捉與封存措施。如果組織對這些活動進行完整的追蹤和記錄，它們就可以為你創造碳抵換額度，並實現帳面上的負碳排放。

組織在訂立淨零排放或碳中和目標時，需要特別注意的一點就是如何設定達成日期。就淨零排放而言，達成目標的時間可以有非常大的差距，它們可以是今天已經有能力實現的目標，也可能需要放眼到21 世紀末才會達成。但是對於實現《巴黎協定》的目標來說，設定在2050 年後完成的淨零排放目標都為時已晚。

此外，組織對外的宣言代表了組織的形象，這不僅必須切合實際，也需要具有競爭力。因此，當你要立定目標之前，你可能還需要研究同行的進展，了解他們公開聲明的內容和目標達成的日期，才能幫助你訂出對內、對外都有所斬獲的理想目標。

轉型策略和科學減碳目標

我們在第 3 章中探討過轉型策略的概念，也提到過科學減碳目標。

當你考慮將永續實踐納入組織策略布局的一部分時，我會建議你好好思考如何運用這兩個工具。

氣候轉型策略是一個有時間限制的行動計畫，需要詳細描述組織預計如何改變現有的資產布局、營運模式和業務走向來達成永續目標，也就是實現《巴黎協定》，將全球暖化控制在 1.5 攝氏度以下。隨著設立淨零目標變得越來越流行，設定氣候轉型計畫的興趣和需求也在企業之間增長。市場和外部利害關係人都變得更加關心組織和政府打算如何實現淨零排放，這也反映了人們對僅有承諾而無實際行動的組織缺乏信心。

為了使淨零排放這樣的長期目標更為可信，我們需要進行充足的研究並規劃不同階段的細節，幫助組織及政府在既定的時程內專注地踏穩每一步，也讓外部利害關係人相信計畫可以實現。

國家層級的轉型策略：英國轉型計畫工作小組

英國的轉型計畫工作小組（Transition Plan Taskforce，以下簡稱 TPT）是英國政府於 2022 年設立的一項戰略計畫，目的是為了幫助英國能在 2050 年成功轉型為淨零經濟體系。英國的淨零排放的策略曾在 2021 年接受獨立審查機構的審查，檢視英國為實現永續目標而制定的計畫內容是否合理。可惜的是，結果顯示英國的永續計畫存在許多不足之處。

因此，英國政府設定了 TPT 工作小組，主要目的是要制定一份全面的策略指南。這份指南的目的是要讓英國政府知道，如果想要實現自身崇高的氣候理想，政府需要採取哪些必要步驟、政策和行動。TPT 最終在 2023 年 10 月發布了一套框架文件，概述了一個任何組

織都能適用的轉型策略雛形。

TPT 工作小組為了讓永續發展和環境管理的行動更加具體,設定了
以下這些關鍵目標:

- 降低碳排放
- 整合再生能源
- 發展綠色基礎建設
- 公正轉型(Just transition)

儘管各個目標的具體期限可能有所不同,但是他們共同的努力目標
都是為了在 2050 年實現經濟上的淨零。這就是國家層級實施的轉型
策略的一個很好的例子。

　　如果要談到幫助組織制定轉型策略及報告進展的平台,我們之前
提到過「轉型路徑倡議」和「奔向淨零」這兩項行動,還有其他類似
的行動包括:「氣候行動 100+」(Climate Action 100+)、「淨零排放
資產管理人倡議」(Net Zero Asset Managers initiative)和「1.5 度 C 供
應鏈領袖」(1.5℃ Supply Chain Leaders)等。

　　其中特別值得一提的就是「科學基礎減碳目標倡議」(以下簡稱
SBTi)。SBTi 致力於輔導組織設定科學減碳目標,並制定後續的轉型
策略。想要規劃轉型策略的組織可以直接透過 SBTi 官方網站,線上啟
動規劃方案。自 2015 年成立以來,SBTi 已輔導超過 1,000 家世界各地
的企業。

　　萬事起步難,想要成功實現科學減碳目標,需要你花費心力調整
日常的業務模式。這些調整可能包括改變你的能源結構、增加再生能
源的使用占比、或是研發重複利用資源的技術,最大限度地減少碳排

放。

　　無論是基於組織、產業還是國家層級的考量，抱持著想要實現淨零排放的決心才是最重要的信念。這個信念是我們實踐理論的基礎，我們應該將想要實現淨零排放的信念運用在轉型策略和科學減碳目標之中，也就是把重點放在減少各個層面的溫室氣體排放，並且將碳抵換和購買碳權視為達成目標的最後手段。

　　在實現淨零排放、碳中和以及科學減碳目標的路上，正確運用第5 章討論過的碳權和碳交易市場可以事半功倍。讓我們繼續了解這些工具，以及它們該如何融入淨零排放和碳中和的實行計畫中。

淨零排放、碳中和、科學減碳目標以及碳交易市場的角色

在組織對外公布氣候數據前，設定好永續發展目標是相當重要的一步。實現目標可以有很多種途徑，但是只有當企業真正採取了實質行動，這些目標才有意義。在行動的過程中，你可以自由選擇要不要使用碳權來抵消排放量。但是，如果你沒有意識到碳權在排放行為中所扮演的角色，那麼原本立意良好的碳權反而會變成傷害環境的幫兇。

舉淨零排放的案例進一步說明。如果你有 90% 的溫室氣體排放量都來自於燃燒化石燃料，但是你只有使用購買碳權的方式來將這些排放量抵消為零。雖然帳面上你已經實現了淨零排放，但你還是會面臨質疑的聲浪，相關利害關係人還是可能會指責你「花錢擺脫」淨零排放的承諾。

相反地，如果你在使用碳權作為抵消工具的同時，也積極改變公司使用的能源結構，你的永續王國就會更為穩固。比如你今年已經先納入了 10% 再生能源，並且規劃逐年增加再生能源的占比，如此一

來，組織就能慢慢減少對碳權的依賴。

不過，在 SBTi 的體系內，碳抵換沒有任何作用。SBTi 在發布的《企業淨零準則》（Corporate Net Zero Standard）中明確指出，碳抵消應該在達到淨零排放的過程中被限制使用，重點應放在通過實際行動來實現減排。SBTi《企業淨零準則》要求組織在 2030 年將排放量減半，並嘗試在 2050 年將直接與間接價值鏈涉及的排放量降低到目前的 10% 以下（SBTi，nd）。剩下的排放量無法透過直接手段消除，才會使用到碳移除技術和儲存工具來捕捉。

SBTi《企業淨零準則》的核心概念是「分階段緩衝」。根據緩衝的優先順序，公司需要先致力於減少價值鏈中的排放，並將永續目標納入企業的核心策略之中。真正可信的淨零策略必須以減排為主要焦點，而非依賴於碳抵消等輔助措施。只有在別無他法的情況下，才能採取價值鏈之外的減碳手段，例如，利用碳抵換措施或購買碳權。有鑑於此，我們應該要把碳權視為企業進行根本性調整的過程中，暫時使用到的過渡工具。

　　碳權只是一種引導投資走向的工具，它能將投資轉移到對環境有利的商業活動中，以市場機制達到降低碳排放的作用。希望藉由這樣的投資結構，加速碳排減量、鼓勵工業製程中的碳捕獲、並積極從大氣中將碳移除。對於牽涉到碳排放的經濟體來說，他們有充分的動機使用這些工具打造獎勵措施，刺激各個組織在碳捕捉和減排技術上的創新。

　　但是，如果這些市場機制並沒有實際減少大氣中的碳排放，會發生什麼事？

「灰飛煙滅」的碳權？碳抵換在現實世界面臨到的挑戰

　　Google 的母公司 Alphabet 在碳權的使用危機上提供了一個很好的示範。Alphabet 是全球最大的碳權買家之一，他們在 2017 年至 2019 年間陸續購買了 350 萬噸二氧化碳當量的碳權（Silverstein，2022）。這是該公司戰略布局中很重要的一部分，這使得 Alphabet 自 2007 年以來就聲稱已實現碳中和。但是這一說法很快引起了市場的強烈質疑。

　　我們可以來先從 Alphabet 購買碳權的來源著手。Alphabet 購買的碳權大多來自於大自然保護協會（Nature Conservancy），這個協會透過林地復育、永續土地管理和保護受威脅的生態系統等項目產生碳權。不過這些碳權的有效性受到了強烈的質疑，因為就算沒有碳交易市場的介入，這些減排行動本來就會發生。而如果這些生態系統的減排效益被用來生成碳權，那麼其他項目可能也會利用同樣的生態系統進行減排聲明，導致碳權重複計算。雖然碳權購買者抵銷了自身的排放量，但是這樣的「抵銷」卻沒有真正減少大氣中的碳排放量。

　　更令人擔憂的事實是，這類型的碳權很常會在一瞬間灰飛煙滅。我並沒有誇大其詞，真的就是字面上所描述的情況。目前為止，植樹仍然是我們可以使用的、最好的碳捕獲「技術」之一，而且效果明顯優於其他方法（Mulligan et al，2023）。大概只有海藻可以與之匹敵了（關於海藻的說明請參閱表 5.1 的說明，我承認我對海藻非常著迷）。因此，在各組織採取的碳抵換行為中，林地復育和環境保育占了很大的比例。

　　正如我們近年來所看到的，氣候變遷使森林火災影響範圍更大、也更頻繁發生。我們可以預見的是，這些森林復育計畫將會有一部分

被大火燒毀。但是造林所產生的碳權，是基於森林的「整個生命週期」中所封存的碳來計算的。如果這些樹木隨後不久便在森林火災中被燃燒殆盡，它們就無法封存預期的碳量，被計入的碳權也會隨之消失，那麼也就無法真正抵消掉買家所製造的碳排放量。

有些地方在計算植樹所製造出來的碳權時，會保留空間給這些自然災害發生的可能性。例如，在加州，監管單位要求特定項目所獲得的碳權，需要保留一部分在「集體緩衝區」。但是研究顯示，原本所預留的緩衝區足以供應整個 21 世紀所需的抵銷量，卻僅僅在 5 場野火發生後就已消耗殆盡。

更糟的是，碳權的運作機制也可能是森林火災不斷重演的導火線。因為各組織都在尋求碳封存的最大使用效率，所以他們會在可以利用的土地上盡可能擠進更多的樹木，也造就現在我們最擔心的局面：森林火災更加頻繁發生。我們現在的緩衝機制已經完全無法追上森林燃燒的速度了。

SBTi 意識到碳權的影響力並沒有帶來長期效益，因此強烈呼籲各界應該將碳權視為過渡用的短期工具，並在適當的時候以其他長期方案取代。這樣的意識似乎正在影響各界的相關政策，例如，許多組織都在試圖逐漸減少對碳權的依賴，迫使組織尋找真正能減少排放的方法，或激勵組織以創新的思維推動技術升級。

氣候相關財務揭露（TCFD）原則

另一個組織可以考慮採納的目標是「符合 TCFD 原則」的目標。國際組織「金融穩定委員會」（Financial Stability Board）於 2015 年成立了「氣候相關財務揭露工作小組」（TCFD），提供了氣候相關風險的報告框架給各組織參考。使用 TCFD 原則的企業能夠使用統一框架

來評估氣候相關風險的應對方式、加強組織的適應力、並對外展示組織的永續發展進度。TCFD 也被全球許多公開市場廣為採納，成為強制要求當地企業提供資訊揭露的框架。

2023 年，有了「國際永續準則委員會」（ISSB）接手相關工作後，TCFD 也隨之解散。目前 ISSB 也正在積極制定環境數據相關揭露標準。這些工作目的在於強化資訊揭露的具體細節，幫助各組織實現資訊的一致性和透明度。

聯合國永續發展目標

我相信你應該已經聽過聯合國的 17 項永續發展目標了。聯合國訂立這些目標的目的是要鼓勵各界在這些重要議題上採取積極行動。換言之，聯合國希望各界共同打造一個永續且平等的地球。

SDGs 有別於 ESG，雖然它們都是 3 個字母組成的縮寫名詞，但它們並不相通。你也許也會發現有很多人混淆了這兩個不同的概念。讓我們弄清楚這兩個術語的差異，以便正確使用它們。

聯合國在 2015 年通過的「聯合國永續發展目標」（Sustainable Development Goals，SDGs），也稱為全球目標。這是從千禧年發展目標（Millennium Development Goals，MDGs）提出的 8 項核心目標作為雛形，擴展到目前的 17 項永續發展議程。目的是要呼籲各界採取行動，消除貧困、保護環境、確保地球在 2030 年能實現和平共榮的世界（UN Development Programme，2023）。

SDGs 是經過多方考量而制定完成的目標，不僅涉及了聯合國各個機構和成員國，全球 1,500 家企業也都參與了其中的制定過程。雖然他們主要的影響對象是政府，不過 SDGs 比 MDGs 具有更強烈的企圖心，他們期望引領所有企業一起運用創造力來解決永續發展的挑戰（UN，

2015）。目前 SDGs 永續發展目標已經得到了所有聯合國國家的同意，各國政府、企業和民間社會都被鼓勵使用這一套共同目標來採取全球行動（圖 6.1）。

就其本質而言，SDGs 目標是相當高層次的概念，因為 SDGs 目標會避免輕易量化永續表現。對於我們這些沉迷於使用量化數據定義表現的人來說，無疑是一個嶄新的挑戰。例如，「SDG 目標 2：終結飢餓」和「SDG 目標 3：健康和福祉」中都具有獨特的質化特徵，這些特徵通常難以記錄成規格化的資料，也很難與公司績效產生關聯。這使得我們要追蹤組織的進展時，不能停滯在過往慣用的方法當中。

圖 6.1　聯合國永續發展目標（UN SDGs）

SDGs 還有一個特性，就是這 17 個目標實際上是整合且連動的。

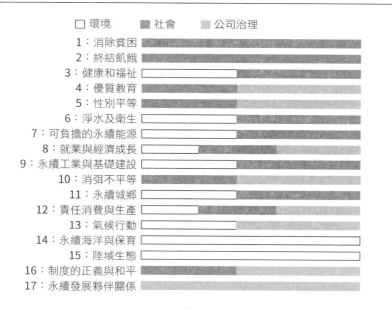

我們期待任何一項目標的行動都能為其他目標帶來正面的影響。有許多公司會將這17個永續發展目標中的部分或全部作為自身的目標、願景或使命的一部分，但這對於任何企業來說都太發散了！聯合國也建議各組織可以先定下要優先實現的目標，依照順序逐一執行，會是更為實際的做法。

圖 6.2　將 SDGs 目標對應到 ESG 的分類當中

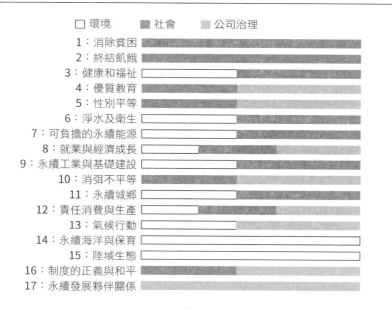

如何看待 SDGs 和 ESG 之間的關係？

　　讓我們再總結一下，SDGs 是聯合國為了改善地球生活環境所發布的框架；而 ESG 則是一個以數據為中心的概念，強調的是資訊揭露。ESG 資料可用於追蹤 SDGs 目標，SDGs 目標也需要 ESG 數據來衡量進度，兩者有著密不可分的關係。若你想了解如何將17個永續發展目標對應到 ESG 的各個領域，你可以參考圖 6.2 的分類方法。

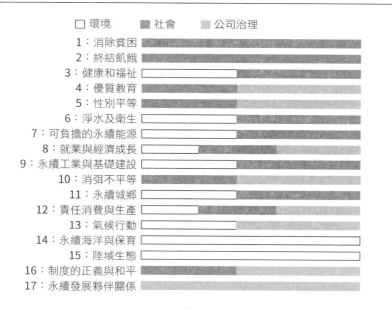

　　當你考慮將 SDGs 作為組織的永續發展目標時，請注意每個永續發展目標所需要追蹤的數據類型各不相同，你需要確認組織是否有追蹤這些數據的能力。如圖 6.2 所示，SDG 目標 1 和 SDG 目標 2 主要需要的是 S 數據（社會），而 SDG 目標 14 和 SDG 目標 15 則專注於 E 數據（環境）。你的組織有這些數據類型的優勢嗎？如果有，那這些目標就很合適你的組織發展。

企業該如何設定符合 SDGs 的目標和具體行動？

　　在回答這個問題之前，我們可以先來想想為什麼你的組織應該要達到 SDGs。聯合國和 SDGs 認為，企業無法在失敗的社會中茁壯成長。而 SDGs 的理念在於：

- 讓數 10 億人脫離貧困，擴大全球消費市場。
- 重視教育，培養更多有專業技能的勞動力。
- 推動性別平等和婦女賦權，當更多的女性可以投入勞動市場，就能提高整體經濟效益。這些效益相當於創造了一個「虛擬新興市場」，其規模和購買力甚至可以媲美中國和印度。
- 全球經濟所依賴的自然資源，需要維持在地球能自我修復的安全範圍內運作。確保我們能有源源不絕的水資源、肥沃的土壤、金屬和礦物等基本資源。
- 培養出負責任且體制良好的機構，並建構開放且富有原則的金融貿易體系，以此降低企業的營運成本和風險。

　　這些理念造就了 SDGs 的發展，同時也鼓勵企業抱持著同樣的信念來應對永續發展。而你身為領導者，在設定符合 SDGs 的組織目標之前，你可以先思考以下這些問題：

- SDGs 的理念與組織的精神是否相符？
- SDGs 與組織的文化是否相符？
- SDGs 是否在組織的使命、願景或價值觀中扮演重要的角色？

　　如果以上的問題都能得到肯定的回答，你就可以放心地執行你的規劃，將 SDGs 納入組織的策略布局。如果不是，但是你渴望使組織的價值觀符合這幾個原則，那麼你就應該先努力讓組織文化適應這些改變。

　　如果你想追求以 SDGs 為導向的目標，組織還需要具有尊重「普遍權利」的社會責任。這些由聯合國所提出的普遍權利包括：

- 國際勞工組織（International Labour Organization，ILO）所頒布，關於跨國企業和社會政策的三方原則宣言（企業、政府、工會）
- 聯合國全球盟約（UN Global Compact）原則
- 聯合國工商企業與人權指導原則（UN Guiding Principles on Business and Human Rights）

　　在追求實現 SDGs 的旅程中，達成這些普遍權利是你的必經過程。這些原則不會只是一個可有可無的選項，也不只是一種理想；這些原則應該要被視為一個重要的推動力，推動企業做得更多、追求更好的表現。

　　講了這麼多，你現在可能很想知道，你究竟該如何引導組織盡快達成 SDGs 目標？其實不用太急躁，一次前進一步，踏穩腳步就可以了。如果你希望將 SDGs 作為組織的前進方向，那麼你可以遵循以下的途徑發展：

- 明白每個組織都有自身獨特的優先順序，這 17 個永續發展目標對組

織來說並不會同等重要。

- 明白組織與價值鏈的運作息息相關,因此你需要確定在哪些方面可以減少負面影響,在哪些方面可以擴大正面影響,從而在整個價值鏈中發揮作用。
- 選擇最適合組織業務特質的 SDGs 目標。
- 設定達成期限和達成標準。
- 根據 SDGs 制定你的業務目標。
- 利用現有的工作流程來訂定 KPI,並蒐集相關紀錄。
- 確保你的團隊了解他們在實施和追蹤目標上的責任。
- 將你的目標公開。

我還可以考慮訂定哪些目標?我要如何訂定自然環境和生物多樣性方面的目標?

人們對於監測組織對自然環境和生物多樣性的影響越來越感興趣。面對不斷升級的環境挑戰、解決氣候變遷和生物多樣性的迫切需要,人們了解到「基於自然的解決方案」在促進永續發展方面發揮著關鍵作用。隨著企業和金融機構日益認識到自然相關議題帶來的重大風險和機會,各組織開始相繼採行「自然相關財務揭露工作小組」(TNFD)所建議的揭露方案。

TNFD 的成立目的是開發一個框架,鼓勵企業和金融機構評估、管理和報告其與自然相關的風險和依賴程度。目標是要讓財務報告也能結合對自然環境的考量,增強組織的透明度,並將 TCFD(氣候相關財務揭露)處理氣候風險的方式內化到組織的決策過程當中。透過這些做法,TNFD(自然相關財務揭露)希望能促進永續投資、生物多樣性保護,並推動全球經濟的改革。

TNFD 的使命是要讓財務報告中出現自然相關資訊的情況變成主流，形塑一個「自然正成長」（nature positive）的經濟體系。為了能確保 TNFD 框架的穩健、全面和可行性，TNFD 透過政府部門、金融機構、民間企業、研究學者和民間組織等各界人士的合作才完成，盡可能容納了多方觀點。

TNFD 的探討範圍也涵蓋了所有會對環境造成影響及依賴自然資源的產業。包括但不限於農業、林業、漁業、礦業、基礎設施、旅遊和金融等行業。TNFD 框架不僅要記錄下這些產業對自然的直接影響，還要找出可能產生的間接危害和過度依賴的自然議題。

在 TNFD 任務中的數據

TNFD 的任務是推動自然環境資訊的揭露，確保企業在決策過程中考慮與自然相關的風險和機會。為了達到這些目標，TNFD 會依賴各種來源的數據，且這些數據必須具備全面、準確且可靠的特性。以下是 TNFD 如何利用數據來實現目標的具體方式：

- **評估自然相關風險和機會**：數據有助於企業和金融機構評估可能面臨的自然相關風險。例如：生物多樣性危機、棲地破壞、水資源短缺、以及其他氣候相關影響。透過分析相關數據，組織就可以識別潛在的漏洞並制定有效的風險管理策略。

- **對自然機制的依賴**：許多經濟活動都需要依賴大自然的原始運作機制，例如：授粉、水質淨化和碳封存。數據能夠量化這些與自然相關的活動，分析並解釋我們與大自然的依存關係。各個組織就更可以體會到自然環境的價值，進而採取適當的措施來保護自然。

- **情境分析與壓力測試**：自然相關財務揭露（TNFD）與氣候相關財務揭露（TCFD）類似，都鼓勵組織進行情境分析和壓力測試，以評估

組織在未來不同情境下對自然風險的抵抗能力。由數據驅動的演算模型和預測有助於模擬潛在影響,並設計出可以適應環境變化的因應策略。

- **績效管理和報告**:一份透明且具有一致性的自然相關指標報告,能夠幫助我們追蹤進度並比較不同組織的績效。由數據驅動的指標可以提供投資人和利害關係人評估的材料,以此檢視組織的永續發展表現及對自然環境的積極貢獻度。

- **政策制定和影響評估**:政策制定者也會受益於 TNFD 提供的數據和分析。數據有助於制定出有效的政策,實際達到鼓勵企業採取對自然有益的做法。數據也可以評估現有法規對環境的影響。

TNFD 運用了數據的力量並採取多方協作的方法,將自然環境資訊整併入財務報告之中,希望能藉此讓全球經濟體都更重視自然環境對經濟發展的貢獻。

你的選擇,你的目標

現在你應該清楚了解到,你可以為組織設定的不僅僅是一個與永續目標,還有許多面向需要考慮及選擇。選擇權在你手上,而你需要根據組織目前的永續數據發展階段和目標來做出決斷。這些組織規劃的項目可以是長期目標,也可以是你在短短幾個月或幾年內就能實現的中短期目標。

組織訂定的目標、理想和承諾,對內可以凝聚團隊向心力,因為這些目標就是在向組織內部發送訊號,讓團隊知道你把永續目標放在優先處理的位置;而對外,你所訂定的目標也是在向利害關係人表明你對永續發展的決心。所以,你需要認真且仔細地設定這些目標,並

注意如何對外界公開。一旦你的組織公開了這些永續目標，隨之而來的就是要公開這些目標的相關進度資料。

公開揭露 ESG 數據一直都是永續發展旅程很重要的一部分。你的組織該如何做到這一點呢？你打算如何公開揭露你的 ESG 數據？

如何揭露你的 ESG 數據？

一旦你為組織制定了優先事項和目標，就需要透過數據來展示你的行動和成果。幸運的是，現在已有許多工具可以幫助你達成這一目標。不過，有些人認為這些現有工具過多，反而使 ESG 資訊揭露變得混亂且複雜。

在接下來的部分中，我們將會定義幾種重要的揭露方法，並建議你如何從中選出最適合組織的方法。組織主要有以下兩種公開方式：

• 自行發布報告

• 使用外部揭露平台或工具

每種方法都有其優點和缺點，我們將在下文中詳細探討。

自行發布報告

你的組織可以直接透過永續發展報告或財務報告來公開自身的 ESG 表現。這種方法的優點是：

• 形式客製化：組織可以自行編製特定格式的永續發展報告，或選擇將 ESG 指標整合到財務報告中。公司可以自訂資料呈現方式，以符合目標特性、重大性議題和產業背景。

• 資訊的深度及廣度：直接由公司對外發布報告，報告的範圍沒有侷限，同時也可以靈活地揭露其他細節，例如，公司所進行的永續行

動、相關績效、階段性目標和進展等。這種詳細的描述可以提高組織的透明度，讓外界人士留下更深刻的永續發展印象。

- **品牌故事的塑造**：永續發展報告為公司提供了一個可以展示 ESG 精神的機會，詳細介紹公司對社會和環境的貢獻。這種品牌塑造的機會可以提高組織的聲譽，並吸引有相同理念的利害關係人加入組織的陣營。

- **誘發投資人的興趣**：投資人在做出投資決策時，越來越重視組織的 ESG 表現。組織在財務報告中同時展示 ESG 數據，可以提供投資人更全面的企業營運資訊，從而吸引到具有社會責任感的投資人。

這種方法同時也有缺點：

- **數據過量**：與財務報告同時發布永續發展報告，可能會導致利害關係人同時間接收到的數據過量，有損這些利害關係人對 ESG 數據的理解程度。

- **缺乏標準化框架**：如果沒有標準化的框架來規範報告內容，公司可能會選擇性地揭露 ESG 數據，導致不同組織之間的績效無法比較。

- **時間和資源密集**：完善的永續發展報告需要耗費許多時間和資源來編撰，對於資源有限的小型組織來說更是吃力。

使用外部揭露平台或工具

如果自行發布報告對你來說負擔過重，別擔心，你還有另一個選項，就是透過外部的揭露平台來公開你的 ESG 表現。這種方法的優點是：

- **標準化和可比性**：利用公認的揭露平台可確保不同組織之間 ESG 數據具有一致性和可比性。利害關係人和投資人就能夠客觀地評估各

組織的績效。

- **簡化的報告流程**：這些平台通常會提供結構化的範本和教學文件，組織就能從而減輕在資料統整上的負擔。

- **增強可見性**：特別關注 ESG 數據的投資人、分析師和利害關係人會在這些公開揭露平台上瀏覽組織的資料。選擇在這些平台上公布資料可以提高組織的能見度，並吸引價值觀相符的潛在投資人進一步合作。

- **獨立驗證**：部分揭露平台會提供第三方驗證的服務，從而增加了這些揭露報告的可靠度和信任觀感。

這種方法同時也有缺點：

- **自訂選項有限**：因為揭露平台通常有一套標準化的格式，公司如果想要傳達自身獨特的永續發展故事的話，可能會受限於平台的設定細節和敘述模式。

- **成本和複雜性**：使用這些外部平台的揭露服務通常需要支付額外的費用。然而，雖然隨著外界對組織在永續發展方面的期望日益提高，這樣的服務也變得越來越普遍和必要。因為要提供足夠穩健及可靠的數據，以滿足特定報告規定，這個過程可能相當複雜。幸運的是，對於剛開始進行資訊揭露的組織來說，這一些工具就可以幫助他們簡化這個過程。

- **報告疲乏**：大型組織可能必須遵守多個揭露框架，大量出現性質重複的工作，導致組織對編製報告產生疲乏。因此，這些平台也正在對這些重複性工作進行簡化調整。

這兩種向大眾揭露 ESG 數據的方式各有其優點和限制。直接由企

業公開的永續發展報告或財務報告，可以量身打造報告的形式，提供企業講述品牌故事並建立形象的機會。然而，它隱含了缺乏標準化的問題，並且還十分耗費組織有限的資源。另一方面，使用 CDP 或 GRI 等外部揭露平台，可以直接使用標準化的報告格式。不僅可比性和能見度都能顯著提升，它還能簡化報告編製流程，並提供第三方驗證服務。然而，平台的框架可能會讓企業的獨特性消失，且企業也需要為使用平台服務支付額外的成本。

組織如果要從中選擇最合適的方法，或思考如何將兩者組合運用，就需要先考慮組織的優先目標、資源及利害關係人的偏好。無論採用哪種方法，透明的 ESG 揭露行為都可以增強組織的問責制度和大眾的信任感。組織也就會更有動機推行改革，朝向永續未來前進。

如果你選擇透過報告平台進行揭露，我接下來會詳細介紹幾個可能的選擇。

碳揭露計畫（Carbon Disclosure Project，CDP）

CDP 是一個全球性的非營利組織，他們致力於輔導世界各地的組職、治理單位及資本市場，並針對環境數據進行追蹤及揭露。CDP 利用了投資人和供應鏈的影響力，建造了一個全球揭露系統，也就是「CDP 線上回覆系統」（CDP Online Response System，以下簡稱 ORS）。組織可以使用 ORS 系統提交利害關係人所要求的永續發展資訊，透過回答平台上的問題來完成資訊揭露。CDP 也會利用 ORS 系統所蒐集到的數據，評量組織在各個領域的永續發展績效，包括環境影響和供應鏈管理等。

CDP 提供的是一個揭露數據的平台，與國際永續準則委員會（ISSB）或全球報告倡議組織（GRI）不同的是，它並沒有設立具體

的報告標準。但是 CDP 的問題設計還是符合氣候相關財務揭露工作組
（TCFD）的框架，並且也在逐步納入 ISSB 和 TNFD 的標準。隨著永
續法規的發展，CDP 也在持續優化平台，以便涵蓋並支持這些標準。
CDP 計畫在 2024 年全面符合 ISSB 的標準，這也顯示了 CDP 相當重視
這些國際準則。

- 成立時間：2000 年。

- 參與的公司數量：超過 23,000 家。

- 受眾特質：會向組織要求永續資訊的投資人和客戶。

- 目的：促使政府、企業和投資人揭露對環境造成的影響，並積極採
  取行動以降低衝擊。

- 報告要點：向利害關係人提出報告，展示企業為環境帶來的正面影響。

- 報告領域：著重於環境和公司治理數據。另外，也包含氣候變遷、
  用水安全、森林保育、生物多樣性、塑膠使用和供應鏈管理相關的
  環境數據。

- 報告單位：由跨國公司、金融機構及各地區治理單位自願提交報告。
  也可能是依照投資人及客戶的要求進行提交。

- 特定行業的額外要求：高汙染型產業會有額外的資料要求。

- 輸出用途：回應投資人或客戶的疑問、參與 CDP 的公開評分流程（可
  自選是否參與）、提供金融機構和其他數據供應商串接資訊以供大
  眾查閱。

永續發展會計準則委員會（Sustainability accounting Standards board，SASB）

SASB 所頒布的標準，主要功能是幫助公司向投資人揭露具有財務
意義的永續發展資訊。他們提出了最能展現企業財務績效的 ESG 議題

集錦，共涵蓋 77 個不同產業，並使用了以下幾個不同的層級進行編排：廣義的永續面向、與行業特性無關的一般議題、針對特定行業的議題、衡量績效的會計指標等。

SASB 最後在 2021 年併入新成立的國際永續準則委員會（ISSB）。

- **成立時間**：2011 年。
- **參與的公司數量**：1,300 家。
- **受眾特質**：財務上的利害關係人和投資人。
- **目的**：透過建立一套會計準則，引導公司向投資人揭露與永續相關的重大財務資訊。
- **報告要點**：ESG 風險如何影響組織內部的財務績效。
- **報告領域**：環境、社會、公司治理，三個面向的 ESG 數據皆有涵蓋。這些會計準則能幫助企業公開環境影響、社會資本、人力資源、商業模式等具有財務重大性的議題，同時關注公司在創新、領導和治理等方面的作為。
- **報告單位**：任何組織都可以使用 SASB 標準。
- **特定行業的額外要求**：77 個不同行業各有差異。
- **輸出用途**：公司對外公開的 ESG 報告，或用於申請永續發展指數或獎項認證等。

全球報告倡議組織（Global Reporting Initiative，GRI）

GRI 是一個獨立的國際標準制定機構，也是聯合國環境署（United Nations Environment Programme，UNEP）的合作機構。GRI 標準是目前最廣為接納的 ESG 績效揭露平台之一，它提供了一個可比較的串連系統，讓組織易於進行環境議題相關的報告和決策。

它提供了以下幾套不同的標準：適用於所有組織的通用標準、適

用於 40 個高汙染型產業的標準、針對特定主題的標準（例如廢棄物、健康與安全、稅收等）。

- **成立時間**：1997 年。
- **參與的公司數量**：超過 10,000 家。
- **受眾特質**：廣義的組織利害關係人群族。
- **目的**：建立一個全球通用的報告標準，凝聚各方利害關係人，增強組織治理的透明度，促使組織為自身造成的影響擔負起責任。
- **報告要點**：外在環境、社會及經濟層面的影響。
- **報告領域**：環境、社會、公司治理，三個面向的 ESG 數據皆有涵蓋。另外也包含一般揭露、特定行業揭露和特定主題揭露的數據。
- **報告單位**：全球多數的大型公司都使用 GRI 標準。
- **特定行業的額外要求**：即將推出 40 個不同行業的限定標準，首當其衝的是高汙染型產業。
- **輸出用途**：公司對外公開的 ESG 報告，或用於申請永續發展指數或獎項認證等。

還有很多區域性或行業限定的平台可以進行 ESG 資訊揭露，上述只是其中的一小部分。還有一些已經完全商業化的揭露平台，例如，EcoVadis。我建議你花一些時間考慮什麼類型的管道與你的組織目標最為吻合，將幫助你釐清向外界報告的核心要點，為組織建構出一套適用的 ESG 資訊系統。

你期待透過組織施展你的抱負嗎？

本章希望能提供你適合的工具，用以建立組織的永續資料願景。這也是延續圖 4.1 永續數據發展旅程「MUD」步驟中的最後一步，讓

我們來消除那些阻礙你看清數據本質的障礙物。

　　該怎麼定下企業的願景，取決於組織目前的資料可用性，以及你計畫如何使用這些資料。然而，這件事情的做法與我們之前做過的評估完全不同，因為它是前瞻性的計畫，需要考量到你今天在哪裡，以及你想要到達哪裡。

　　在評估你所訂定的願景時，我們需要先自我檢視以下的議題，才能找到適用於組織的策略：

- 成為同業最佳典範 vs 只完成最低限度的要求
- 蒐集和揭露 ESG 數據的成本
- 你可以設定什麼目標
- 如何進行內部或外部揭露

　　考慮過這些問題之後，你想要為組織畫一張多寬廣的願景圖？如果你有十足的野心，你想要推動組織成為同業最佳，那麼你就要規劃蒐集和管理 ESG 數據的花費、設定至少一個目標並計畫公開揭露你的 ESG 數據。如果你沒有這麼大的野心，你可以在每個方面適當降低標準。然而，無論野心是大是小，推動企業產生企圖心的原動力都必須來自組織內部。在做出選擇的過程中，你要相信自己是建立組織願景的最佳人選。

　　貓王（Elvis Presley）曾說過：「野心，就是將夢想裝上 V8 引擎。」配合這本書的理念，我想改寫一下這句話：「對於永續數據的野心，就是將夢想裝上再生能源引擎。」不過這個野心如果沒有整個組織的團結配合、如果團隊中的每個人沒有貢獻屬於自己的一份心力，那麼組織的抱負終究無法實現。

組織的下一步是什麼？將組織的抱負付諸實踐

在前面的幾章中，你已經做了很多練習：你評估了組織目前的資料掌握度，也將其對應到第 4 章中的永續數據發展階段；你在第 5 章中為你的組織確定了永續數據使用情境的優先順序；在本章中，你也檢視了組織的永續數據發展目標。

現在，請根據組織目前的情況，沿著 ESG 資料管理成熟度發展途徑繼續前行、進步。接下來我會針對不同資料管理成熟度的組織，提供後續步驟的具體建議。

如果你是 ESG 新進工作者，你的後續計畫是什麼？

很顯然地，ESG 數據對你的核心業務很有價值。無論你考慮優先發展永續數據 ABC 情境中的哪一個，它們都需要資料的支持。更具體地說，它們的最低要求都包含了「溫室氣體排放量」數據。作為 ESG 新進工作者，你可能還沒有能力蒐集、管理、比較、檢查和揭露這個監測項目，因此，你的第一步就是要考慮如何取得這一項數據。你可以根據《溫室氣體盤查議定書》的指導方針進行溫室氣體排放數據的蒐集，並先從較為容易的範疇一和範疇二開始著手。範疇三對於現在的你來說還太困難了，也太過曠日費時。

雖然你能做的不僅是處理範疇一和範疇二的溫室氣體排放量，還有更多類型的監測數據可以蒐集。但是你需要記住的是，你作為 ESG 新進工作者，這個監測項目是最優先、也最重要的處理事項。你也可以開始規劃蒐集或追蹤其他重要的 ESG 資料集，例如，水資源使用情況、廢棄物管理、公司安全管控制度、員工組成多樣性和包容性等方面的資料。

在你執行計畫的過程中，確保數據的準確性是進行數據蒐集時最重要的指導原則，你同時也要注意不要造成數據的「3 個 E」疑慮（關於「3 個 E」的介紹請參考第 3 章）。

在組織的永續發展過程中，若你想要獲得更多且更好的 ESG 數據，你的組織也需要建立一個良好的治理架構。以正式的書面形式發布治理政策會是一個比較理想的長期模式。你可以藉此展示組織對環境和社會的承諾，並為外部利害關係人建立治理結構的透明度。你也可以制定一個明確的達成標準來衡量組織的治理成效。不過，雖然有明確的政策是好事，但是擁有一個可以實際執行的流程更重要。所以在制定治理計畫時，也必須規劃推廣政策的執行細節。

再來則是領導團隊的能力。領導者應該要增強 ESG 方面的技能，並更加重視 ESG 在組織中扮演的角色。你們不僅需要學習 ESG 基礎知識，還要積極尋找對業務具有以下兩種意義的數據：「可以推動決策過程的數據」及「可以支持永續發展的數據」。重新檢視一下組織所蒐集的數據，也許你會驚訝地發現組織已經在進行某些 ESG 資訊揭露行動了。

與所有組織一樣，ESG 新進工作者也需要提前規劃組織未來 3 到 5 年的資本需求。要實現這一點，首先應了解金融業者目前對潛在投資對象的數據要求，並持續跟進最新趨勢。而未來獲取某些資本的管道也可能需要提供轉型計畫，因此，如果沒有當前所蒐集的數據作為基礎，未來要達到這些要求可能會非常困難。

為了幫助你了解組織的永續數據發展基準點，你也需要掌握同行的 ESG 資訊揭露情況。相較之下，他們的數據揭露廣度如何？這些數據的價值在哪？他們提供的價值與你的組織有什麼關聯？這些都可以幫助你了解組織在產業中的定位，進而調整業務方向或重新設定標準。

對內，這些資訊是團隊作為參考的重要工具；對外，它們就是向外部利害關係人講述企業永續價值的最佳幫手。

如果你是 ESG 職業解說員，你的後續計畫是什麼？

你已經蒐集了一些 ESG 監測數據，因此你已經有一些可以整合的材料了。你應該思考你蒐集的永續數據是否僅僅是為了符合法規及監管要求，或者它們可以更廣泛地被使用在組織的各個層面上。也許組織中的法務部門擁有了可以推動決策的數據，只是你還沒有發現它們能為你的核心業務帶來什麼樣的成長。你其實已經擁有很多資源，不要浪費使用它們的機會。

對於 ESG 職業解說員來說，現在是你和同業相比的絕佳時機。你的永續發展評量分數在同行中的排名如何？你如何在溫室氣體排放量、性別多樣性、廢棄物管理和能源使用等重要資料集上與同行進行比較？你有辦法成為行業中的前 25% 嗎？如果沒辦法，成為前 25% 對於業務拓展會有所幫助嗎？

你的組織現在應該握有一些 ESG 數據了，但是還不夠全面。首先，你需要評估如何填補這些數據的缺口，不僅要符合法規及監管要求，也要符合組織想優先發展的使用情境。如果你想獲取資金或拓展業務，現有的數據可能還不太充足，你需要蒐集更多的數據。你可以利用現有系統來擴大蒐集數據的範圍、建立新的資料集，為你的核心業務帶來更多價值。如果你現在擁有的系統效率低下而且不夠穩定，那麼你現在要做的事情就是思考如何改善這個系統。

有一套高效的資訊系統可以推進數據的蒐集、檢查和揭露過程，組織就能替未來預留資料存取的靈活性。在 ESG 資訊揭露的各項法則在快速變化的時期，這可以為組織的成長提供充足的養分。

如果你是 ESG 資深生產者或 ESG 專業服務員，你的後續計畫是什麼？

　　ESG 資深生產者和 ESG 專業服務員都已經在蒐集 ESG 數據，也正在業務過程中使用這些數據。他們最大的差別只在於，數據是被應用在產品上，或是應用在服務上。當我們想要將企業的願景與目前的 ESG 資料管理成熟度結合在一起時，你製造了什麼數據並不是最重要的，更重要的是你如何將數據妥善的應用在不同使用情境中。

　　作為 ESG 資深生產者或 ESG 專業服務員，你應該積極地思考如何將 ESG 數據與使用情境產生連結，並確保你蒐集和分析的數據能對決策產生幫助。你要思考，數據是否包含了足夠的細節？數據的紀錄是否足夠及時？是否涵蓋了足夠廣泛的地理範圍、員工樣本、客戶需求以及股東要求？

　　你目前處於永續數據生命週期中建立資料集的階段，你需要投注資源在以下資料集的蒐集：水資源使用情況、廢棄物回收流程、人力僱用政策、能源儲存與生產策略等。特別是 ESG 資深生產者，因為你需要將數據應用在產品上，就要考慮到循環經濟的影響。你可能需要累積有關產品生命週期的知識，並從中調整你需要蒐集和評估的數據。例如：我的產品會對環境產生什麼影響？我有辦法降低對環境產生的衝擊嗎？在這個領域裡，你需要採取積極的行動。這對你來說可能是一個前所未有的挑戰，你會需要向外尋求資源，同時也會為你帶來新的資源。

　　作為 ESG 資深生產者或 ESG 專業服務員，你可能會想肩負起一些永續發展的責任。就算沒有，現在這個階段也很適合開始設定目標了。你可以考慮將淨零排放和碳中和作為目標，並嘗試將碳權和碳抵換納入你的規劃當中。

　　因為你們在永續發展數據上已經建立了良好的基礎，這使你可以

開始在不同的 ESG 主題上布局，公布比同業更具有優勢的特殊領域表現。你想成為同業中的領頭羊嗎？還是想選擇一些特定的指標來展示自己在同業中的領先地位？透過達成這些相對的成功，你就能向利害關係人展示你的領導能力。對內，在控制溫室氣體排放量或促進性別多樣性方面做得較好的組織，可以激發員工的自豪感，更能吸引頂尖人才。對外，領先於業界的組織更容易遊說客戶、股東和供應鏈在業務協商中提供更多好處。

不過同時你也要注意「漂綠」的風險，我們將在第 9 章中討論這件事的危害性。在撤除這個風險的前提之下，成為 ESG 指標的表現優良者，確實可以為你的企業帶來巨大的好處。

如果你是 ESG 專家培育員，你的後續計畫是什麼？

作為 ESG 資料管理成熟度中最優秀的族群，你可能認為你該做的工作都已經完成了。我們不妨再思考進一步提升的可能性。永續領域的發展速度相當快速，如果你沒有持續關注和維護數據的品質，你辛苦建立的良好聲譽隨時都可能消失。更重要的是，你已經在市場上站穩了腳跟，你可以充滿自信地分享你的觀點、經驗和你所擁有的資源，為市場注入活力。

你的組織中也許還有空間可以增強數據驅動的管理機制，例如，定期更新永續績效 KPI。這些 KPI 不僅有助於評估組織的永續發展進度，也可以作為高層決策的重要工具。特別是在董事會層級，設立具體的永續 KPI 可以幫助高層管理者將永續發展數據更深入地融入到決策過程中。此外，高階管理者也需要持續關注 ESG 數據並與之互動，才能確保這些數據能在真實世界中支持核心業務活動，並幫助組織達成目標。

　　用於追蹤進度的 ESG 指標應該全面融入整個組織的日常運作當中。例如，將永續發展 KPI 納入薪酬計算或獎金制度。這樣的做法可以確保每個員工在工作中都將永續行動視為首要考量。透過這些措施，組織可以不斷強化員工對永續目標的認同感。我們將在第 10 章中探討更多關於如何訂定永續數據 KPI 的議題。

　　如果你已經公開了 ESG 數據的蒐集、分析、揭露過程，提高了數據的可比性、連貫性和全面性，你就可以開始考慮拓展資料類型的範圍。尤其大眾對於組織如何影響自然和生物多樣性越來越感興趣，你可以在這個新興主題中蒐集數據，並與這個領域的標準制定者進行合作。

　　作為 ESG 專家培育員，你可以充分發揮這個角色的潛力，真正成為名副其實的「專家培育者」。你在 ESG 數據方面的豐富經驗使你成為教育他人的最佳人選。你能教導其他組織如何最大化永續數據的價值，而這些價值並不限於應對氣候變遷問題，也可以聚焦在增強企業內部凝聚力和推動核心業務發展。通過與價值鏈中的其他利害關係人分享這些經驗和知識，你可以引導重要的商業夥伴跟隨你的腳步，共同推動整個價值鏈的永續發展。這些利害關係人包括合作夥伴、客戶、供應商、投資人、股東，也包含你的員工。

　　你所擁有的知識可以幫助同業一起打造重視氣候行動的未來，你們所帶來的影響甚至可以擴及更多產業。你也能積極參與其他推動永續發展的協會、倡議組織、工作小組和其他機構的活動。一方面，這些團體提出的建議或規定將深刻影響你的業務發展；另一方面，你在 ESG 數據方面的知識和經驗也會成為這些團體的養分。如果你能參與這些規章的制定過程，也就能提前了解你未來將會面臨的法規要求，你也會從中受益。這個過程是為了建立良好的永續發展架構，幫助我

們共同應對氣候變遷,從而為我們所有人帶來好處。

你的企圖心決定了你即將到達的境界

恭喜你!你已經完成了所有初步評估步驟,釐清了組織今天的永續數據發展定位和組織對未來的願景。

接下來的 4 個章節,我將會向你介紹 3 個很值得我們深入研究的領域:「歐洲與全球的監管趨勢」、「漂綠」以及「KPI 的設定」,讓你真正地在業務決策過程中應用這些 ESG 數據。

參考文獻

Mulligan, J, Ellison, G, Levin, K, Lebling, K, Rudee, A and Leslie-Bole, H (2023) 6 ways to remove carbon pollution from the atmosphere, World Resources Institute, www.wri.org/insights/6-ways-remove-carbon-pollution-sky (archived at https://perma.cc/Z6GB-A53P)

Office of the Federal Register (2022) The Enhancement and Standardization of Climate-Related Disclosures for Investors, A Proposed Rule by the Securities and Exchange Commission, www.govinfo.gov/content/pkg/FR-2022-04-11/pdf/2022-06342.pdf (archived at https://perma.cc/A3ZX-ZSNS)

SBTi (nd) The corporate net-zero standard, https://sciencebasedtargets.org/net-zero (archived at https://perma.cc/7KDL-CXQA)

Silverstein, K (2022) Not all carbon credits are created equal, Forbes, www.forbes.com/sites/kensilverstein/2022/06/22/not-all-carbon-credits-are-created-equalheres-what-companies-must-know/?sh=1fad611c5328

(archived at https://perma.cc/SPE8-TEEZ)

SustainAbility Institute by ERM (2022) Cost of Climate Disclosure: Fact sheet, www.sustainability.com/globalassets/sustainability.com/thinking/pdfs/2022/climate-disclosure-survey_fact-sheet-april-2022.pdf (archived at https://perma.cc/4AMZ-39EJ)

SustainAbility Institute by ERM (2023) ESG Ratings at a Crossroads, www.sustainability.com/globalassets/sustainability.com/thinking/pdfs/2023/rate-theraters-report-april-2023.pdf (archived at https://perma.cc/3VG7-VY6C)

UN (2015) Transforming Our World: The 2030 Agenda for Sustainable Development, https://sdgs.un.org/2030agenda (archived at https://perma.cc/J2LW-FMGN)

UN (nd) Sustainable Development Goals, www.un.org/sustainabledevelopment/ (archived at https://perma.cc/DP6X-YSTX)

UN Development Programme (2023) The SDGs in action, www.undp.org/sustainable-development-goals (archived at https://perma.cc/J269-D2DA)

永續發展法規──歐洲的特產？

┌─ 問題反思 ──────────────────────

• 哪些 ESG 資訊揭露法規是強制性的？這些規定是如何演變
  而來、未來又會如何發展？

• 歐洲為何能成為永續規章上的意見領袖？這會對我產生什麼
  影響？

• 法規要如何同時兼顧企業社會責任、循環經濟，並推動有效
  的產品標籤制度？

└────────────────────────────

現在我們已經將你的組織對應到合適的永續數據發展階段，也了解到組織的下一步該做什麼了，現在我們可以把注意力轉向市場壓力上。這些壓力將會影響你蒐集、使用和揭露 ESG 資料的組織策略。

接下來，我們將深入探討數據的 4 個領域：

1. **法規趨勢：以歐洲為例**

2. **全球趨勢**

3. **漂綠（Greenwashing）**

4. **數據及關鍵績效指標（KPI）**

在本章中，我們將以組織面臨的全球法規和揭露壓力作為開端，並以歐洲作為案例進行討論。歐洲在永續發展數據政策及廣泛的永續法規上，目前正在開創前所未有的格局，而這些法規全都要求了企業提供 ESG 數據。在我們研究其他全球趨勢之前，歐洲會是一個很好的起點。

在本章和下一章中，我們將會提到許多縮寫名詞。其中有一部分是我們前面提過的，有一部分則是新加入的。為了幫助你掌握這些眼花撩亂的縮寫名詞，表 7.1 為你提供了一張可以快速查閱的參照表。下一章還會為你整理另一張類似的表格，供你隨時查閱。不過我相信隨著本書的閱讀過程，你很快就會完全熟悉這些常見名詞的縮寫了！

表 7.1　縮寫名詞查閱表 1

名詞縮寫	中英文全名	簡介
CBAM	歐盟碳邊境調整機制 Carbon Border Adjustment Mechanism	這是歐盟的一項提案。一個國家若要從另一個碳費較低廉的國家進口產品，就需要對這些產品徵收碳排稅。

名詞縮寫	中英文全名	簡介
CDP	碳揭露計畫 Carbon Disclosure Project	這是一個非營利慈善機構，為投資人、公司、各地區治理機構提供了全球永續資訊揭露系統。
CEAP	《歐盟循環經濟行動計畫》 EU Circular Economy Action Plan	這個計畫是歐盟內部為了鼓勵使用永續資源並減少廢棄物的行動。
CSDDD	《企業永續發展盡職調查指令》 Corporate Sustainability Due Diligence Directive	這個指令是為了促進企業的永續行動及社會責任，要求企業將人權和環境保護的理念納入公司的營運和治理制度當中。CSDDD 要求企業必須揭露自身所帶來的直接影響，以及對歐洲境內外價值鏈造成的間接影響。
CSR	企業社會責任 Corporate Social Responsibility	這是指公司需要在業務行為中展現自身對道德、社會和環境的責任感。
CSRD	《企業永續發展報告指令》 Corporate Sustainability Reporting Directive	這是歐盟委員會補強《非財務報告指令》（NFRD）的結果。該指令要求在歐盟有重大業務的公司需要報告自身在永續發展上的貢獻。
EFRAG	歐洲財務報導諮詢小組 European Financial Reporting Advisory Group	這是一個向歐盟提供會計準則建議的組織，也是《歐洲永續發展報告準則》（ESRS）的發布單位。
EMAS	《生態管理和稽核計畫》 Eco-Management and Audit Scheme	這是一套指引各組織進行自我評估、管理並改善其環境績效的工具。
ESRS	《歐洲永續發展報告準則》 European Sustainability Reporting Standards	這是規範歐盟境內公司進行永續資訊揭露的一套標準，是能具體執行《永續發展報告指令》（CSRD）的重要部分。這套準則強調了「雙重重大性」（Double Materiality）的角色。

名詞縮寫	中英文全名	簡介
ETS	碳權交易系統 Emissions trading system	這是一個基於市場機制買賣碳權的體系，允許公司購買或出售本身的溫室氣體排放許可量。這是目前可以用低成本促成企業減少排放的有效方法。
GRI	全球報告倡議組織 Global Reporting Initiative	這個非營利組織提供了永續發展報告的框架，指導各公司報告自身在 ESG 各方面的影響。
IFRS	《國際財務報導準則》 International Financial Reporting Standards	這是一套由國際會計準則理事會（IASB）制定的會計準則，目前在全球被廣泛使用。
ISSB	國際永續準則委員會 International Sustainability Standards Board	這是根據《國際財務報導準則》（IFRS）所建立的的委員會，為的是要制定一套全球都能適用的永續發展報告標準。
NFRD	《非財務報導指令》 Non-Financial Reporting Directive	這是一項歐盟境內的指令，要求在歐盟有重大業務的公司報告自身的社會影響、環境影響、以及多元化政策。隨後被擴大適用範圍的《企業永續發展報告指令》（CSRD）所取代。
PAI	主要不利衝擊 Principal Adverse Impact	這是指企業在環境、社會或人權等永續發展領域上，可能造成的負面影響。
SASB	永續發展會計準則委員會 Sustainability accounting Standards board	這個非營利組織致力於發布特定行業的永續會計準則，目的是要幫助這些特定產業報告自身的永續發展績效。在 2022 年併入 ISSB。
SFDR	《永續金融揭露規範》 Sustainable Finance Disclosure Regulation	這是一項適用於歐盟的法規，要求所有金融市場參與者都需要揭露他們如何將永續性風險納入投資決策，以此杜絕「漂綠」行為。

名詞縮寫	中英文全名	簡介
TBL	三重盈餘 Triple bottom line	這是一個根據公司的社會、環境和經濟影響，來衡量公司績效的框架。提出了為人熟知的「3個P」影響面向：利潤（Profit）、人類（People）和地球（Planet）。
TCFD	氣候相關財務揭露工作小組 Task Force on Climate-related Financial Disclosures	這個國際倡議組織擬定了氣候相關財務資訊的揭露建議，幫助企業投資人與決策者了解企業本身的金融風險與機會。

ESG 資訊揭露的法規沒有你想像的那麼無趣

　　我知道有些人看到法條就想打哈欠，但是請克制住跳過本章的衝動。雖然法規經常被認為是一個枯燥的話題，但是它們真的很重要。各個類型的組織都不喜歡受到監管，因為監管會帶來成本、合法性和審查流程上的壓力，這些壓力又會影響到組織的資源分配模式。組織很可能將資源都投入到法規要求上，而非業務建設。目前已有許多行業受到嚴格監管，像是需要符合諸多規定才能將新藥推行上市的醫藥業，抑或是需要符合最低準備金要求的金融業。

　　總體而言，法規希望能確保參與人員及組織安全，因此提出相關要求來保護經濟體、市場和消費者。法規可以為市場畫出一條最低標準線，所有想要在市場上競爭的參與者都必須符合這個標準。尤其是在一個新的經濟體系出現時，市場參與者可能對於什麼是「好」、什麼是「壞」並沒有概念，這時法規便可以發揮應有的作用。

　　就永續發展領域而言，正如我們在前幾章所看到的，目前對於什麼是「行業的最佳典範」、什麼叫做「具有優良透明度」，還沒有全

球一致的共識。這對組織來說可能很頭痛，但是如果我們換個方式思考，把法規當作是可以幫助參與者了解新興市場的工具，也許我們就能發現這些法規存在的好處。

要讓市場參與者對日益嚴格的 ESG 法規感到雀躍，這似乎不太現實，但這些法規確實已經在路上了。因此，我們應該將精力放在如何應對這些法規上，而不是抱怨它們的存在。身為商業領袖，你不需要勉強自己歡迎法規的到來，但你需要學會接受它們。

目前，全球幾乎所有司法管轄區都對 ESG 的報告方式提出了強制規範。如第 2 章所述，當組織被歸納進監管範圍時，確保自己有遵守這些要求是組織的基本義務。因為如果違反規定，組織可能會受到很嚴重的實質處罰。除了經濟裁罰外，對商譽等方面的實質影響也不容小覷。我們在第 9 章探討「漂綠」時，會更深入地探討這些外部影響。

所以，組織不能對 ESG 報告掉以輕心，必須深入了解這些報告的要求，並確保組織的營運策略能符合這些規定。然而，除了符合報告規定以外，組織還有另一個嚴峻的挑戰，就是這些規定隨時都可能產生變動。這使得組織很難制定長期的法務計畫，因為這些規定幾乎每年都會有所變化。因此，你需要確保你的團隊隨時保持警惕，定期審視規定並更新相關計畫。

歐盟一直在這個領域中扮演領導者的角色，並持續發揮著重要影響。透過回顧歐盟在 ESG 報告規範上的進展，我們可以大致了解全球法規的起源和未來趨勢。首先，我們會探討歐盟有關 ESG 法規和準則的歷史，並分析這些規範如何演變至今（至少更新至這本書出版時的最新資訊）。這些研究將使我們能夠進行不同深度和廣度的分析，從而更深入理解歐盟的永續法規對全球市場的影響。接著，在下一章中，我們也將進一步研究其他司法管轄區的發展進度，將歐盟的經驗與全

球不同地區的趨勢進行比較，從而提供一個全面的視角來看待全球永續法規的演變和未來方向。

首先，區分清楚「法規」和「準則」之間的差異很重要，因為它們完全不是同一回事。

- 「法規」（regulation）是監管機構或政府當局發布的指示，描述法律執行的具體細節和範圍。法規通常是政府或管理機構通過立法流程訂定的詳細規則，它們具有強制效力，所以會主動套用在適用族群身上。

- 「準則」（standard）則是一種取得共識的做事方式。它會透過為產品、服務或系統提供具體指示或規格要求，來建立一套順暢的運作模式。正確的貫徹一套準則，通常可以確保產品或服務的品質、安全和效率。準則發布單位也可能會直接提供一份參考範本，具體呈現這一套準則的詳細要求。

ESG 資訊揭露的領域一直都在快速變化、發展和實行。無論是法規還是準則，都可能是永續發展道路上的重要介質。

歐盟處於永續法規的先鋒地位

歐盟在永續資訊揭露法規上的發展，讓我們得以一窺全球框架的形塑過程。根據我常年與歐盟委員會與各部門官員的接觸經驗來看，自 2016 年左右，最高層級政策制定者們都開始高度關注永續議題的發展了。

早在這之前，布魯塞爾就在商議建立一個支持永續消費的社會框架（譯註：布魯塞爾不僅為比利時首都，也是歐盟重要機關的所在地）。如今我們所看到的《歐洲綠色政綱》（European Green Deal）的概念，其實也早

在 2016 年之前就已經出現了。我會特別提到 2016 年，是因為這一年也是歐洲政治領袖們，紛紛開始將永續發展視為優先任務的時候。

時過境遷，2022 年 2 月爆發的烏克蘭戰爭為歐洲政策制定者帶來了巨大的壓力，他們需要將心力放在能源危機、人道主義以及難民問題，2020 年代以來逐漸失控的通膨現況也為一般家庭帶來了不小的經濟負擔。2023 年 1 月，歐元區通膨率達 10%，而東歐和波羅的海許多國家的同期通膨率則超過 15%。布魯塞爾的政策制定者們需要盡快找到能夠減輕一般家庭負擔的方案。

在此期間，我走訪了布魯塞爾及歐盟 27 個成員國的首都，發現大家仍然一致認同永續發展是當務之急。然而，歐洲經濟面臨的長期壓力，將不斷挑戰氣候變遷政策的長遠規劃。即便如此，在歐盟主席烏爾蘇拉・馮德萊恩（Ursula von der Leyen）第一個任期內，政策制定機構仍然堅定地尋找全球永續議題的解決方案。歐盟對永續問題的承諾與決心，其實也已經體現在永續發展相關法規和框架的發展過程中。

我們將深入研究這些細節，以更全面了解歐洲在這一領域的立場，並預測即將推行的法規。同時，我們還會探討其他地區如何利用歐洲的監管指南來制定本地計畫。永續數據揭露法規不僅支持以永續發展為重點的政策，也能推動其他相關政策的發展。因此，我們也會關注更廣泛的政策項目，以了解數據在哪些方面發揮作用，以及如何發揮作用。人們常說，法規是歐洲最主要的「特產」。在永續發展領域，這句話可能更貼近現實。

歐洲在永續法規上的發展歷程

那麼，是什麼契機讓歐洲開始著眼於永續發展的法規制定呢？促

使永續金融法規開始發展的關鍵節點可能是歐盟於 2014 年推出的《非財務報導指令》（NFRD）。NFRD 是第一個要求企業說明「非財務」資訊的工具，與財務報告相輔相成。

揭露非財務資訊的這個想法其實已經存在很久了。經濟合作暨發展組織（OECD）在 1976 年發布的《跨國企業指南》，可能就是最早提到非財務資訊的文件。這些非財務資訊，或稱為「永續發展報告」，鼓勵公司以最廣義的定義範圍來揭露環境、社會、經濟和公司治理等營運資訊。這些揭露的目的是使企業的運作更加透明和負責，幫助投資人做出更明智的決策，以此促成永續經濟的誕生。

你可以將資訊揭露的監督行為看做是整個體系的三重盈餘，也就是第 2 章提到過的「3 個 P」。NFRD 雖然不是財務報告，但是顧名思義，運作模式跟財務報告有點像。因為 NFRD 並非源自於歐盟的環境辦公室，而是在 2014 年由歐盟委員會的金融走廊所推出，因此吸引了很多人的注意，可以說 NFRD 從一開始就是為了金融界而設計的。因為這使得金融界可以更好地評估企業的非財務績效和風險。

接下來我們將會回顧歐盟 NFRD 的發展歷程，作為我們看待 ESG 資訊揭露法規進入主流的早期案例。

在我們繼續回顧歐盟在永續法規上的發展歷程之前，我們也需要花點時間了解法規是如何被形塑的。目前這些框架的重要借鏡概念都是「企業社會責任」（CSR）。企業社會責任的概念可以定義為：企業不能只關注自身的財務表現，還應該要考慮到自身對社會、環境以及為所有利害關係人帶來的廣泛影響。企業社會責任鼓勵公司將社會、環境和道德議題納入日常業務的實踐和決策過程當中。

企業社會責任的概念出現於 20 世紀中葉。這是因為人們看到工業化造成了社會與環境的衝擊，為了回應人們的擔憂並促使企業發揮穩

定社會的作用而出現的概念。這個概念的出現，挑戰了公司存在的目的，也就是一般認為的股東價值最大化。

著名的經濟學家米爾頓・傅利曼（Milton Friedman）曾發表了一個著名的觀點：「企業唯一的社會責任，就是在遵守法律的前提下增加利潤。」這裡並不是要說企業原本的運作機制應該被顛覆，正如我們在第 2 章中討論過的雙重重大性一樣，這些社會責任同時也在影響著企業的盈利能力。

管理者的主要義務仍然是要維護企業所有者能獲得的利益，但企業社會責任使我們能夠以更全面的視角來看待組織與周邊環境的關係，進一步理解這種關係對企業的營運會產生什麼影響。企業社會責任之所以開始流行，就是因為它為企業帶來了一些具體的好處，有助於企業的長期成功和競爭力。

企業社會責任（CSR）只「勾選完成」就夠了？

有人認為企業社會責任只是為了能在檢查表中打勾，對組織沒有實質的好處，頂多是讓企業看起來做了一些好事。因此，某些組織只是想把待辦清單「勾選完成」，而不是真心地想改變核心業務的影響力。

這種看法的出現有很多原因，但如何衡量績效無疑是最大的阻礙。正如之前提過的，ESG 相關指標的數量和品質，還無法滿足大眾的期望，早期的指標也定義的很隨興。反過來說，組織也很難了解蒐集和報告這些數據的價值與目的，只會認為這些要求是非必要的負擔。對於這些法規，他們只是囫圇吞棗的滿足最低要求，而不是真正理解法律背後所要傳達的精神。不過，我們接下來就會講述目前

的現象，也就是市場已經開始感受到這些數據帶來的實質好處。企業可以透過 ESG 資訊揭露報告，展現自己在永續發展上優於同行的表現。金融領域同樣也在追隨著這個企業社會責任的趨勢。

企業永續資訊揭露法規的出現是因為企業社會責任日益受到大眾的重視，而企業的所有利害關係人也希望能獲得相關資訊：監管單位和立法單位都需要了解組織的運作方式；投資人開始認為這些數據提供了有價值的見解；高階主管也發現這是一個可以向潛在客戶、合作夥伴和員工展現組織形象的好方法。

最早的非財務報告是由各組織自願提供的。這些非財務報告之所以會被組織所採納，是因為他們提倡的做法很明顯能在商業實踐中帶來實質效益。「Doing well by doing good」這句標語正好總結了這種理念。企業可以透過負責任的行為來實現雙贏，既能做好事，又能展現自身的優良表現。但是這些永續資訊揭露法規的適用趨勢，已經明顯從「建議提供」轉變為「必須提供」了。

讓我們回到 2014 年歐盟剛開始實施《非財務報導指令》（NFRD）法規的時期。NFRD 清楚地展示了非財務資訊的揭露從「建議提供」（包裝在企業社會責任中）到「必須提供」（已有相關法規）的轉變過程。NFRD 在 2018 年開始，強制要求大型公司需要進行非財務揭露，並持續拓展適用範圍，期望將此套規範套用至更多公司。

為了保持在 ESG 資訊揭露領域的領先地位，歐盟正積極將永續發展融入更廣泛的法規體系，而不僅僅局限於財務揭露。歐盟展示的永續監管趨勢顯示，與永續目標相關的框架範圍將不斷擴大，願景也會變得更加宏大。

例如，NFRD 現已納入《歐洲綠色政綱》中。《歐洲綠色政綱》

是為了讓歐盟能在 2050 年成為世界上第一個實現碳中和的經濟體而訂定的綜合計畫。這個計畫不僅延續了 NFRD 的目標和方法,還引入了一系列大膽的經濟脫碳舉措,從政策面和商業面大力推動潔淨能源的應用與環境保護。這展示了目前法規發展的一個新趨勢:在制定法規的同時,提供詳細的政策支撐,確保每個步驟都能順利實施。這樣的策略不僅可以應對氣候變遷的挑戰,還能積極改善相關的社會和經濟問題。

在整個社會中,ESG 問題如同連鎖反應,彼此影響。因此,監管機構在制定對策時,必須考慮這些相互作用的特質,制定針對性強且具備遠見的政策來解決這些複雜的挑戰。

抽絲剝繭:以黃背心運動(Gilet Jaune)為例

「黃背心運動」(原文為法語,Gilet Jaune)是 2018 年 11 月從法國開始發起的一系列示威活動。這個運動以抗議者穿著黃色背心而聞名,試圖以引人注目的服裝表達抗議者的不滿。

會發起這項抗議運動的原因是法國政府提議要調漲燃料稅。政府的理由是,這項稅收措施可以促進經濟的綠色轉型,並減少碳排放;然而,反對者認為,這項措施會對農村和工人階級造成相當沈重的負擔,因為他們不得不依賴私人車輛執行日常工作,燃油稅的上漲也會直接影響他們的生計。這項燃油稅不僅僅是一個無形的稅收措施,而是一個真真切切讓人們感到基本生存權利受到威脅的議題。隨著抗議運動的發展,討論的範圍迅速擴展到經濟不平等和社會不公義等更廣泛的議題,這也是為什麼這場抗議運動能夠迅速擴大並引起共鳴的原因。

黃背心運動很直接的表現了環境、社會、經濟和家庭之間的交互影響關係。從表面上看，提高燃油稅似乎可以有效解決自用客車製造的排放問題。但是，正如抗議者所提出的論點，這項措施會對那些公共交通並不普及的區域，或是在經濟上處於邊緣地位的群體產生不成比例的影響。由此可見，環境效益時常會與社會和經濟利益背道而馳。監管機構似乎已經意識到各項因素交互作用的複雜性，因此，最近框架的制定也開始廣納更多元的觀點。

就像我們在黃背心運動裡看到的情況一樣，《歐洲綠色政綱》不僅關注環境問題，還特別考慮到與之並存的社會、經濟與平等問題。力求在解決氣候變遷的同時，也兼顧到社會各階層的福祉。

　　正如我們在下面的解釋區塊中所要探討的，根據《歐洲綠色政綱》，歐盟制定了一個名為《歐盟永續分類法》的系統。在制定永續框架的過程中，歐盟需要一套受到各界認可的命名系統，作為制定規則的基礎。如果沒有建立一套普世的定義方法，歐盟企圖發展的永續法規將會難以實施和管理。

　　這套歐盟永續分類法也是歐盟在永續金融領域的重要戰略之一。訂定這些永續法規的主要目標是引導私人資金和公共資源，鼓勵它們投入永續專案及相關企業，並推動低碳、氣候調適和資源節約的經濟轉型。歐盟永續分類法能確保各界在定義永續性時，能使用統一的語言和標準進行討論（更多有關分類法的詳細資訊請參閱第 5 章）。

關於歐盟永續分類法

在歐盟委任的技術專家團體（Technical High Level Expert Group，TEG）的支持下，經過緊鑼密鼓的開發期，最終於 2020 年 6 月正式發布了《歐盟永續分類法》。這一套分類法提供了詳細且範圍廣泛的定義內容，其中也包括了將核能和天然氣列為綠色能源的爭議性內容，這在歐洲和全球金融市場都掀起了熱烈討論。

建立《歐盟永續分類法》的理念是希望成為全球的黃金標準，並且盡快獲得歐洲議會和監管機構的批准，成為歐盟各成員國所施行的法規之一。不過截至本書出版時這個願景仍尚未實現（譯註：自 2024 年 1 月 1 日開始，歐盟已開始要求成員國裡的金融機構根據《歐盟永續分類法》報告綠色資產比例）。

為何如此？因為目前仍有許多棘手的問題尚未解決。首先，歐盟是一個特別的組織，要推動像《歐盟永續分類法》這類的規範，需要 27 個成員國的一致批准才能立法。然而，成員國在永續發展議題上的看法並不一致。尤其在經歷了新冠疫情（Covid-19）和 2022 年的烏克蘭戰爭後，全球各地面臨不同程度的經濟壓力，各國也亟需重整資源，因此在維護自身利益上更加謹慎。在這種背景下，要讓所有成員國接受這套分類法，所需的談判過程就變得極具挑戰性。

《歐盟永續分類法》明確訂定了以下 6 個環境目標：

1. **氣候變遷的延緩策略**：減少溫室氣體的排放，或加大溫室氣體的清理強度。
2. **氣候變遷的調適方案**：減少氣候變遷所帶來的負面影響，並增強地球抵禦氣候變遷的能力。

3. **水資源及海洋資源的永續方案**：保護或還原水資源及海洋生態系統的永續行動。

4. **轉向循環經濟的轉型策略**：廢棄物減量、回收和再利用的永續行動。

5. **汙染的預防和控制**：預防或減少任何可能危害環境和人類健康的永續行動。

6. **恢復生物多樣性及保育生態系統**：保護、保存或加強生物多樣性及生態系統的永續行動。

作為一個具有遠大理想的永續發展分類標準，歐盟永續分類法非常值得我們密切關注它的發展進度。

不斷前進的歐洲：讓我們迎接全新改版的《非財務報導指令》（NFRD）

從 NFRD 作為世界上第一個永續金融法規開始，到它成為歐盟金融體系中的強制規定，NFRD 這個名稱似乎將在永續金融領域長存。正如我們之前提過的，歐洲在永續金融監管這方面一直是世界先鋒。因此，歐盟認為 NFRD 還不夠完善也就不足為奇了。此時，《企業永續發展報告指令》（CSRD）誕生了，它以更全面的規定取代了先前的 NFRD。

CSRD 是歐盟委員會所制定的法規，針對現有的 NFRD 進行修訂和擴展，是先前 NFRD 法規的重大更新。根據 CSRD 的指令，歐盟境內有更多大型公司、已上市的中小企業，現在都必須提供永續報告。這涵蓋了大約 50,000 家公司。

CSRD 於 2023 年 1 月 5 日正式通過。從 2024 年開始，第一批受到

監管的公司就必須遵守這些新規則，並且將於 2025 年發布第一份永續報告。CSRD 期望能促進企業公開對人類和環境的影響，打造透明度充足的企業文化。

根據 CSRD 的指示，公司必須遵守《歐洲永續發展報告準則》（ESRS），而這個準則的草案是由不同利害關係人群體所組成的獨立機構「歐洲財務報告諮詢小組」（EFRAG）所制定。繼 EFRAG 於 2022 年 11 月發布了標準草案後，歐盟委員會預計將在 2023 年中正式採納（譯註：歐盟委員會於 2023 年 7 月 31 日正式採納），並實施由 EFRAG 制定的第一套永續報告標準（即 ESRS 準則）。ESRS 準則將與歐盟所推行的相關政策保持一致，並努力對全球的法規標準化做出貢獻。

CSRD 也要求各公司對自身提交的永續發展報告進行審查與驗證。從中長期來看，這項指令預計會透過數據的標準化、資訊的數位化以及報告流程的簡化來降低公司的報告成本。

這邊要再次提醒一下，EFRAG 是建立《歐洲永續發展報告準則》的機構，而企業 CSRD 則是這一切賴以推動的法律框架。這些名詞的定義相互關聯但也需要區分清楚，你才能正確的理解組織該如何訂定治理策略。你的組織若想要遵守 CSRD 的規範，你就隨時了解 EFRAG 的最新動態，因為 EFRAG 會為企業提供清晰的指引，幫助企業理解如何使永續資訊揭露報告吻合法規要求。

還有，當我們要看待 ESG 數據在法規中的發展時，我們也需要特別注意 CSRD 所引導的趨勢。NFRD 在最一開始實施時，主要針對的是歐盟的大型上市公司，而 CSRD 則擴大了永續資訊揭露法規的適用範圍，更多的企業開始被要求遵守法規。根據已公開的計畫，CSRD 及其後頒布的法規都將會持續擴大適用範圍，以涵蓋更多的組織。

作為領導者，你應該可以從中得到一些啟發：即使你今天沒有被

法規強制要求執行 ESG 資訊揭露報告，你也隨時可能會面臨到這個處境。

小提醒

我們會先檢視歐洲的規定，是因為目前歐洲還是永續發展法規領域上的領先者。但是我也必須說明，在 EFRAG 建立《歐洲永續發展報告準則》（ESRS）的同時，全球各地還有很多組織正在創建相關揭露標準。

其中，國際永續發展準則委員會（ISSB）就是一個重要的標準制定組織。他們致力於制定一套全球通用的 ESG 資訊揭露標準，並於 2023 年 6 月發布了他們的第一套標準。關於這部分，我們會在下一章仔細探討。

總部不在歐盟境內，需要了解歐洲的立法情況嗎？

如果我們將歐洲在法規上的超前部署視為氣候及永續領域的標竿，那麼無論你的總部位於何處，歐盟的法規總有一天會影響到你的組織。歐洲早期的永續發展法規也可以作為其他司法管轄區的發展路線圖，或至少能從中得到啟發。這應該會讓你開始對歐洲的情況產生一點興趣。

更重要的是，歐洲的永續發展法規正在漸漸影響那些總部位於其他地方、但是正在歐盟開展業務的公司。我們將具體說明其中兩項法規的影響：《永續發展報告指令》（CSRD）和《企業永續發展盡職調查指示》（CSDDD）。

我們剛才已經介紹過 CSRD 了，它主要是針對在歐盟境內註冊的

公司。然而，它也可能會影響在歐盟境內開展業務的非歐盟公司。根據 CSRD 的規範，非歐盟公司本身將不會直接受到法規的約束，但是在這些公司擁有歐盟子公司的情況下，就會受到歐盟法規的牽制。這也將會是 CSRD 的域外管轄權延伸之處。

在我撰寫本書時的規定是，如果這些非歐盟組織的子公司是大型組織，或在歐盟市場內有適用的監管條例，則這家子公司就需要遵守 CSRD 的標準。在這種情況下，非歐盟母公司需要確保歐盟子公司擁有合格的管理系統，有能力按照 CSRD 的規定進行 ESG 數據的蒐集、管理和報告。此外，母公司也需要協助子公司調整自身的治理結構、風險管理流程和內部控制流程，才能符合最新的永續揭露法規要求。

實際上，CSRD 對非歐盟公司的間接影響可能會改變這些公司的營運模式。即使它們不直接被 CSRD 所約束，組織內部還是會傾向採用更一致且全面的 ESG 報告系統。在所有設有業務據點的國家中建立這種高效且具可比性的報告系統，對於組織的管理來說也是一件好事。

隨著 ESG 資訊揭露逐漸朝強制性和標準化的方向發展，企業應該及早準備應對方案，而非等到法規生效後才行動。在內部實施一致的流程，將幫助非歐盟公司跟上全球 ESG 趨勢，並符合這些揭露要求。這樣的內部整合不僅能確保公司滿足投資人和其他利害關係人的期望，也能有效降低新法規帶來的衝擊。

另一個我們要介紹的指令是歐洲議會於 2023 年 6 月批准的《企業永續發展盡職調查指令》（CSDDD）。CSDDD 因其廣泛的影響力在國際社會引起了巨大的迴響，是個非常值得關注的法令。不過它還需要經過層層協商的過程，因此預計最快也要到 2024 年才會正式通過（譯註：歐盟已於 2024 年 7 月 25 日正式通過）。待這條法令通過後，歐洲成員國將有兩年時間能將 CSDDD 納入國家立法。現在讓我們深入了解 CSDDD

這個最適合用來瀏覽永續法規的工具。

CSDDD 的主要目標是要增強企業在永續發展議題上的責任感和透明度。它鼓勵企業在整個供應鏈中進行全面的盡職調查，以識別企業活動對環境、人權和社會方面的潛在不利影響，並及時提出解決方案。透過鼓勵負責任的商業行為，歐盟希望打造一個永續且正義的商業環境，促進長期價值的創造，同時降低因不負責任行為而導致的聲譽損失及營運風險。

CSDDD 的要求適用於眾多不同類型和規模的組織。表 7.2 所列即為不同類型的組織是否適用 CSDDD 的判斷標準。

表 7.2　企業永續發展盡職調查指令（CSDDD）的適用標準

公司簡介	全球淨收入	職員規模
歐盟公司	> 4,000 萬歐元	> 250 名員工
歐盟公司，旗下有非歐盟子公司	> 1.5 億歐元	> 500 名員工
非歐盟公司，業務活動涉及歐盟區	> 1.5 億歐元（至少要有 4,000 萬歐元來自歐盟內部）	沒有相關規定
非歐盟公司，旗下有歐盟子公司	> 1.5 億歐元（其中至少要有 4,000 萬歐元來自歐盟內部）	> 500 名員工

CSDDD 最顯著的特徵之一就是它的域外管轄權。從表 7.2 我們可以看出，這個指令不僅適用於總部位於歐盟境內的公司，也適用於在歐盟市場內進行業務活動的非歐盟公司。歐盟認為管轄權的擴大非常重要，因為這能確保在歐盟境內營運的跨國公司，同樣遵守與歐盟公司相同的永續發展標準。這對國際企業影響重大，因為遵守 CSDDD

就會成為進入歐盟市場的先決條件。

因此，即便是總部位於歐盟以外的企業，也必須密切關注歐洲的法規變化，像是《永續發展報告指令》（CSRD）和《企業永續發展盡職調查指令》（CSDDD）等，以便及早準備應對方案。

投資價值鏈上游也有資訊揭露的責任：
以資產管理人為例

我們現在都清楚了解歐洲在推動企業永續資訊揭露方面的堅定立場，這可以從《非財務報導指令》（NFRD）、《永續發展報告指令》（CSRD）、《企業永續發展盡職調查指令》（CSDDD）及未來計畫的演變中得到證明。這些關於資訊揭露的努力不僅限於組織層面；在歐盟，這種要求也擴展到了投資層面。這意味著管理他人資金的金融服務公司，也要開始背負永續資訊揭露的責任。

這些金融服務公司有許多不同的稱呼：基金經理人、資產經理人、投資組合經理人等。為了簡單起見，我們將這些「蒐集客戶資金並集中進行投資規劃，分配給各類投資（例如股票、債券、貨幣等）」的公司統稱為「資產管理人」。

現在資產管理人也需要揭露投資組合中的永續數據，這就為 ESG 數據建立了一條價值鏈。ESG 數據在基金管理領域開始發揮作用，使得基金管理人需要公開旗下基金是否符合「永續」或「綠色」的定義。這項對資產管理公司的要求也將影響到單一企業下的領導者。因為資產管理公司所揭露的投資組合資料，都會從這些投資組合中的公司進行蒐集。

因此，如果資產管理公司有一套用以指導投資決策的永續標準，

而你的企業卻未能提供滿足這一套標準的 ESG 數據，那你很可能就無法從這一家資產管理公司獲得投資。這可能會對你企業的未來發展和整體營運穩健性產生直接影響。

根據《歐洲綠色政綱》，資產管理公司必須遵守 2021 年生效的《永續金融揭露規範》（SFDR）。SFDR 要求全球金融機構和財務顧問必須揭露金融產品的永續資訊，達到提高透明度和標準化的目的。有了這些清晰一致且可比較的 ESG 數據，金融產品購買者就能根據這些資訊做出更好的投資決策。

而這些永續資訊都是來自於各資產管理公司所投資的企業，也就是說，你的組織很有可能是其中一員。

適用於資產管理人的 SFDR 關鍵要素包括：

- **投資決策的資訊揭露**：資產管理單位必須公開他們，如何將永續發展的風險評估納入投資的決策流程當中。他們也需要揭露自身的投資決策，會對環境和社會帶來什麼潛在負面影響。

- **薪酬制度的透明化**：SFDR要求資產管理單位提供薪酬制度，如何與永續發展表現掛鉤的相關資訊。

- **產品層面的資訊揭露**：對於聲稱支持環境保護或社會責任的金融產品，SFDR提出了額外的資訊揭露要求。這些金融產品必須詳細說明產品，如何實現所宣稱的環境或社會目標，並且必須使用明確的方法來評估、衡量和監測該產品的永續影響。

- **主要不利衝擊（PAI）報告**：大型組織（這裡的定義是擁有超過500名員工）需要報告其投資決策對於永續發展的主要不利衝擊。這涉及了氣候變遷、環境退化、社會問題和公司治理相關的指標資訊。

你可能會認為,如果你的公司不需要向歐盟境內的永續投資機構尋求資金,那麼 SFDR 就與你無關。然而,正如我們在前面的章節中所看到的,只要你想從任何受到歐盟監管的投資人手中取得資金,這些應用在基金上的永續發展法規也將成為你要面對的問題。

此外,我們也看到了實施《歐洲綠色政綱》的其他實施領域中,原本的適用範圍逐漸擴大,許多原先自願型的建議也逐漸演變為強制規範。同樣的情況也可能發生在資產管理公司的永續發展數據報告上。隨著法規的要求涵蓋了更多資產管理公司,投資組合下的公司也隨之需要提供更詳細的 ESG 數據,那麼就有可能會影響你從這些資產管理公司獲得資本的能力。

SFDR 也可能在全球其他司法管轄區催生類似的永續法規。在我撰寫本文時,英國的金融行為監理總署(Financial Conduct Authority,FCA)正在就這個主題進行討論與規劃。

ESG 投資市場有大到值得我重視嗎?

根據全球永續投資聯盟(Global Sustainable Investment Alliance,GSIA)對 ESG 投資的研究中發現,從 2016 年至 2018 年間,全球的 5 個主要市場(美國、歐盟、加拿大、日本、澳洲與紐西蘭)永續資產管理率平均成長了 38%(GSIA,2018)。

此外,普華永道(PwC)對 2022 年的預測顯示,2021 年至 2026 年間,美國以 ESG 為導向的投資成長率將超過 100%(從 4.5 兆美元增加至 10.5 兆美元)(PwC,2022)。歐洲也有相似的趨勢,光是 2021 年的永續投資金額就成長了 172%,到了 2026 年可能會再成長 53%,

達到 19.6 兆美元。而亞太地區的永續發展基金規模則預計在 2026 年增加到兩倍以上，達到 3.3 兆美元。

就如這些報告所示，ESG 投資的成長率明顯超過整個市場的成長率。帶有 ESG 考量的投資資金正逐漸擴大它的影響力。想要利用這些資金成長的組織就必須要好好研究《永續金融揭露規範》（SFDR）提供的永續投資分類。

SFDR 根據基金與永續實踐的相關程度分為 6 類：第 6 條、第 8 條和第 9 條基金。

SFDR 中第 6 條規定的基金類型代表了符合法規的最基本層級。這些基金並沒有明確宣傳本身的 ESG 特色，或聲明具體的永續發展目標。但是他們仍然會受到某些揭露法規的約束，例如，他們需要明確說明如何將永續發展風險納入投資決策的過程當中。他們也需要揭露這些投資決策可能在永續層面產生的任何潛在負面影響。

相比之下，其他兩種基金類型就有比較明確的 ESG 傾向。SFDR 中第 8 條規定的基金類型著重於 ESG 的推廣，而第 9 條規定的基金則有具體的永續投資目標。在 SFDR 的框架下，這兩種基金類型都需要遵守額外的揭露要求，以便為投資人提供更多永續發展層面的重要資訊及影響範圍。

SFDR 中第 8 條規定的基金類型提倡企業的環境或社會責任，但是並沒有真正地將永續投資作為主要目標。他們會將 ESG 的不同影響層面納入投資評估流程，並採用特定的 ESG 標準、行業內認可的標準做法或其他永續發展基準。

第 8 條基金不一定有將目標放在特定的永續成果上，不過第 9 條基金就有明確的永續投資目標了。第 9 條基金的目標是要為環境或社會帶來積極正面的影響，達到聯合國永續發展目標（UN SDGs）或歐

盟永續經濟活動分類規則（EU Taxonomy regulation）所設定的目標，例如減緩氣候變遷或提出調節方案。與第 8 條基金相比，第 9 條基金在永續發展上通常具有更遠大的抱負。

有鑑於 ESG 在投資領域的成長，人們也漸漸開始提高對第 8 條基金和第 9 條基金的需求。然而，這些基金的數量實際上可能正在減少。這看起來不合常理，因為它違反了基本的供需原則。但這就是法規實施時最直接造成的負面影響，也就是「違規風險」。

會造成第 8 條基金和第 9 條基金數量減少的原因之一，就是因為要從投資組合的公司中獲得準確、一致和可靠的 ESG 數據並不容易。為了遵守 SFDR 的揭露要求，基金經理人會要求投資組合內的公司提交詳細且經過標準化的 ESG 數據。這裡我們就能看到好幾個不同的阻礙，包括如何讓不同公司產出「一致」且「標準化」的數據，接踵而至的還有資料品質和覆蓋範圍的問題。

滿足永續規範的要求充滿了許多障礙，若企業能擁有合格 ESG 資料庫，那麼這家企業就能受益於不斷增長的永續投資需求。透過透明、一致和標準化報告來展示 ESG 績效的公司，就更有可能吸引第 8 條基金及第 9 條基金的投資。這些投資需求的趨勢十分強勁，若你能幫助潛在投資人建立一套符合永續標準的投資組合，將能為你的投資機構帶來龐大的收益。

以上這些法規的演變及投資的趨勢都清楚地顯示，早期那些模糊、自由定義、自願提交的規定，已經逐漸演變成如今廣泛適用且明確定義的工具。這個趨勢的前進方向很明確：要確保投資的穩定性，ESG 資訊揭露就變得越來越重要。能在這方面展示實力的組織，就能在未來的商業版圖上占有一席之地。

歐盟法規：我們要做的不只是 ESG 資訊揭露

回歸到本書的主題，我們要了解永續發展數據及 ESG 數據，如何在公司董事會和高層管理團隊的決策中發揮作用，而掌握揭露法規又是其中的關鍵。不過，歐盟自詡為全球永續發展法規的領導者，不僅訂有資訊揭露法規，還制定了其他值得企業領導者注意的重要法規，這些法規也在暗示著未來 ESG 法規的發展方向。

將法規對業務的影響納入決策當中，你就更能掌握如何蒐集和揭露數據，並有策略地將這些數據應用在你需要的地方上。透過對 ESG 資料採用「一次寫入，多次讀取」的方式來提高效能，將會為你帶來優勢。這意味著，你可以一次準備和記錄所需的數據，然後在不同的報告和用途中多次使用這些數據。這樣的做法不僅節省了時間和成本，還能確保數據的一致性和準確性，讓你能更靈活地回應不同的法規要求和投資人需求。

如果你是 ESG 專家培育員、ESG 專業服務員或 ESG 資深生產者，你可以利用過往的經驗來推廣這些資料集的好處，特別是對永續法規範圍內的企業發揮影響力。監管機構及其生態系統可能不完全了解數據揭露的成本及其運作的複雜性。透過分享你的專業知識，你可以推動法規的制定更符合企業實際運作的需求，進而促進法規對數據需求的調整。讓法規對數據的要求為你服務，聚焦在你較容易取得的特定數據。

除了揭露報告外，《歐洲綠色政綱》也包含了一系列影響企業營運的非報告性法規，我們在《企業永續發展盡職調查指令》（CSDDD）中也看到了這方面的規定。這些法規的複雜性源自於歐盟對全球解決方案的迫切需求，因為永續發展所面臨的挑戰跨越國界，需要國際協力一起應對。這正是由於這些跨國挑戰的存在，歐盟正在努力制定和實施相

關法規，並為企業設定標準，確保所有參與者都要遵守同樣的規則。

防堵永續套利

在目前經濟體系已然邁向全球化的情勢當中，實施嚴格法規的地區有時會使登記在本地的公司處於不利的地位。為了降低這種風險，我們可以透過稅收或附加條件作為進口產品的監管方式，用以創造公平的競爭環境。

就永續發展領域而言，實施這些進口管制還有一個額外的優勢。大多數的法規只能影響立法管轄範圍內的組織，但是透過這種方式，政策就能影響進入該區域的任何商品及服務，迫使它們採用相同的標準，監管機構就能以此實現法規的域外影響力。這對於限制氣候惡化的全球目標來說，這就會是一個好的影響。

儘管域外管轄權存在一些爭議，但是在民族自決的原則下，當地政府絕對有權利這麼做。不過，我們還是希望能推行一套全球通用的法規框架，藉以達成全球共同目標。

讓我舉一個例子來說明什麼是「永續套利」（sustainability arbitrage），以及為什麼我們應該採納「碳邊境稅」等措施，來防止企業取得不公平的競爭優勢。

現在有一家位於義大利的電子設備生產商，它必須遵守歐盟的永續法規；而另外一家總部位於土耳其的公司，它則不用遵守歐盟法律的相關要求。這一家土耳其公司就可以選擇採用高碳排放、蔑視勞工權益的製造流程，以此降低生產成本及其他遵守法規所需要付出的成本。如果這家土耳其公司在義大利（或歐盟其他任何地方）銷售商品，雖然它的永續貢獻度很低，但是它卻能以較低的價格銷售產品。倘若

這兩家公司本來具有同等的競爭力，那麼這樣的成本差異就可能為土耳其公司帶來更多競爭上的優勢。

這就會造成義大利公司考慮搬遷到土耳其或其他永續標準低於義大利的地方設廠，進而威脅到義大利及歐盟經濟體系的穩定性。這就形成了一種道德困境，變相鼓勵產業向環保標準較低的地區遷移，也就是所謂的「碳洩漏」（carbon leakage）。這不僅對於解決全球氣候挑戰沒有幫助，甚至可能加劇問題。當然，若有一家企業能滿足歐盟的超高標準，也可以變成企業的賣點。

在這樣的情況下，實施邊境調整機制才能創造公平的永續發展環境。這不僅有助於維持健康的競爭體系，同時保護地球和社會環境。而歐盟對此採用的措施就是「碳邊境調整機制」（Carbon Border Adjustment Mechanism，以下簡稱 CBAM）。

歐洲及其他地方的碳邊境調整機制

CBAM 是由歐盟委員會所制定的政策，並於 2023 年 10 月 1 日開始逐步推行。首當其衝的適用對象是碳排放密集或碳洩漏風險較高的商品與原材料，這些產品包括：水泥、鋼鐵、鋁、化肥、電力和氫氣。如果你在其中的任何一個產業與歐盟有業務往來，並且會將產品進口到歐盟境內，那麼你就必須了解 CBAM 會對你的業務產生什麼影響，特別是在稅捐和法規方面的影響。

在歐盟全面實施 CBAM 之後，預計將能補捉到碳權交易系統（ETS）中 50% 以上的排放量。我們在第 5 章已經概述過 ETS 系統了，這裡就不再贅述。設立 CBAM 的動機是為了解決碳洩漏的風險，並確保歐盟的 ETS 系統內能擁有公平的競爭環境。

為此，CBAM 針對那些氣候政策較為寬鬆的國家，若要進口商品

到歐盟內，就需要被徵收碳排放相關費用。這個費用是以這些商品生產過程中會製造出來的排放量作為計算基準，以此平衡歐盟及非歐盟生產商之間的競爭條件。透過引入這項機制，歐盟嘗試以更積極的態度來解決碳洩漏的問題。這項規定的實施也再次顯示氣候監管的範圍和複雜性正在不斷擴大。

CBAM 的另一個目標是激勵非歐盟國家採取更具有企圖心的氣候政策。透過對進口商品徵收碳排放相關費用的機制，鼓勵境外製造商減少溫室氣體排放，才能保持在歐盟市場的競爭力。

CBAM 透過將適用範圍拓展到進口商品，進一步延伸了歐盟現有排放交易體系的影響範圍。因此，無論是在歐盟內部還是外部營運的公司，都必須做好準備，以適應不斷變化的監管環境。CBAM 這類工具將直接影響到大多數公司的營運模式，並要求這些組織進行資訊揭露，以證明自身有遵守相關法規。

在我撰寫本書之時，加拿大、英國和美國都已經開始大力支持CBAM 等行動，立法者也紛紛提出相關方案。在美國，雖然目前還沒有類似於 CBAM 的聯邦級政策，但有一些州已經開始實施自己制定的方案。

理想家園加州

加州的碳權交易系統（ETS）成立於 2006 年，目前與加州的碳排放總量管制與交易系統協同運作，運作基本標準為：每年排放 25,000公噸二氧化碳當量的組織必須受到總量管制與交易系統的監管。而加州總共有超過 450 家這種規模的公司，而它們所製造的溫室氣體，約占加州總排放量的 85%。加州實施總量管制與交易體系後，成果十分顯著：初始目標是要在 2020 年將溫室氣體排放量降至 1990 年

的水準，不過加州在 2016 年就實現了這個目標！

此外，加州也試圖降低永續套利的情況，並採取了碳邊境調整措施。所有進入到加州的電力，即便來自不受碳交易規範的地區，也需承擔相應的碳排放成本。具體而言，如果某些電力來自加州以外的地區，而這些地區並未與加州的碳權交易體系掛鉤，那麼進口這些電力的供應商需承擔相應的碳排放責任。這表明加州在應對氣候變遷問題方面的積極態度。

　　相較於這些碳邊境稅以懲罰的形式鼓勵減排，我們也可以採取激勵措施，來鼓勵那些積極降低碳排放的組織。美國於 2022 年通過的《降低通膨法案》（Inflation Reduction Act，以下簡稱 IRA）就是一個典型的例子。IRA 法案為組織、投資人和消費者提供直接的減稅優惠，推進美國整體的潔淨能源轉型進度，此外也提供了補助金和津貼，支持與環保相關的各種應用和技術發展。

　　IRA 法案 2023 年在美國正式生效後，大大提升了美國作為綠色商業和綠色投資地區的吸引力，結果導致許多外國企業紛紛選擇進入美國市場。這就迫使其他地區政府開始考慮如何制定類似的激勵措施，藉以留下本國企業並吸引綠色新創企業進駐。

　　在這種趨勢下，各組織需要開始思考如何提供 CBAM 所需的相關數據，並且了解這些數據將如何影響自身的業務營運。如果自家商品在 CBAM 的涵蓋範圍內，那麼組織就需要提供更詳細的 ESG 數據紀錄。就像我們在這一章節討論過的法規發展和立法趨勢一樣，組織需要更仔細地追蹤營運過程的各個面向，還需要留下完善的數據紀錄以滿足法規的要求。

　　那些沒有跟上趨勢的組織，就會面臨許多額外的成本支出。除了

會因為違規而受到法律的制裁外，在採用 CBAM 的地區也會喪失競爭力。企業能否緊跟市場的步伐，關鍵在於建立起一個可靠的 ESG 資訊系統，才能證明企業的營運符合 ESG 原則。

歐盟循環經濟行動計畫

你可能已經很熟悉循環經濟的概念。根據致力於促進循環經濟的慈善機構，艾倫·麥克阿瑟基金會（Ellen MacArthur Foundation）的解釋，循環經濟的定義如下：

循環經濟是一種系統性的經濟發展策略，它能夠造福企業、社會和環境。與「採集後製造，製造後丟棄」的線性模型不同，循環經濟的設計是價值鏈中的所有物質都可以再利用，逐步將經濟成長與資源的消耗脫鉤。（Ellen MacArthur Foundation, nd）

資源利用的閉環系統

循環經濟期待將傳統線性的經濟模式，轉向更永續、更節約資源的經濟模式。前者通常被稱為「採集後製造，製造後丟棄」的線性模型，高度依賴資源的開採與製造，同時，會在製造過程中產生大量的廢棄物。相較之下，循環經濟的設計重點是要盡可能減少廢棄物和汙染，保持產品和材料的長期可用性，並且恢復自然生態系統的再生能力。循環經濟可以促進資源的再利用、再製造或回收，形成資源利用的閉環系統，減少自然資源的消耗，最大限度地降低了對環境的傷害。

循環經濟的概念深根於各種思想流派和學科之中，包括工業生態學、再生設計學，以及「從搖籃到搖籃」（cradle-to-cradle）的理念。

這個概念是在 20 世紀末，隨著幾部重要著作發表後才為人所熟知。其中最具影響力的著作就是《從搖籃到搖籃：綠色經濟的設計提案》（Cradle to Cradle: Remaking the way we make things）。作者威廉‧麥唐諾（William McDonough）及麥克‧布朗嘉（Michael Braungart）主張，我們應該要設計能減少浪費且能在閉環中運作的產品和系統（McDonough and Braungart，2002）。

為了推動循環經濟的落實，全球各地的組織和機構也在積極參與並推廣這一理念。其中，艾倫‧麥克阿瑟基金會就是推動循環經濟的重要力量之一。該基金會專注於普及循環經濟的概念，並致力於展示循環經濟在實現經濟繁榮與環境永續發展方面的潛力。

英國發明家兼企業家阿瑟‧凱萊（Arthur Kay）是將循環經濟理念付諸實踐的典範之一。他創辦的公司 Bio-Bean 利用創新技術，將廢棄的咖啡渣轉化為可燃材料，這些材料可用於發電、公共交通供電以及家庭供暖。凱萊透過為廢棄物找到新用途，不僅創造了經濟價值，還減少了垃圾掩埋量和二氧化碳排放。

循環經濟的概念不僅適用於廢棄物的再利用，還適用於日常用品如服裝、家具和電子產品等領域。目前，已有許多企業和個人在這些領域進行創新研發，探索如何延長產品的生命週期，並減少對環境的負面影響。

這些實踐例子展示了循環經濟的巨大潛力。面對資源稀缺、環境退化和氣候變遷等全球性挑戰，循環經濟提供了一條解決之道。這種經濟模式不僅有助於保護環境，還能激發創新、促進經濟增長和創造就業機會。因此，循環經濟日益受到政府、企業和學術界的重視與推廣，成為未來經濟發展的重要方向。

　　歐盟已經張開雙手擁抱循環經濟的概念，並將其視為永續發展的重要途徑。正如我們在前面所看到的，歐盟不僅對企業的策略和計畫進行監管，還鼓勵企業將循環經濟理念融入其營運模式之中。循環經濟因此在《歐洲綠色政綱》中成為一個核心元素。

　　具體而言，歐盟推出了《循環經濟行動計畫》（EU Circular Economy Action Plan，EU CEAP），為企業和政府制定了清晰的行動框架。CEAP 的目標是透過延長產品的使用壽命、提高產品的再利用率和回收率，來降低資源消耗和浪費。這包括減少原材料的使用、減少垃圾產生以及更有效的資源管理。

　　CEAP 計畫於 2015 年首次提出，並在 2020 年進行了更新。新版計畫包含了更具體的措施，如強制公共採購必須符合循環經濟原則，並要求能源相關產品提供詳細的產品標籤，以提升消費者對產品在環境影響上的視讀能力。

　　CEAP 同時也致力於設計一套鑑定標準，以確保產品的耐用性、可重複使用性和可回收性，這些都是支持循環經濟理念的重要元素。為了推動這些目標，歐盟委員會正在與相關組織合作，制定如《永續產品生態設計法規》（Ecodesign for Sustainable Products Regulation，ESPR）等標準。儘管如此，目前這些計畫的執行依然大幅依賴企業的自我審查機制，主要強調自願性的參與。歐盟鼓勵企業主動參與產品的生態設計過程，從而推動更具永續性的創新研發。

　　在推廣生態設計的方法中，製造商扮演了關鍵角色。他們負責定義產品類別並制定相關的生態設計標準，這不僅可以影響市場，還能引導政策朝著更環保的方向發展。另外，像是《生態管理和稽核計畫》（EMAS）和生態標籤這類工具，也是企業非常重要的自評工具。

　　對於身為領導者的你來說，CEAP 非常值得你的關注，尤其當你營

運的是一家會推出實體產品的企業，你就不可能忽視 CEAP 對你的影響。在 CEAP 的概念中，把產品交付給客戶不再是營運任務的終點。歐盟法規會要求你對產品的整個生命週期負起責任，盡量減少對地球和人類社會的傷害。這可能需要組織徹底改變思維模式，從製造、採購、包裝、定價到產品設計等的各個環節，都要考慮套用創新模式的可能性。

CEAP 和相關促進循環經濟的法規不僅提高了企業對永續發展的認識，也促使企業進行全盤的策略思考，以應對這些法規對公司各個部門帶來的影響。作為領導者，無論你的組織是在歐盟境內還是境外，你都需要清楚了解這些法規會如何影響你的業務營運。

與這一章討論過的其他法規一樣，CEAP 從 2015 年到 2020 年間經歷了數次更新，顯示出法規從鼓勵性轉向強制化的明顯趨勢。隨著產品生命週期法規的不斷演化，組織需要蒐集更多數據來證明符合法規要求，還要持續關注未來可能新增的規定。這意味著，企業需要有一套強健的系統來管理和追蹤這些數據。

作為企業領導者，你需要找到可以追蹤業務是否具有循環特質的指標。但是這對於某些企業而言並不容易，特別是當你的產品設計十分獨特，或難以重複使用或回收時。因此，儘早要求管理團隊建立適當的 ESG 數據蒐集和管理系統，是必要且明智的策略。

但是這種數據需求只會繼續增加！《歐洲綠色政綱》的其中一個要素也清楚地顯示了各產品都有不斷增長的數據需求，那就是歐盟的「數位產品護照」（Digital Product Passport，DPP）。數位產品護照的主要目標是建立一個能夠追蹤產品生命週期資訊的數位平台，這將要求企業記錄和分享更詳細的產品數據。這項措施也包括在 CEAP 的計畫中，我們會在後續章節中討論這個話題。

公司層面的數據與產品層面的數據

如果你正在考慮產品層面的永續性，那麼產品的循環性會帶領你思考一個新的問題：我需要哪些數據、從哪裡蒐集這些數據，才能證明你的產品對永續發展有所貢獻？如果你的組織在世界各地都有不同工廠，分別產出多種產品和服務，那麼母公司就需要管理不同的供應鏈。那麼你就要特別注意，公司層面的數據和產品層面的數據有什麼差別。圖 7.1 也說明了這一點。

圖 7.1 右側列出的「產品／服務」中，不同產品都會有自己獨特的 ESG 數據輸出結果，尤其當它們是在不同國家製造時，就更可能需要應對不同的資訊揭露法規。這意味著每個產品的生產數據不僅對個別產品很重要，還需要被整合到公司層級的數據系統中，以確保整個公司的數據揭露符合監管要求。

然而，作為領導者，你可能需要深入了解產品層面的資料，才能掌握公司對氣候和社會影響的具體來源。舉例來說，如果產品 1 在德國製造，遵守了高標準的減排要求、使用電動車交付產品、最大限度地減少浪費，那麼產品 1 對公司整體 ESG 揭露的貢獻就會非常正面。但是如果公司還有另一個產品 2 在哈薩克製造，使用低成本的燃煤發電來驅動製造過程、水資源和廢棄物的管理也存在疑慮，那麼產品 2 就會對公司整體 ESG 評價結果帶來負面影響。如果產品 2 占了公司產出的 90%，那麼董事會和高階管理層就需要考慮進行調整，改善公司目前的永續發展表現。因為無論公司總部位於何處，這些永續表現都會對公司產生重大影響。

如果組織希望能成為「ESG 資深生產者」或「ESG 專家培育員」，那麼你作為組織的領導者就應該要深入研究產品各層面的數據，因為

這很有可能是你能找出解法的唯一途徑。

圖 7.1　公司層面與產品層面的數據

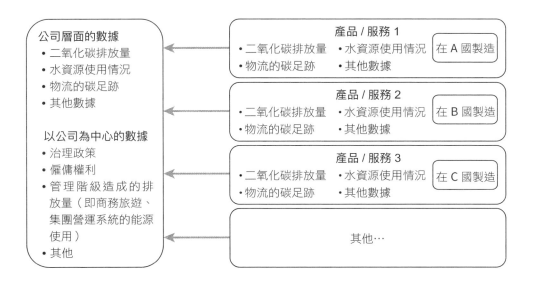

提醒：產品或服務層面的數據可以用來幫助公司層面的分析，同時也可以在產品層面進行檢查和評估；而公司層面的數據則可能涵蓋一些產品層面不包含的資訊。

歐盟的數位產品護照

　　歐盟也在積極推進產品層面的永續發展，像是為了增強產品及相關配件的可追溯特性而出現的歐洲數位產品護照（Digital Product Passport，DPP）。這個「護照」要求產品製造商提供一個標準化且便於使用的資訊獲取系統，使整個供應鏈中的各個環節都能輕鬆地共享產品的相關資訊。這樣一來，不僅可以提高產品的永續性和透明度，還能讓消費者更容易比較不同產品的環保特性。

數位產品護照的主要目標是為了提供一個數位平台，用於儲存和共享產品在整個生命週期中的詳細資訊。這個平台預計會向各組織要求提供產品相關的各類資訊，包括：

- **材料和配件**：有關產品中使用的材料、配件和化學藥劑的詳細資訊。這項資訊有助於產品回收、維修和再製造的規劃。
- **環境足跡**：有關產品對環境產生影響的資訊，包括其碳足跡、能源消耗以及整個生命週期中所產生的排放量。
- **生產過程**：有關製造過程的詳細資訊，包括生產設施的位置、取得的認證、以及符合法規要求的勞動條件與製造環境。
- **使用和維護**：有關產品的最佳使用方法和維護資訊，提高產品的耐用性和整體性能。
- **報廢流程**：有關產品在使用壽命結束時如何正確丟棄、回收或再利用的指示資訊。

在我撰寫本文時，歐盟正在考慮在 2026 年開始要求服裝、電池和消費性電子產品，這 3 個產業提供數位產品護照。實施數位產品護照，將會考驗組織在數據蒐集和管理上的能力。

在數位產品護照強制執行在你的產業之前，你如何提前準備好所需要的資料，將會在未來顯現在企業的競爭優勢當中。如果你的組織主要業務就是生產商品，那麼這項規定遲早會對你的業務產生影響。

CEAP 和數位產品護照，會影響我對 ESG 數據的需求嗎？

上述這些歐盟法規，表面上看似乎與你目前對 ESG 數據的需求沒有直接關聯。但在循環經濟的領域中，當我們努力追蹤產品層面的永續性時，產品層面的數據往往就會比組織層面的 ESG 數據更加詳細具

體，就如同圖 7.1 所示。

如果你的公司擁有多個價值鏈、產品或服務，那麼你用於建立範疇三排放數據的數據價值鏈，也可以應用在公司內部。將產品層面的數據整合到組織層面的數據中，不僅有助於產品層面的分析，還能增強公司整體的永續資訊揭露能力。雖然目前針對產品層面的法規尚未全面生效，但這些法規在不同層面上已經產生了許多交互影響。

首先，任何受到歐洲法規監管的公司很可能會被要求揭露公司層面的 ESG 數據，也就是符合 CSRD 規範的數據。這些法規可能包括《碳邊境調整機制》（CBAM）、《歐盟循環經濟行動計畫》（CEAP）、數位產品護照（DPP），或其他歐洲正在推動的法規。

其次，建立和整理 ESG 數據資料庫，有助於在組織內培養良好的數據管理文化，使永續發展成為公司戰略的重要組成部分。如果你是「ESG 新進工作者」，那麼導致你位於這個階段的主要原因，可能就是組織掌握資料的能力尚未成熟。為了進一步推動永續發展並晉升到下一個階段，你需要增強數據的蒐集、分析和應用的能力，才能將業務推向不同層次。

第三，公司治理結構也會受到產品層面的永續發展法規影響，要求組織在其營運中遵守特定的治理標準。因此，組織目前的治理策略應該納入那些已經或預計會影響公司業務的法規。主動適應和遵守這些永續發展規範，是維持公司長期競爭力和穩定發展的關鍵。

歐盟作為 ESG 法規的全球先鋒部隊

因為歐盟在推行永續發展法規方面，一直扮演著全球的先鋒部隊。因此，我們在這一個章節重點描述了歐洲在永續發展上的貢獻，以及

這會對你的 ESG 數據需求產生什麼連鎖影響。

　　歐盟在 ESG 相關法規的制定上全都顯示了一個趨勢：法規的適用範圍、精細程度以及複雜性都正在增加當中。起初，自願揭露的規範讓組織在形式和內容上擁有自由裁量權；隨著時間的推移，這些規範漸漸變成了強制要求，監管機構也加強了法規的執行強度。未來幾年，歐盟還會持續對 ESG 數據提出更高規格的要求。

　　但是我們也需要注意，歐盟並不是唯一致力於永續發展並要求資訊揭露的司法管轄區域。下一章中，我們會討論世界其他地區的情況，從更全面的視角來看待全球的永續法規發展。

參考文獻

Ellen MacArthur Foundation (nd) The circular economy in detail: Deep dive, https://ellenmacarthurfoundation.org/the-circular-economy-in-detail-deep-dive (archived at https://perma.cc/DC4S-2X92)

GSIA (2018) Global Sustainable Investment Review 2018, www.gsi-alliance.org/wp-content/uploads/2019/03/GSIR_Review2018.3.28.pdf (archived at https://perma.cc/Q9E5-3DQZ)

McDonough, W and Braungart, M (2002) Cradle to Cradle: Remaking the way we make things, New York, North Point Press

PwC (2022) Asset and Wealth Management Revolution 2022, www.pwc.com/gx/en/financial-services/assets/pdf/pwc-awm-revolution-2022.pdf (archived at https://perma.cc/UHT5-R92H)

8

全球永續數據的發展趨勢

問題反思

- 放眼全球，目前各地的政策規章、監管標準和永續分類方法，呈現了哪些主要趨勢？
- 面對這個快速變化的時代，你該如何跟上腳步？
- 作為一家跨國公司，在看待永續議題時需要有哪些考量？

我們在第 7 章中已經花了一些時間回顧歐洲的永續發展法規，並且探討它們如何影響企業的 ESG 數據需求。在這個章節中，我們將把探討範圍擴大到全球。首先，我們會回顧 ESG 數據揭露標準的現況，接著分析各國的相關法規和政策。我們還會討論到資本市場和上市公司的揭露規範，並在最後概覽全球各地的碳排放交易體系（ETS）和碳權發展情形。

和上一章一樣，表 8.1 為你提供了一張可以快速查閱相關名詞的參照表。當你需要查閱這些縮寫名詞的含義時，就可以隨時回來查找。

表 8.1　縮寫名詞查閱表 2

名詞縮寫	中英文全名	簡介
AIM	另類投資市場 Alternative Investment Market	這是倫敦證券交易所的其中一個子市場，目的是讓成長型中小企業也能在公開交易市場中取得資金。
ASIC	澳洲證券與投資委員會 Australian Securities and Investments Commission	這是一個獨立的澳洲政府機構，負責執行與企業、金融服務和市場誠信相關的法律。
ASX	澳洲證券交易所 Australian Securities Exchange	這是營運澳洲主要公開交易市場的國營公司。
BRR	《企業責任報告框架》 Business Responsibility Reporting	這是一個於印度實施的報告框架，要求企業公開自身業務對社會、環境和經濟所帶來的衝擊，以及企業為了解決這些衝擊所做的努力。
CBAM	歐盟碳邊境調整機制 Carbon Border Adjustment Mechanism	這是歐盟的一項提案，提倡各國政府若允許從其他碳費較低廉的國家進口產品，就應該對這些產品徵收碳排稅。

名詞縮寫	中英文全名	簡介
CDP	碳揭露計畫 Carbon Disclosure Project	這是一個非營利慈善機構，為投資人、公司、各地區治理機構提供了全球永續資訊揭露系統。
CEAP	《歐盟循環經濟行動計畫》 EU Circular Economy Action Plan	這個計畫是歐盟內部為了鼓勵使用永續資源並減少廢棄物的行動。
CSA	加拿大證券管理委員會 Canadian Securities Administrators	這是加拿大各省及各地區證券監管機構所組成的傘狀組織，負責協調全國性的證券監管業務。
CSR	企業社會責任 Corporate Social Responsibility	這是指公司需要在業務行為中展現自身對道德、社會和環境的責任感。
CSRC	中國證監會 China Securities Regulatory Commission	這是中國的主要證券監管機構，負責監管中國證券市場並保護投資人權益。
CSRD	《企業永續發展報告指令》 Corporate Sustainability Reporting Directive	這是歐盟委員會補強《非財務報導指令》（NFRD）的結果。該指令要求在歐盟有重大業務的公司需要報告自身在永續發展上的貢獻。
EFRAG	歐洲財務報導諮詢小組 European Financial Reporting Advisory Group	這是一個向歐盟提供會計準則建議的組織，也是《歐洲永續發展報告準則》（ESRS）的發布單位。
EMAS	《生態管理和稽核計畫》 Eco-Management and Audit Scheme	這是一套指引各組織進行自我評估、管理並改善其環境績效的工具。
ESRS	《歐洲永續發展報告準則》 European Sustainability Reporting Standards	這是規範歐盟境內公司進行永續資訊揭露的一套標準，是能具體執行《永續發展報告指令》（CSRD）的重要部分。這套準則強調了「雙重重大性」（Double Materiality）的角色。

名詞縮寫	中英文全名	簡介
ETS	碳權交易系統 Emissions trading system	這是一個基於市場機制買賣碳權的體系，允許公司購買或出售本身的溫室氣體排放許可量。這是目前可以用低成本促成企業減少排放的有效方法。
GGFI	全球綠色金融指數 Global Green Finance Index	這個指數會針對國家或城市的金融中心進行排名，評估該地區在綠色金融產品上的深度和廣度。
GRI	全球報告倡議組織 Global Reporting Initiative	這個非營利組織提供了永續發展報告的框架，指導各公司報告自身在 ESG 各方面的影響。
GSIA	全球永續投資聯盟 Global Sustainable Investment Alliance	這個聯盟集結了世界各地的會員組織，共同促進永續投資的實踐，並鼓勵將 ESG 有關考量納入投資決策的過程中。
IASB	國際會計準則委員會 International Accounting Standards Board	這個獨立組織制定了許多全球通用的會計準則，其中也包括了《國際財務報導準則》（IFRS）。
IFRS	《國際財務報導準則》 International Financial Reporting Standards	這是一套由國際會計準則理事會（IASB）制定的會計準則，目前在全球被廣泛使用。
ISSB	國際永續準則委員會 International Sustainability Standards Board	這是根據《國際財務報導準則》（IFRS）所建立的的委員會，目的是要制定一套全球都能適用的永續發展報告標準。
MAS	新加坡金融管理局 Monetary Authority of Singapore	這個機構集結了中央銀行和金融監理的機能，負責維持新加坡的金融穩定。
NDRC	中華人民共和國國家發展和改革委員會 National Development and Reform Commission	這是中華人民共和國的宏觀經濟管理機構，亦簡稱「國家發展改革委」、「國家發改委」或「發改委」。此機構負責監督經濟規劃、能源政策和環境保護政策的實施情形。

名詞縮寫	中英文全名	簡介
NFRD	《非財務報導指令》 Non-Financial Reporting Directive	這是一項歐盟境內的指令，要求在歐盟有重大業務的公司報告自身的社會影響、環境影響、以及多元化政策。隨後被擴大適用範圍的《企業永續發展報告指令》（CSRD）所取代。
PAI	主要不利衝擊 Principal Adverse Impact	這是指企業在環境、社會或人權等永續發展領域上，可能造成的負面影響。
PBC	中國人民銀行 People's Bank of China	這是中華人民共和國的中央銀行，主要職責是制定並執行貨幣政策，以及各項金融監理業務。
QCA	英國上市公司聯盟 Quoted Companies Alliance	這是一個獨立的專業機構，目的是要幫助英國的成長型中小企業在公開市場上取得更好的發展條件。
SASAC	中國國務院國有資產監督管理委員會 State-owned Assets Supervision and Administration Commission	這是中國的一個政府部門，負責管理和監督國有企業的資產營運。
SASB	永續發展會計準則委員會 Sustainability accounting Standards board	這個非營利組織致力於發布特定行業的永續會計準則，目的是要幫助這些特定產業報告自身的永續發展績效。在 2022 年併入 ISSB。
SEBI	印度證券交易委員會 Securities and Exchange Board of India	這是印度證券市場的監督者，負責維護投資人的權益並促進證券市場的發展。
SFDR	《永續金融揭露規範》 Sustainable Finance Disclosure Regulation	這是一項適用於歐盟的法規，要求所有金融市場參與者都需要揭露他們如何將永續性風險納入投資決策，以此杜絕「漂綠」行為。

名詞縮寫	中英文全名	簡介
SOE	國營事業 State-owned enterprises	這是泛指所有政府或國家能直接控制的組織，這些組織通常是為了實現政策或管理公共資源而設立的單位。
SSEI	《永續證券交易所倡議》 Sustainable Stock Exchanges Initiative	這是一個全球平台，主要目的是促進永續投資，並鼓勵各國將永續發展視作資本市場的核心目標。
SZSE	深圳證券交易所 Shenzhen Stock Exchange	這是中華人民共和國獨立運作的兩個主要證券交易所之一，總部位於深圳。
TBL	三重盈餘 Triple bottom line	這是一個根據公司的社會、環境和經濟影響，來衡量公司績效的框架。提出了為人熟知的「3 個 P」影響面向：利潤（Profit）、人類（People）和地球（Planet）。
TCFD	氣候相關財務揭露工作小組 Task Force on Climate-related Financial Disclosures	這個國際倡議組織擬定了氣候相關財務資訊的揭露建議，幫助企業投資人與決策者了解企業本身的金融風險與機會。
WFE	世界證券交易所聯合會 World Federation of Stock Exchanges	這是由全球各地的交易所和清算所組成的聯盟，致力於促進資本市場朝向公平、透明和高效的趨勢發展。

　　如果我們想要分析全球趨勢，最應該先討論的就是那些造成最多溫室氣體排放量的國家。我們不僅應該持續關注這些高排放國家的進展，也需要督促它們盡快採取行動。

全球十大溫室氣體排放國：排名與分析

　　了解溫室氣體排放量的分布情形，對於制定有效的應對策略非常重要。接下來我們會引用世界資源研究所（World Resources Institute）發表的十大排放國資料，分別對榜上有名的國家進行背景說明。這份排名是根據各國在 2021 年的排放資料來進行比較的，也是目前可以取得的最新資料。稍後我們會再深入探討其中幾個重點國家，以及這些國家在實施永續數據法規上的進展。

　　溫室氣體排放量前十名國家分別為：

1. **中國**：作為世界上人口最多的國家及目前的工業強國，中國在 2021 年的排放總量遠超過其他國家。中國經濟的快速成長和城市的現代化導致大量的能源消耗，但是中國又嚴重依賴燃煤電廠供應電力，因此導致了大量的二氧化碳排放。此外，中國龐大的製造業為全球市場供應了各式各樣的商品，這也是排放量居高不下的重要原因之一。

2. **美國**：美國長期以來都是溫室氣體排放大國，目前在全球排放量中排名第二。儘管美國多年來致力於推行減排行動，也取得了不錯的進展，但它仍然是全球溫室氣體的重要貢獻者。直至 2021 年，美國依舊依賴煤炭、石油和天然氣等化石燃料進行發電和運輸。此外，美國擁有極高的私人汽車普及率，再加上運輸卡車和飛機網絡，交通運輸領域無疑是美國的主要排放來源。另外，美國的工業生產活動也是產生碳足跡的重要貢獻者。

3. **印度**：印度人口眾多，經濟不斷成長，在溫室氣體排放大國中排名第三。近年來，由於工業和能源產業速迅擴張，導致印度的排放量顯著成長。尤其燃炭仍然是印度發電的主要來源，印度也還在持續

投資燃煤電廠以滿足能源需求。此外，交通運輸及大量釋放甲烷的農業活動，都是造成印度大量碳排放的原因。

4. **俄羅斯**：俄羅斯在全球溫室氣體的排放量上位居第四。俄羅斯坐擁豐富的化石燃料資源，大規模生產或出口這些化石燃料都是造成排放的主因。除了能源製造之外，俄羅斯活躍的工業活動也加劇了碳排放情況。

5. **日本**：作為一個以科技進步而聞名的國家，日本在世界最大排放國家中位居第五。該國的工業，包括電子產業、汽車製造和鋼鐵生產，都是重要的排放來源。此外，2011 年福島核災發生後，日本對化石燃料的高度依賴也導致排放量驟升。

6. **德國**：德國的碳排放量在全球排名第六，排放主要來自龐大的工業製造規模。儘管近年來德國在再生能源的轉型上取得了顯著的進展，但煤炭仍然是德國能源生產的主要來源，這也造就了該國的高排放結果。

7. **伊朗**：作為一個石油資源豐富的國家，伊朗在全球溫室氣體排放量中位居第七。伊朗的能源產業嚴重依賴化石燃料，這也是該國溫室氣體排放的主要來源。

8. **韓國**：韓國在世界排放量中排名第八。排放主要來自於工業活動，包括鋼鐵產業和石化產業。此外，韓國的能源產業對化石燃料的高度依賴，也進一步加劇了排放量的上升。

9. **沙烏地阿拉伯**：沙烏地阿拉伯也是因為自身豐富的石油儲藏量，名列第九大溫室氣體排放國。以石油開採和煉油為主的能源產業都是沙烏地阿拉伯的主要排放來源，這些能源活動同時也是經濟發展的主要推動力。

10. **加拿大**：加拿大在全球溫室氣體排放國家中排名第十。排放的主要

來源是能源密集型工業、油砂的開採與加工，以及運輸產業。

上述十大溫室氣體排放國，不僅在全球應對氣候變遷的策略中舉足輕重，也反映了人類在工業化、能源消耗和化石燃料上的依賴。如果我們能解決這些主要國家的排放問題，那麼減緩氣候變遷的行動就能取得突破性的進展。

對於在這些國家營運的組織來說，利害關係人可能會越來越關注這些組織的永續發展承諾。他們會審視你的各項永續數據，評估你在這些重點排放地區所造成的環境影響。

然而，令人感到遺憾的是，這十大溫室氣體排放國在訂立永續相關法規上並不是特別積極。這些國家對於氣候立法的推進相對較為遲緩，無法與它們的高排放量相匹配。接下來，我們將詳細探討這些國家在引入氣候立法和推動永續數據揭露方面的進展。第一步就是要檢視全球 ESG 數據標準的制定進度，並分析這些標準在不同地區的採用情況。

一個全球統一的標準

一些強烈反對蒐集 ESG 數據的人認為，目前的數據揭露並沒有一套全球統一的標準，這些缺乏可比性的數據對決策來說毫無用處可言。然而，正如本書的其他部分所述，ESG 數據的揭露標準日趨成熟。隨著這個過程的演進，ESG 數據的標準化也在持續進步，並且朝向吻合揭露規範的方向發展。

正如我們在上一章討論的歐洲發展現況，歐盟正在透過歐洲財務報導諮詢小組（EFRAG）將 ESG 數據的揭露標準納入到《歐洲永續發展報告準則》（ESRS）的流程當中。EFRAG 提供了一種 ESG 數據標準，

但這並非唯一的標準。

目前最常用的兩個 ESG 報告標準，發布單位是我們在上一章介紹過的永續發展會計準則委員會（SASB）和全球報告倡議組織（GRI）。不過，許多市場參與者都希望能建立一個全球統一的 ESG 數據報告標準，讓永續數據能達到跨國的可比性和一致性。有鑑於此，國際永續準則委員會（ISSB）就承擔起建立全球 ESG 數據報告標準的任務。

ISSB 需要制定全球標準的主因是 ISSB 的支持群體越來越龐大，許多高度關注標準發展的團體相繼加入，使得 ISSB 不得不因應自身的影響力而擔起責任。事實上，在 2022 年 SASB 併入 ISSB 委員會之後，就開始支持 ISSB 的標準制定工作。氣候相關財務揭露工作小組（TCFD）後來也被整併入 ISSB 委員會，一同投入全球標準的制定工作中。此外，碳揭露計畫（CDP）在埃及舉行的第 27 屆締約國會議上宣布，CDP 也會採用 ISSB 的標準來設計 CDP 平台上的問卷。

制定《國際財務報導準則》（IFRS）是國際會計準則理事會（IASB）成立的目的。三十多年來，IFRS 框架一直是全球公認的財務報告標準，這也確實提高了國際金融市場之間的可比性、透明度和效率。而根據 IFRS 準則，IFRS 基金會又建立了國際永續準則委員會（ISSB），目標是在 ESG 報告方面達成相同的成效。這就促成了 ISSB 委員會於 2023 年 6 月發布的兩項重要的標準：「IFRS-S1 永續發展相關財務資訊揭露的一般規定」與「IFRS-S2 氣候相關揭露規定」。

讓我們先來討論 IFRS-S2 這個以環境為中心的揭露規定。IFRS-S2 氣候相關揭露規定與 TCFD 所提出的建議揭露事項高度重疊，但

IFRS-S2 在策略、指標和目標的設定上都提出了更廣泛也更深入的報告
要求。你可以參考表 8.2 來比較 TCFD 和 IFRS-S2 之間的差異。

表 8.2　TCFD 與 IFRS-S2 的揭露規範比較表

揭露項目	TCFD 框架	ISSB 框架（IFRS-S2）
氣候有關風險與機會	建議揭露	建議揭露
風險管理與風險適應能力	建議揭露	建議揭露
氣候有關目標及其進展	建議揭露	建議揭露
公司治理結構	建議揭露	建議揭露
範疇一及範疇二的排放情況	建議揭露	建議揭露
範疇三的排放情況	鼓勵揭露	強制要求
資本取得或融資情況	建議揭露	建議揭露
財務表現及現金流情況	建議揭露	建議揭露
碳抵換使用情況	建議揭露	建議揭露
轉型目標與巴黎協定一致（1.5℃）	未要求	需揭露國際氣候協議如何影響自身的目標設定
策略實行細節	未要求	建議揭露
無形資產	未要求	參照 IFRS-S1 規定
企業的調整及適應能力	未要求	建議揭露
更廣泛的利害關係人考量	未要求	未要求
雙重重大性	未要求	未要求

名詞縮寫註解：TCFD：氣候相關財務揭露工作小組；ISSB：國際永續準則委員會；IFRS-S2：ISSB 委員會所發布的氣候相關揭露規定。

表格改編內容來自：Gagnon, 2022

　　除了表 8.2 所列的項目之外，IFRS-S2 與 TCFD 框架還存在著其他
差異。其中一個非常實用的改變是，ISSB 要求組織在發布財務報表的

同時公開永續數據揭露報告。這個要求能減少市場上因數據發布時間差異而引發的混亂，讓不同年度之間以及同業之間的數據產生可比性。

而 ISSB 發布的 IFRS-S1 規定則是想要為未來設計出特定產業的永續發展報告框架。考量到不同產業及不同組織都有各不相同的需求和責任，IFRS-S1 在設計上也著重於提供足夠的靈活度，用以適應多樣的企業需求。

舉例來說，家禽產品的包裝和分銷企業需要揭露食品安全、員工健康、職安等相關風險數據；而電信公司則需要考慮與隱私保護和競爭行為有關的 SASB 標準；其他還有像是會被特定資源影響投資人利益的產業，也會有自己獨特的報告要點。雖然不同的行業面臨著不同的風險，但是都可以參考 IFRS-S1 的提供的指南，了解如何對外揭露公司在治理、策略、風險管理以及其他相關指標及目標設定等的相關資料。

令人欣慰的是，ISSB 並不是在孤軍奮鬥。正在努力制定《歐洲永續發展報告準則》（ESRS）的歐洲財務報導諮詢小組（EFRAG）也提供了不少助力。ISSB 與 EFRAG 的歐洲專家一直保持著密切的溝通和討論，儘管這兩個組織的治理結構和方法論有所不同，兩者之間的交流仍然可以激盪出更多火花。

圖 8.1 清楚呈現了兩個小組在制定準則時所採用的工作流程，並列比較這兩個準則會更容易理解這兩者之間的差異。雖然這個流程是為了準則開發初期所設計的，但是在制定任務成功落幕後，這個系統還是會保留在 ISSB 和 EFRAG 的業務流程中，作為未來更新報告內容的基礎。

我將目前的情況總結如下：ISSB 影響的公司數量顯著增加，而且這些公司特別著重於處理氣候議題。作為在歐洲經營業務的領導者，你的組織應該密切關注這兩個重要的準則制定者，因為他們將為永續揭露報告提供更多指導細節。

圖 8.1　ISSB 與 EFRAG 的運作模式比較

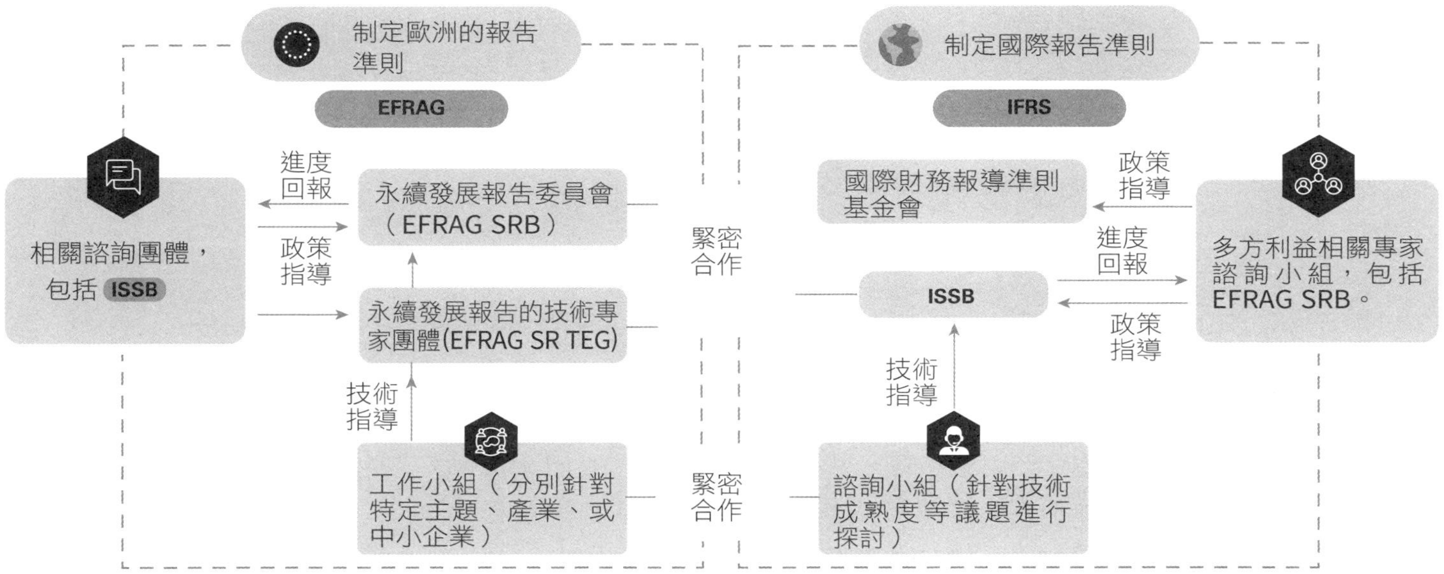

資料來源：經 ESGBook 授權重製

而 ISSB 建立全球準則的目標也似乎正在獲得各界支持。《華爾街日報》在 2023 年 6 月的一篇文章中指出，包括澳洲、加拿大、日本、香港、馬來西亞、紐西蘭、奈及利亞、新加坡和英國等主要國家，都正在考慮採用 ISSB 的標準（Toplensky，2023）。

圖 8.2　ESRS 與 IFRS 的特性比較

雙重重大性	重大性	財務重大性
E、S、G 的交互影響	報告焦點	氣候影響
跨產業適用並結合產業特性	規範範圍	77 個 SASB 鎖定產業
超過 50,000 家	受影響的公司數量	超過 130,000 家
2025 年	第一份報告繳交期限	取決於各地區政府

資料來源：經 ESGBook 授權重製

要理解歐洲 ESRS 和 ISSB 全球準則的異同點確實不太容易，再加上它們幾乎在同一時間進入市場。希望圖 8.1 和圖 8.2 能為你提供足夠清晰的比較資訊。隨著全球對數據揭露標準的需求不斷增加，包含 ESRS 和 ISSB 準則的推出，很可能讓 2023 年成為制定全球永續數據揭露標準的關鍵轉折點。不過，局勢還在不斷變化，現在蓋棺定論可能還為時過早。

縱覽全球 ESG 數據法規

現在讓我們看看世界各地實施永續法規的實際情況，並進一步了解這些發展會如何影響你的組織。第一個先來討論英國的情況。

從歐盟隔海遙望英國

英國大量引鑒了氣候相關財務揭露（TCFD）的建議，因此成為永續數據揭露領域的全球領先者。英國原先針對上市公司制定了自願揭露的相關規範，不過，2021 年第 26 屆締約國會議在格拉斯哥召開之前，英國政府宣布這些自願揭露的條款將逐步轉為強制型法規。這一項法令首先適用於大型上市公司，並在接下來的幾年期間逐步擴大涵蓋的企業範圍。這也是英國利用主辦締約國會議來聚焦國內的注意力，進而推動永續數據政策發展的一個案例。

此外，英國的相關政策也在持續跟上 TCFD 的腳步變化。自 2022 年 4 月 6 日起，任何僱用超過 500 名員工或營業額超過 5 億英鎊的英國零售商，就有義務遵守 TCFD 的揭露要求。而其他小型企業則需要從 2025 年開始跟進這些揭露規範。

由於這些規定的實施，許多供應商面臨了在截止期限之前妥善蒐集環境數據的壓力。例如，大型零售客戶需要了解供應鏈中各個供應商的營運情況，才有足夠的資料能提交給監管單位。我們在第 3 章提到的範疇三（Scope 3）排放量揭露正是此處的關鍵。考量到供應鏈的影響力，即使是規模較小的公司，也開始意識到若要在英國市場上站穩腳步，它們就必須實施 ESG 報告和相關認證。

亞洲和太平洋地區的情況

新加坡

ESG 數據報告從自願轉向強制的趨勢在新加坡也相當明顯。2016 年，新加坡交易所引入了強制性的永續發展報告規範，所有上市公司

都需要符合這項規定。自此，新加坡的監管體系就與全球報告倡議組織（GRI）和永續發展會計準則委員會（SASB）等國際報告標準保持一致。

新加坡的中央銀行，也就是新加坡金融管理局（Monetary Authority of Singapore，MAS），推出了 ESG 基金的相關規範，類似於我們在上一章討論過的「歐盟永續金融揭露規範」（SFDR）。這個 ESG 基金的規範已於 2023 年 1 月 1 日生效，要求 ESG 基金管理者必須定期分享永續資訊，並且每年向投資人匯報在 ESG 目標上的進展。

凡是標榜聚焦 ESG 議題的基金，就必須公布以下項目的詳細資訊：基金的關注重點、如何選擇投資標的、投資策略、在不同資產上分配資金的方式，以及與策略相關的所有風險或挑戰。有資格被稱為 ESG 基金的金融產品，他們必須將至少三分之二的淨資產用於以上這些永續發展目標上。此外，基金的名稱也必須準確對應到所關注的 ESG 議題。如果基金在名稱中使用到「永續」這樣的字眼，就等於對外許下了投資承諾，基金管理單位就要確保真的投資在符合永續定義的企業上。

有鑑於此，當金融產品管理者需要證明自身產品的 ESG 資格時，他們就會要求投資組合下的企業都要提供相關佐證資料。新加坡境內企業的實際情況就是在「取得營運資本」這個情境中善用 ESG 數據的一個案例。

此外，新加坡政府於 2019 年頒布了《綠色金融行動計畫》（Green Finance Action Plan），規範包括綠色債券、永續發展相關貸款和綠色保險產品等。政府也制定了《2023 年新加坡綠色發展藍圖》（Singapore Green Plan 2030），以此訂定新加坡的年度 ESG 目標。發展藍圖中也提及了朝向再生能源的轉型、減少溫室氣體排放、改善廢棄物處理流程並增強生物多樣性等各項措施。

中國

　　中國在永續發展領域上常被視為全民公敵，又因為中國是世界上最大的溫室氣體排放國而被媒體大肆渲染。我認為這些報導有失偏頗的地方是，它們通常沒有提及比較合理的人均當量作為其中一個觀點。此外，中國也被指責在解決永續發展問題上總是慢半拍。

　　事實上，中國證券交易所已經大力將永續議題納入投資市場的考量當中，中國的《綠色債券目錄》發布時間也早於《歐盟永續分類法》。近年來，中國更是成為全球最大的綠色債券市場，體現了其致力於促進永續發展和應對環境挑戰的決心。2022 年，中國發行了全球市值最大的綠色債券，總額達 762.5 億美元。德勤會計事務所的分析師預測，這些綠色債券在 2023 年可能會達到 1,000 億美元的規模（S&P Global Market Intelligence，2023）。

　　中國的《綠色債券目錄》，正式名稱為《綠色債券支援專案目錄》，是一套永續投資的指導方針，概述了符合綠色債券融資資格的專案類型。這一份綠色債券目錄是由中國人民銀行（PBC）、中國國家發展和改革委員會（NDRC）和中國證監會（CSRC）聯合於 2015 年在市場亮相，以促進綠色債券市場的發展，支持中國轉型為永續低碳的經濟體系。

　　《綠色債券目錄》將符合條件的項目分為六大類：節能增效、汙染防治、資源節約與循環利用、清潔運輸、清潔能源、生態保護和適應氣候變遷。這一份文件是中國在實行綠色金融轉型的重要工具，有助於規範綠色債券的發行，並為市場參與者提供充足的資訊透明度。這一份文件也還在持續更新中，為的是要即時反映國內外綠色債券市場的最新發展和最佳落實方案。

　　2020 年，中國證監會及國家的生態環境部聯合發布了最新版《上

市公司環境信息披露指南》，要求上市公司在年度報告和期中報告時，同步公布環境影響相關資訊。這一項指南適用於在中國證券交易所上市的所有公司，不分規模、不分產業。其中若是高汙染型產業或有過重大汙染事故的公司，所適用的環境資訊揭露法規又會更加嚴格。

這一份《上市公司環境信息披露指南》要求企業揭露其環境影響、環境管理架構、環境目標等方面的資訊。雖然這份指南為企業提供了一個揭露環境資訊的整體框架，但並沒有嚴格規定揭露的格式或範本。話雖如此，中國上市公司還是有中國證監會、上海證券交易所和深圳證券交易所制定的標準和要求需要遵守。

而這份指南中特別提到高汙染型產業，例如採礦、鋼鐵和發電等較容易對環境造成影響的產業，在環境績效揭露方面就面臨更嚴格的要求。而對這些產業的監管責任，則主要由中國的生態環境部及產業特定的監管機構實施監督業務。

雖然這份指南對不同行業的要求各不相同，但還是有一些共同的趨勢，例如：增加報告頻率、更全面的碳排放資訊、即時監測數據和全面的環境影響評估等。

最後要提到的是國營事業，中國對國營事業的報告也有一套完整的規定。中國國務院的國有資產監督管理委員會（中國簡稱國資委，英文縮寫為 SASAC）負責監督和管理國營事業。國資委多年來不斷推出多項指導建議，為提升國營事業在 ESG 資訊揭露及永續發展方面的表現上不遺餘力。

其中，2021 年發布的《關於新時代中央企業高標準履行社會責任的指導意見》是目前為止最新的文件。這一份文件涵蓋了廣泛的 ESG 議題，包括：環境保護、資源節約、員工權利、供應鏈管理和社區參與等。文件也呼籲國營事業需要提高 ESG 資訊揭露的透明度和報告品

質。

　　雖然國資委的指導意見主要適用於國家直接監管的國營事業，但是這些原則和要求也可為各省級地方國企提供參考。這份指引強調，若要改善國營事業整體的 ESG 績效，ESG 資訊揭露的全面性、透明度和品質要求就是關鍵要素。

紐西蘭

　　紐西蘭政府根據氣候相關財務揭露（TCFD）的框架而設計出與氣候相關揭露法規，並自 2023 年 1 月 1 日起，強制要求銀行、保險公司、投資管理公司和上市公司揭露與氣候相關的財務資訊。首批受此法規影響的約有 200 個組織。而對於其他尚未受到規範的組織而言，儘管先前頒布的自願型報告規範仍然有效，但是這些組織也可以預期，整個市場最終都將納入強制報告的範疇之中。

澳洲

　　澳洲在整體永續發展政策方面，一直是出了名的落後。2020 年，澳洲證券與投資委員會（Australian Securities and Investments Commission，ASIC）修訂了氣候風險揭露指南，鼓勵企業採納氣候相關財務揭露（TCFD）的建議。然而，目前還是只有少數規範能強制要求企業揭露 ESG 資訊，例如 2022 年通過的《氣候變遷法》（Climate Change Act）和 2018 年通過的《現代奴隸制法》（Modern Slavery Act）。

　　澳洲正在規劃採用國際永續準則委員會（ISSB）的標準化 ESG 報告，若這項提案能順利通過，將會引領澳洲進入全面強制揭露永續資訊的時代。（譯註：本書中文版出版之時，澳洲已通過強制氣候資訊揭露法，於 2025 年元旦起正式實施）

印度

在 2021-2022 財政年度（譯註：印度的財政年度計算方式為前一年度的 4 月 1 日至當年度的 3 月 31 日止。而財政年度一般會以 FY 加上起訖年度來表示，例如此處通常會被標註為 FY 2021–22），印度當局實施了自願揭露 ESG 資訊的報告制度，鼓勵大型組織揭露相關數據。然而當時只有 175 個組織配合進行自願揭露。為了提高 ESG 資訊的揭露率，印度自 2023 年起，便開始實施強制揭露的報告制度。

這一項制度源自於印度證券交易委員會（SEBI）的企業責任報告框架（BRR）標準，並將適用於印度市值最大的 1,000 家企業。BRR 格式要求企業在遵守 9 項揭露原則的前提下，提供與 ESG 績效相關的量化資訊與質化資訊。

根據這些揭露要求，金融監管機構也提出了建立評量分級制度的想法，以此提高市場當中 ESG 資訊的一致性和可靠性。從 2024-25 財政年度（FY 2024-25）開始，印度開始要求 250 家市值最大的上市公司提供價值鏈中所牽涉到的所有 ESG 數據，這項要求也使印度跟上歐盟及其他地區的發展趨勢。此外，與 ESG 投資相關的法案也接連提出，這些措施都是為了讓印度的永續資訊揭露要求更加嚴謹。

儘管印度在很多方面都落後於其他地區，但在關注 ESG 中的社會數據方面，印度實際上比許多其他國家都更加積極。例如，印度的《公司法》針對所有上市公司、資本額超過 1,340 萬美元的公司或營業額超過 4,030 萬美元的其他公眾公司，要求這些公司的董事會成員中至少要有一名女性董事。而印度的 2000 家市值最大的上市公司，也被要求董事會成員中必須至少有一名女性獨立董事。

日本

自 2022 年起，日本開始加強 ESG 報告法規的實施力度。日本金融廳提議對相關法律條款進行修改，要求自 2023 年 3 月 31 日起，日本所有上市公司必須提交一系列 ESG 數據揭露報告。新的揭露要求涵蓋公司治理、風險管理、營運策略、相關指數及目標等方面的內容，試圖提高企業在 ESG 方面的透明度和問責性。根據新規定，企業需要將這些報告內容納入其證券登記聲明中，並在年度報告中新增專門報告 ESG 資訊的環節。

企業還需要提供管理階層中的女性人數、休陪產假的男性職員人數以及男女職員之間薪酬差異的資訊。許多單位推測，目前自願進行報告的部分很快也會成為強制報告的內容。

這些永續發展揭露規範是根據 2022 年 12 月 15 日通過的《ESG 評估和資料提供者的行為守則》（the Code of Conduct for ESG Evaluation and Data Providers）發展而來的。該守則採用「遵守或解釋」的方法，確保即使 ESG 評估者和數據提供者採用不同標準，仍能維持資訊的透明度和公平競爭的環境。然而，如果同一機構同時擔任 ESG 評估者和數據提供者，還能同時向單一公司提供諮詢服務時，就可能產生利益衝突。為了避免這種「球員兼裁判」的情況發生，行為守則要求這些機構在提供諮詢服務時，必須保持獨立性和客觀性，並提出必要說明，以確保評估結果的穩健性和品質。

大西洋彼岸：美洲

美國

美國在強制揭露資訊方面比歐盟及英國等國家慢得多。即使如此，

美國現在也開始逐漸跟上腳步了。美國證券交易委員會（SEC）長期要求組織揭露可能對投資人產生「重大影響」的 ESG 數據，但一直沒有為此研擬出具體的應用框架，企業也因此在資訊揭露的過程中擁有很大的自由裁量權。於是，SEC 終於在 2022 年推出了將揭露規範系統化的提案。

　　美國證券交易委員會於 2022 年 3 月 21 日提出的氣候資訊揭露規則提案，是朝向成為美國史上最全面的企業 ESG 數據揭露規定而進行設計的。為了提高氣候風險揭露的一致性、可比性和優良的品質，這個提案強制要求企業公布溫室氣體排放數據，以及一系列氣候相關財務數據和質化資料。這當中也包含了範疇一、二和三的排放數據。

　　對於「大型加速申報公司」（譯註：公眾持有的流通股市值超過 7 億美元，且符合一定條件的公司），這個提案要求自 2024 財政年度起，必須提供範疇三的溫室氣體排放數據。在此之前，排除範疇三排放數據之外的其他資料，都需要包含在 2023 財政年度的揭露報告中，並於 2024 年提交報告。在加速申報者和非加速申報者之間，每項法規要求的時間期限都向後推遲一年。例如，小型申報公司（公眾流通股少於 2.5 億美元的公司）需在上述要求的一年後提交相同的數據揭露報告。不過提案也建議免除這些小型申報公司的範疇三揭露義務，避免造成不成比例的成本負擔。

　　雖然美國設計了完善的系統化上線流程，使得各公司有足夠的時間做好準備，但時間仍然十分緊湊。那些在美國拓展業務、在美國資本市場上市或擁有相關供應鏈的公司，現在就需要為未來的揭露規範做好準備。當然，在任何多黨民主國家之中，隨著執政黨轉換，法規也隨時可能產生變動。例如，川普（Trump）政府時期曾大力放寬 ESG 相關要求；而拜登（Joe Biden）政府則企圖使這些法規更具有約束力，

並通過多項立法干預措施，像是《降低通膨法案》（Inflation Reduction Act，IRA）等。因此，法規的力度有很大程度取決於時任執政黨的施政方向。

加拿大

加拿大證券管理委員會（Canadian Securities Administrators，CSA）一直致力於改善加拿大證券交易所上市公司的 ESG 資訊揭露要求。從 2024 年起，銀行、保險公司和聯邦監管的金融機構都被要求提供具體的 ESG 及氣候資訊揭露報告。正如其他國家的情況一樣，這些要求預計很快就會推廣到其他產業。

加拿大鼓勵自願揭露的政策也都在逐漸轉為強制性法規，這樣的全球趨勢在各國政府的操作下都十分顯而易見。起初是針對較大的組織，幾年後逐漸擴展到較小的組織。這些跡象也表明，各國政府都相當認可目前自願揭露行動的價值，並有意持續推廣。

對企業而言，跟上永續法規的發展有不同層面的好處。通過關注和採納目前被政府認可的自願揭露行動，企業可以提前預測未來的監管規範和法律框架對業務的影響。如此一來，企業就能為自己爭取到更多調整業務的時間，並透過業務調整的過程探索商業機會。因此，積極應對 ESG 數據的策略不僅能幫助企業符合未來的強制性法規，還能在現階段的建議型法規中整握先機，提升競爭優勢。

拉丁美洲

與其他地區相比，拉丁美洲在永續金融上實行監管的速度較慢，但近年來也取得了不少進展。巴西推出了綠色金融計畫，鼓勵銀行和其他金融機構投資永續相關專案。墨西哥也推出了《永續證券交易所

倡議》（Sustainable Stock Exchange Initiative），積極推動永續發展報告，鼓吹將 ESG 因素納入投資決策的風氣。

非洲

在 ESG 報告領域中，非洲是一個跟其他地方差異較大的區域。儘管其中已經有一些國家制定了 ESG 相關的法規和指南，還是有非常多國家尚未正式實施相關要求。

其中已有相關規範的國家包括：南非的約翰尼斯堡證券交易所設立了社會責任投資（SRI）指數；迦納證券交易所設立了永續發展和社會責任（SSR）指數；奈及利亞交易所設計了一套獨有的 ESG 報告框架；而肯亞資本市場管理局（Kenya's Capital Markets Authority）和埃及金融監管局（Egypt's Financial Supervisory Authority）也都發布了相關指導方針，鼓勵上市公司在年度報告中揭露自身在環境和社會影響上的資訊。

然而，在非洲要推動永續金融還是面臨著極大的挑戰。這些挑戰包括：缺乏評估 ESG 風險和機會的可靠數據、永續金融產品的供給項目有限，以及需要提高投資人和其他利害關係人對永續金融的認知及教育。

股票市場和金融中心

全球資本市場在監管永續金融的發展上，為我們提供了一個很好的示範。資本市場中對 ESG 資訊的需求促使金融中心加強了對 ESG 數據揭露的要求。

聯合國所支持的《永續證券交易所倡議》（Sustainable Stock Exchanges Initiative，SSEI）於 2015 年啟動，目標是讓世界上每個證券交易所都能研擬出上市公司適用的 ESG 數據報告工具、方法和規範。為此，SSEI 開發了一個「模型指南」（Model Guidance）模板，各交易

所可以使用這個模板來制定出符合市場特性的 ESG 報告規範。

其中有一個影響特別深遠的 SSEI 模板使用者，就是世界證券交易所聯合會（World Federation of Stock Exchanges，以下簡稱 WFE）。WFE 設立了 ESG 指南和指標，協助各大交易所引入、強化或強制實行 ESG 報告標準。WFE 所發布的指南在 2018 年的版本裡包括了以下幾個重大進展：

- 納入永續發展領域的關鍵進展，例如，聯合國永續發展目標（SDGs）和氣候相關財務揭露（TCFD）的建議。

- 將投資團體對 WFE 指南和指標文件的回饋納入改進方向。

- 蒐集不同市場的實施經驗，用以校調出最適合的指標。這份指南經過修訂後，從 2015 年的 33 個指標，改良為目前的 30 個基準指標。其中涵蓋了一系列 ESG 的相關指標，例如：排放密度、氣候風險緩解對策、性別工資比例、人權保障、道德與反腐敗政策、具體揭露作法等。

- 釐清上市公司 ESG 資訊揭露的目標受眾是投資人，因此交易所應該將重點放在有助於投資決策的資訊揭露。

- 這份指南提供了準備 ESG 報告的 4 個關鍵領域：

  ○ 公司治理的問責制度及監督機制：報告發行人應該同時發布一份董事會聲明，針對以下事項進行概述：公司如何定義自身的 ESG 議題、這些議題如何融入公司的策略方向、以及公司是否有審查和衡量進展的機制。

  ○ 目的明確且能與商業價值產生連結：發行人應闡明他們所定調的 ESG 議題，如何創造或打破目前的商業價值。

  ○ 重大性：發行人應向投資人說明，他們是如何定義資訊具有重大性。

  ○ 報告的品質與頻率：報告發行人應確保報告內容足夠準確、足夠及時，而且符合國際公認的報告標準（WFE Research Team，2018）。

　　全球超過 35 家交易所已經正式實施或宣布旗下將採行的 ESG 報告原則。然而，全球各地的實施情況卻非常不同。有些地區明顯表現較為優異，還採行了非常新穎的指標用以評估績效。

　　要評估全球各地在永續數據揭露上的參與程度，我們還可以從全球金融中心的角度來觀察。若要從這個觀點來探討永續金融，我們可以來看看英國智庫機構 Z/Yen 建立的「全球綠色金融指數」（Global Green Finance Index，GGFI）。這個指標建立的目標是要解決 ESG 報告的複雜性、減少揭露成本、避免漂綠爭議並降低碳排放影響等議題。

　　GGFI 在第 10 版（GGFI 10）內容中提到了碳定價可能會持續主導永續監管領域長達數十年；而在 2023 年 4 月發布的第 11 版（GGFI 11）內容也證實了這一點，碳交易市場目前已經被列為影響氣候變遷的首要因素之一。它也強調了針對整個經濟體進行系統性干預的重要性，還有培養具備相關技能的勞動力也同樣重要。

　　GGFI 在第 11 版內容中評估了全球 86 個主要金融中心的綠色金融產品，並為各個中心提供了排名。我們可以對照 GGFI 第 10 版的排名來了解永續金融的局勢變化：

- 倫敦在該指數中持續保持第一的位置；而紐約則躍升一名，位居第二。華盛頓取代雪梨進入前十名。

- 在前十名中，有 6 個金融中心位於西歐；剩下的 4 個皆位於美國。

- 在 GGFI 第 11 版內容中，前幾名的競爭越來越激烈。在 GGFI 第 10 版中，排名前十的金融中心彼此的分數差距為 42 分（滿分 1,000 分）；但在 GGFI 的第 11 版中，這個差距已經縮小到 31 分。

- 這裡我們也可以看到各界大力推崇綠色金融的結果。相比於 GGFI 第 10 版的評量結果，所有金融中心都在 GGFI 第 11 版有顯著的進步，整體分數也提高了 10% 以上（Z/Yen Group Ltd，2023a）。

　　圖 8.3 顯示了 GGFI 對各地區 ESG 報告進展的評估結果。從圖中可以看出，中東和非洲地區在第 9 版（GGFI 9）到第 10 版（GGFI 10）之間進步最為顯著，這也證明了綠色融資的數據要求已然滲透到全球的各個角落。全球景氣在過去 6 個月轉為熱絡（譯註：依英文版本出版時間推算，作者指涉的時間應為西元 2023 年下半年度），也進一步印證了這一件事。

圖 8.3　GGFI 對各地區 ESG 財務報告情況的績效評估

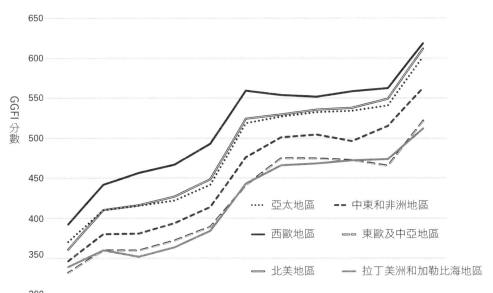

資料來源：Z/Yen Group Ltd, 2023b

　　GGFI 第 11 版指出，「政策和監管架構」以及「相關國際倡議」是推動綠色金融最重要的驅動因素，而「風險管理架構」則位居第三（Z/Yen Group Ltd，2023b）。各地綠色基金的全方位競爭力，顯示了永續發展的力量將會持續刺激著市場。儘管仍有些觀點認為 ESG 只是

短暫的潮流，但是依據 GGFI 長期以來的觀察，ESG 實際上是一股不斷上升的重要趨勢。

永續發展數據如何影響小型證券市場？

一些國家的股票市場會專門為小型公司設立小型證券市場或相關替代市場，這些市場對企業上市的要求通常並不嚴格，為新創公司和小型組織提供了更容易獲得資本的機會。例如，澳洲證券交易所（ASX）創建了「ASX 創業板指數」（ASX Emerging Companies Index）以專注於小型股公司的發展；而中國的深圳證券交易所（SZSE）也專為創新、快速發展的中小企業設計了「中國創業板市場」（ChiNext Market）。

這些小型證券市場不僅在上市要求上相對寬鬆，在 ESG 數據揭露上的規範也較為簡單。正如前面幾段所述，監管單位若要推行嚴謹的報告規範，都會先套用在管轄範圍內的大型組織，小型組織則可以自主決定是否提交。但這並不意味著這些小型證券市場沒有 ESG 報告的相關準則。已經有一部分的小型證券市場制定了相關要求，對於那些想要進入市場的公司來說，這無疑是相當重要的資訊。

讓我們以倫敦的小型證券市場為例。倫敦證券交易所經營的另類投資市場（AIM）沒有最低市值要求，就是為了那些無法符合上市要求的成長型中小企業所設計的子市場。在 2021 年時，在 AIM 中市值最高的公司規模約為 40 億英鎊。然而，這些公司往往都有很高的成長潛力，而 AIM 的設立目的就是要為這些公司提供資本以支持其成長。

根據 AIM 市場的規則，要在 AIM 上市的公司都必須建立一個包含特定資訊的網站，並在這個網站中持續更新公司治理相關資訊。雖然 AIM 並沒有明確要求這些公司進行 ESG 資訊揭露，但倫敦證券交易所

還是鼓勵 AIM 市場遵循目前的法規建議，其中也包括了對應的 ESG 議題。

在公司治理方面，儘管英國目前的法規只適用於主要市場中體制較為健全的上市公司，AIM 市場上的公司並沒有義務要遵守這些法規。不過 AIM 市場上的公司還是需要選擇一套受到公認的準則，並解釋自身是否有任何不符規定的情況發生。這些準則當中不乏與 ESG 相關的說明，例如《英國公司治理守則》（Quoted Companies Alliance Corporate Governance Code，通常簡稱 QCA Code 或 QCA 守則）就包含了相關建議。

而在氣候資訊方面，英國政府目前僅宣布要強制將氣候相關財務揭露（TCFD）原則適用於體制較為健全的上市公司。隨著 TCFD 原則將在 2025 年全面實施，這些受到規範的大型上市公司將會需要旗下的供應商、合作夥伴和客戶提供更為詳細的 ESG 數據，屆時供應鏈中不同規模的廠商都會受其影響。

同樣地，隨著投資人越來越重視 ESG 的相關考量，即使在 AIM 市場上的公司沒有明確的監管要求，無形中也會面臨著 ESG 資訊揭露的壓力。若組織能針對 ESG 所提倡的原則提出相關承諾，就能提高組織的聲譽、吸引投資並減少相關風險。

其他地區的小型證券市場也顯示了類似的趨勢。例如，中國的深圳證券交易所也開始將正規交易市場的要求套用在創業板市場之中，如此一來，中國證監會在 2019 年頒布的上市公司指引就會適用於所有上市公司。然而，雖然所有上市公司都需要遵守基本的報告要求，但是畢竟這些小型企業的規模不如正規上市公司，在正規市場中針對高汙染型產業的嚴苛要求，還是不會強制施加在創業板上的小型企業。

讓我們再將視線轉到美國及澳洲。納斯達克指數參考了全球報告

倡議組織（GRI）、永續發展會計準則委員會（SASB）和氣候相關財務揭露（TCFD）的框架，在 2018 年發表了 ESG 報告指南；而澳洲的證券與投資委員會（ASIC）也建議所有上市公司都應該遵循 TCFD 提供的指南，並參考國際永續準則委員會（ISSB）已發布的相關標準。雖然納斯達克指數和澳洲的指導方針仍然建議企業自願進行揭露報告，不過這些指導方針都有系統化和標準化的發展趨勢，這些要求的普及只是時間問題。

持續前進的旅程：國際準則的標準化

這一章節中我們談到了全球各地ESG資訊揭露規範都在穩步發展。雖然我們從財務標準的發展歷程中也了解到，我們可能永遠都無法產生一統全球的 ESG 數據揭露標準，但是在定義資料集上所取得的進展，還是有助於讓資訊揭露規範變得更易於流通。

隨著國際永續準則委員會（ISSB）、歐洲財務報導諮詢小組（EFRAG）和美國證券交易委員會（SEC）等組織開始提供相關報告工具，全球在永續揭露領域上的標準和期待也變得更加明確。實務上，各界對高汙染型產業的數據報告要求日益增強，也迫使上下游廠商開始蒐集和提供有關資訊。

以往自願提交的報告逐漸轉為強制性的要求，法規增強力度的速度也在加快。所有現象都顯示了，企業若能在 ESG 資料蒐集和揭露上具有深度理解並付諸行動，將會帶來極高的價值。就算是目前沒有被強制要求揭露的組織，這個法則也依然成立。因為 ESG 數據將在未來很長一段時間內成為企業競爭力的核心，而你需要確保組織不會在這場競賽中落於下風。

目前哪些地區有碳排放交易系統？

　　我們在第 5 章中討論了 ETS 體系和碳交易市場的概念，也探討了它們在永續數據使用情境中所扮演的角色與影響。讓我們快速溫習一下，碳交易市場的第一個框架起源於 1997 年發布的《京都議定書》，這是一項由 192 個締約國簽署的國際條約。《京都議定書》設想了一個能在全球發揮作用的碳交易市場，依照各國的承諾進行額度分配。排放額度不敷使用的國家就需要向擁有多餘排放額度的國家購買碳抵換額度。

　　雖然這個全球流通的體系尚未實現，但是各國及各地區已經出現許多各自運作的 ETS 體系了。我們將在接下來概覽全球各地的案例，讓你了解這些制度的運作模式。有朝一日，當你處於以下這些碳排放限制的範圍內時，你就能妥善運用這些制度的特性創造優勢。

跨國 ETS 體系

聯合國

　　目前《京都議定書》所建立的框架已被 2015 年的《巴黎協定》取代，前後者的連貫性也被完整保留於《巴黎協定》之中。在這個情況下建立的國際排放交易（International Emissions Trading，IET）體系，允許各國買賣碳權，以彌補任何未能達成的排放目標。減排量超過原定要求的國家，則可以將剩下的碳權出售給無法達到要求的國家。

　　該系統由聯合國氣候變遷綱要公約（United Nations Framework Convention on Climate Change，UNFCCC）秘書處進行監督，並根據《馬拉喀什協定》（Marrakesh Accords）的條款進行管理（UNFCCC，

2017）（譯註：《馬拉喀什協定》是締約國於 2001 年舉辦的第 7 次締約國會議中所通過，主要內容為《京都議定書》的實行細則），讓這個系統的管轄權具有國際效力，效力遍及所有簽署國。

這些條約也讓聚焦在潔淨能源和溫室氣體減量的專案小組著手制定相關政策，例如「清潔發展機制」（Clean Development Mechanism，CDM）和「聯合履行機制」（Joint Implementation，JI）。清潔發展機制（CDM）允許各國透過資助開發中國家的減排計畫，獲得「核證減排量」（Certified Emission Reduction，以下簡稱 CER）。每單位 CER相當於 1 公噸二氧化碳減排量，因此各國就可以將其用於實現減排目標。聯合履行機制（JI）也是類似的行動，不過 JI 是透過夥伴國家之間的共同規劃、開發和建設，而不僅僅是投資資金。

這些機制都是為了促進已開發國家和開發中國家之間的交流，達到專業知識及資源的共享，幫助開發中國家實現經濟轉型。簡單來說，這些機制允許國家層級的組織在碳交易市場中發揮影響力。

雖然大部分私人公司只是市場上的參與者，但大型公司卻擁有左右國家政策和履行責任的影響力。儘管如此，制定和執行這些政策的主要工作還是由各國政府負責。政府會設定減少排放的目標，然後通過監控和管理其轄下企業的排放來實現這些目標。這些減排目標和管理方法，最終就會成為國家 ETS 體系中的管理工具。

歐盟

歐盟的碳權交易體系是世界上歷史最悠久、交易量最大且成交金額最高的體系。該計畫於 2005 年啟動，目前已完成三個階段的交易計畫，第四階段預計於 2021 年實施至 2030 年為止。歐盟 ETS 的條款依行業而所有差異。最受關注的是被稱為「固定式設施」（stationary installations）的能源密集型場域，包含生產能源、金屬、礦物和紙張的高碳排放工廠。你可以查閱歐盟 ETS 在 2003/87/EC 指令中的指導說明 1 來確認此類場域的完整詳細資訊（European Commission，2003）。

對於設立在歐盟境內的這些工廠，歐盟設定了固定的排放上限，並且規定每年需減少 2.2% 的排放量。這實際上讓每年的排放總額減少了 4,300 萬噸，預計還會在 2030 年達到 20 億噸的減排總量。

歐盟 ETS 在第三階段（Third trading period）面臨的許多挑戰，其實就是大規模排放交易體系都會面臨的困境。例如，第三階段因為排放配額過多，市場需求遠低於供給量，導致碳權交易價格低迷。而這樣的超額供給現象是由一系列因素造成的，包括：經濟衰退導致活動減少、提供過多免費配額、促進潔淨能源的相關影響等。

這種價格波動不僅削弱了企業在短期內減少排放的動力，也會削弱 ETS 體系鼓勵長期投資低碳技術的效力。我們可以從歐盟 ETS 的第三階段實施中看出，目前利用市場機制塑造組織碳排放情況的模式，可能存在一些無法掌控的挑戰和限制。因應這樣的情況，在 2021 年，也就是第四階段的第一年，歐盟 ETS 就啟動了「市場穩定儲備機制」（Market Stability Reserve，以下簡稱 MSR），將 40% 的拍賣量轉為儲備額。

MSR 儲備額的運作機制採用了「基準分配法」，以免費分配排放配額結合拍賣配額的方式進行。拍賣排放配額的收入歸體系中的成員國所有，但也要求成員國至少將其中的 50% 用於能源和氣候相關目標。需要特別注意的是，在歐盟 ETS 的第四階段計畫中，將不再允許使用碳抵換所帶來的碳權，而是更加強調內部的排放管控。此外，歐盟 ETS 體系也與瑞士 ETS 體系相連，兩者之間的配額可互相轉換（後面會再詳細描述這兩者之間的轉換機制）。

　　在第四階段中，電力製造業需要完全透過拍賣機制才能獲得排放配額。這勢必會導致收入較低的國家向能源供應商提供免費配額的情況發生，因為這些國家需要足夠的電力推動現代化和產業多元化。對於工業而言，每年的排放基準通常會根據前一年的排放情況進行逐步減少，也可能根據技術進步或生產模式的變化進行更新和調整。如果企業違反排放上限，每超過一噸二氧化碳就會被處以 100 歐元的罰款。此外，歐盟 ETS 體系還實施了「公開譴責」制度，定期公開違規企業名單，進而影響這些企業的市場競爭力。

各國實施情形

中國

　　中國的國家排放交易體系於 2021 年啟動，就覆蓋率而言，現已成為世界上最大的 ETS 體系（ICAP，2022a）。它的管轄範圍包括每年產生超過 26,000 噸二氧化碳的發電廠（包括其他行業的發電設備），並管轄超過 40 億噸二氧化碳排放額度，占全國碳排放總量的 40% 以上。

　　中國 ETS 體系也是採用基準分配法來分配排放額度。根據工廠的類型和規模，設有 4 種不同的基準點，這些基準點主要針對發電廠的排放強度而定。依據排放強度進行動態調整，能鼓勵企業提升能源效率。另外，中國核證減排量（China Certified Emissions Reductions，CCER）雖然可用於碳抵換，但是最多只可以抵消企業核實排放量的 5%（譯註：企業核實排放量指的是經過第三方核實和驗證，準確測量後所得到的實際排放量，對於 ETS 體系能維持公平性和有效性非常有幫助）。不過，目前只有少數通過審核的特定產業才能參與碳交易市場。

韓國

韓國在 2009 年的《哥本哈根協議》（Copenhagen Accord）中承諾，將依「現況發展趨勢推估情境」（Business as Usual）的計算方法，在 2020 年達到 30% 的減排量。為此，韓國於 2015 年 1 月 1 日啟動了韓國碳排放交易計畫（Korea Emissions Trading Scheme，以下簡稱 KETS）。KETS 適用於韓國境內超過 525 家公司，這些公司約占韓國總體溫室氣體排放量的 68%（International Emissions Trading Association，2016）。

KETS 涵蓋了韓國各個領域的 684 個主要排放源，其中包括電力產業、工業、建築業、廢棄物處理業、運輸業及航空業（ICAP，2023）。運作機制是以免費分配排放配額且允許拍賣的方式進行，但是排放總量中，至少要有 10% 的配額是通過市場拍賣機制流通到各企業手上。不過，政府為了減輕特定企業的負擔，高排放密集或貿易暴露型產業還是能免費獲得 100% 的配額。

KETS 還會向各產業效率最佳的前 10% 組織提供更多免費配額。同樣地，組織若採用高效利用能源的創新技術，也能獲得配額獎勵。在 KETS 的第一階段（2015 年至 2017 年），韓國政府向 525 家公司分配了總共 16.9 億韓元的碳配額（KAU）；第二階段（2018 年至 2020 年）發放了 18 億韓元的碳配額；第三階段（2021 年至 2025 年）則分配了 27 億韓元的碳配額（Korean Joongan Daily，2021）。

不過，KETS 也遇到了與歐盟 ETS 類似的困境。因為市場需求急降導致價格崩跌，政府被迫在 2021 年實施臨時價格下限。因此，KETS 設定了「保留價格」的固定機制。這個機制會根據過去三個月內的市場平均價格來設定最低價格，防止價格過度下跌。這個措施能避免因需求變動導致的價格崩跌，確保交易市場的正常運作和企業的積極參

與。

　　未遵守 KETS 規定的企業將被處以三倍於市場平均價格的罰款。不過罰金也設有每噸二氧化碳當量 10 萬韓元（約為台幣 2,400 元）的單位上限（Kim and Yu，2018）。

英國

　　英國 ETS 於 2021 年 1 月 1 日正式上線，取代了歐盟 ETS 在英國脫歐前所占據的位置（GOV.UK，2022）。英國 ETS 主要是根據歐盟 ETS 體系第四階段計畫發展而來，主要規定都可以與之無縫接軌。英國會採取這個做法，有一部分是預期未來雙方會建立通用的協議；另一部分則是出於便利性，畢竟當時英國在歐盟制定 ETS 體系時也出了不少力。

　　兩者高度重疊之處包括：規範範圍一致（強制規定電力製造業、能源密集型產業和航空業必須參與 ETS 市場）；在監測、報告和認證上的要求也都高度一致；而總量管制上限也是由歐盟 ETS 體系中英國原本所占據的份額轉換而來（譯註：實際上，英國在脫歐後設定的碳排放上限比在歐盟時的份額降低了 5%，這是英國政府為了符合國內氣候目標而做出的調整）。

　　其中有大約 4,000 萬的配額免費提供給碳密集型的固定式設施。若沒有這麼做，碳排放所增加的成本將會對這些產業造成極大的競爭劣勢，甚至可能將這些生產活動遷往其他碳排成本較低的地區，造成碳洩漏的風險。排除這些特殊產業後，剩下的配額就會透過拍賣的定價機制進行交易。

　　拍賣中的最終價格是根據市場上需求和供應的平衡點來決定的，當買家想要購買的配額數量等於或超過了賣家提供的配額數量時，此時的對應價格就是最終成交價格。這個價格反映了買家願意支付的最

高價格與賣家能接受的最低價格之間的平衡。然而，如果這個價格遠低於其他市場的交易價格（比如國際市場或其他國家碳交易市場的價格），那麼就會啟動價格調整機制，拍賣的最終價格就會根據正常市場的情況上調。如此一下，就能確保拍賣價格能維持在一個不明顯低於正常市場價格的水準上。

不過，系統中還存在拍賣底價。目前底價為 22 英鎊，未來幾年可能會逐漸提高。未達到底價的所有出價將會被拒絕，這就代表著並非所有可用配額都會在每次拍賣中售出。例如，2021 年 10 月 6 日的拍賣中，定價機制產生的單價門檻為 60 英鎊，最終市場總共售出了約 500 萬單位的配額。在該次拍賣中，還有約 100 萬單位配額的出價低於這個底價。因此，這 100 萬單位配額的投標就沒有成功，配額也未能出售。

英國在 2023 年可供購買的配額總量約為 7,900 萬單位。拍賣每兩週舉行一次，各組織需要持續評估自身的需求和責任，並根據需要即時進行調整。此外，與英國 ETS 體系相關的碳權期貨市場也已建立，稱為「英國排放配額期貨」（UK Allowance Futures Contract，交易代碼 UKA）。

瑞士

瑞士的 ETS 體系成立於 2008 年。一開始是自願參與，2013 年開始強制規定大型能源密集型公司進入市場。瑞士和歐盟在 2020 年將各自的 ETS 系統串連起來，這使得瑞士 ETS 的參與者可以使用歐盟 ETS 的排放配額來履行其減排義務，反之亦然。

這種系統的互通性之所以能實現，是因為兩個市場在法律和技術要求上達到了高度一致性，涵蓋的產業也基本相同，包括電力業、排放密集型工業（主要是水泥、化學、製藥、造紙、煉油和鋼鐵業）和

航空業。在這個範圍之下，截至 2022 年，瑞士約有 60 家組織需遵守這些碳交易的規則和要求。

而瑞士 ETS 體系的排放權分配方式也與歐盟相同，以基準分配法結合拍賣的形式進行。違規行為也會受到同樣的處罰：每超額排放 1 公噸就會罰款 100 歐元，並進行公開譴責。

其他知名的非國家層級 ETS 體系

加州

提到非國家主導的知名 ETS 案例時，我們就需要再次提及在第 7 章出現過的加州排放交易系統。美國加利福尼亞州於 2013 年啟動的總量管制與交易計畫，是目前全球規模第 4 大的 ETS 體系。該系統與加拿大魁北克的總量管制與交易計畫相互串聯，允許兩地的企業互相使用對方的排放配額來達成各自的法規要求。這樣的串聯使得兩地的企業可以自由地在兩個市場之間交易碳排配額。

這個計畫是由加州空氣資源局（California Air Resources Board）負責實施並執行，首波要求參與的組織是每年排放超過 25,000 噸二氧化碳當量的組織。而這個計畫的溫室氣體排放上限，不僅從 2015 年到 2020 年間，每年下降 3%；更計畫從 2021 年到 2030 年間，每年再減少 5%。

加州體系的配額機制也是透過免費分配結合季度拍賣的模式進行。大部分的配額都會在拍賣中出售，這不僅為企業提供了更靈活且成本更低的減排途徑，也為兩地政府創造了大量收入（Center for Climate and Energy Solutions，nd）。值得一提的是，加州 ETS 體系的每次法規盤查，合格率都接近 100%，顯示了加州驚人的執行力。

魁北克

　　加拿大魁北克的總量管制與交易系統於 2013 年開始營運，並於 2014 年正式與加州系統連接。魁北克系統分成好幾個階段實施，每個階段都有不同的合規期限。第一個合規階段於 2013 年開始，持續兩年，後續改以三年為一期進行分階段實施監管。

　　魁北克系統的排放上限，從 2013 年的 2,320 萬噸二氧化碳當量開始發展。在 2015 年時，因為產業範圍擴展到燃料分銷的相關領域，總額迅速上升至 6,530 萬噸二氧化碳當量。隨著系統發展得越來越健全，這個排放上限才以每年 2.2% 至 3.5% 的速度逐漸減少（ICAP，2022b）。截至 2023 年，排放上限為 5,280 萬噸二氧化碳當量。

　　魁北克系統涵蓋電力、建築、交通和工業燃料的燃燒排放以及工業製程的排放，共約占魁北克溫室氣體排放總量的 80%。每年排放超過 25,000 噸二氧化碳當量的組織，或經手超過 200 公升燃料的燃料分銷商都有義務參與市場。

　　魁北克系統的大多數配額都需要透過拍賣取得，但也有一些配額是免費分配給排放密集型、貿易暴露型產業，或是在該制度公布之前就已簽訂固定價格銷售合約的電力生產商。魁北克系統還設有一個配額儲備帳戶，以調整免費分配的數量，並將這些儲備量出售給那些未能履行減排義務的組織。截至 2022 年，魁北克系統的平均拍賣價格為 36.29 加幣。且自該計畫開始以來，系統的總收入達到 70 億加幣（ICAP，2022b）。

　　魁北克計畫在 2024 至 2030 年期間，根據排放上限的下降係數、碳洩漏風險以及固定排放的比例，減少免費配額的數量。預計將在 2024 年至 2030 年間減少 290 萬噸二氧化碳當量的免費配額。此外，魁北克還將引入「軌跡調節係數」（trajectory modulation factor），控制減

排的節奏，以初期較慢、後期加速的方式，幫助企業適應變化。由於免費分配數量會逐步減少，企業將會需要通過拍賣獲得配額。這些配額的拍賣收益將被保留下來，專門用來資助企業的氣候轉型相關專案。

　　從上述的各個系統中可以看出，ETS 體系和碳權交易市場正在全球迅速擴張，各界都越來越重視 ETS 系統在推動永續發展目標上的地位。然而，正如前幾章所述，ETS 體系也不乏批評的聲浪。科學基礎減碳目標倡議（SBTi）就批評這些系統可能會削弱企業進行根本性改革的積極性，分散了人們的注意力。儘管如此，ETS 在未來幾十年內的重要性還是不可忽視。對企業來說，了解當地的 ETS 法規並密切關注事態發展，將有助於企業充分利用這些市場帶來的機會。

　　我希望這個章節能帶給你一個明確的訊息：永續發展數據的揭露並不是僅限於少數國家的議題，這方面的討論已經遍及全球，各地都在為之付出努力。法規、準則、工具和交易市場，全都在致力於提高資訊透明度，讓全球生態系統能依據這些資訊做出更明智的決策，並將資源分配給真正促進永續發展的企業。

　　但是，我們要怎麼定義「真正促進永續發展」的企業？你確定你的組織是以正確且真實的方式來傳達企業的永續形象和承諾嗎？在下一章中，我們將深入探討如何定義組織的永續貢獻，並聚焦於另一個重要的議題：「漂綠」（Greenwashing）。

參考文獻

Center for Climate and Energy Solutions (nd) California cap and trade, www. c2es.org/content/california-cap-and-trade/ (archived at https://perma. cc/4VQCZX5B)

European Commission (2003) Directive 2003/87/EC establishing a scheme for greenhouse gas emission allowance trading within the Community and amending Council Directive 96/61/EC, https://eur-lex.europa.eu/legal-content/EN/TXT/PDF/?uri=CELEX:32003L0087 (archived at https:// perma.cc/9C7Q6D9W)

Gagnon, S (2022) Frameworks explained: What is the ISSB?, Sustain.Life, www.sustain.life/blog/frameworks-explained-issb (archived at https:// perma.cc/Y9EG-8KTV)

GOV.UK (2022) Policy paper: UK Emissions Trading Scheme markets, www. gov.uk/government/publications/uk-emissions-trading-scheme-markets/ ukemissions-trading-scheme-markets (archived at ttps://perma.cc/TZ95-LZMM)

ICAP (2022a) Emissions Trading Worldwide: Status Report 2022, https:// icapcarbonaction.com/system/files/document/220408_icap_report_rz_ web.pdf (archived at https://perma.cc/6SJ8-HLAS)

ICAP (2022b) Canada – Quebec cap-and-trade system, https:// icapcarbonaction.com/system/files/ets_pdfs/icap-etsmap-factsheet-73.pdf (archived at https://perma.cc/R4X2-T9G8)

ICAP (2023) Korea Emissions Trading Scheme, https://icapcarbonaction.com/ en/ets/korea-emissions-trading-scheme (archived at https://perma.cc/

LB29-LZKU)

International Emissions Trading Association (2016) Republic of Korea: An emissions case study, www.ieta.org/resources/2016%20Case%20Studies/Korean_Case_Study_2016.pdf (archived at https://perma.cc/9VSY-R56X)

Kim, W and Yu, J (2018) The effect of the penalty system on market prices in the Korea ETS, Carbon Management, 9 (2) pp 145–54

Korean Joongan Daily (2021) Carbon trading, at six years old, still has teething problems, https://koreajoongangdaily.joins.com/2021/06/05/business/industry/emissions-permits-emissions-trading-carbon-emissions/20210605070100841.html (archived at https://perma.cc/L4DY-GNAL)

S&P Global Market Intelligence (2023) China to keep lead in green bond market amid alignment with global standards, www.spglobal.com/marketintelligence/en/news-insights/latest-news-headlines/china-to-keep-lead-in-green-bondmarket-amid-alignment-with-global-standards-74039783# (archived at https://perma.cc/6UHN-P4UA)

Toplensky, R (2023) Pro take: Forget the SEC, international climate reporting standards could become the global baseline, Wall Street Journal, www.wsj.com/articles/pro-take-forget-the-sec-international-climate-reporting-standards-couldbecome-the-global-baseline-ea01d05a (archived at https://perma.cc/FK95-JND5)

UNFCCC (2017) Greenhouse gas inventories and additional information submitted by Parties included in Annex I Reporting, accounting and review requirements relating to the second commitment period of the Kyoto Protocol, https://unfccc.int/files/ghg_data/kp_data_unfccc/

compilation_and_accounting_data/application/pdf/compilation_cmp_
decisions_for_2nd_commitment_period_v01.06_with_convention_6_
july17.pdf (archived at https://perma.cc/8SXWXKA8)

WFE Research Team (2018) The WFE publishes revised ESG guidance and
metrics, https://focus.world-exchanges.org/articles/wfe-publishes-revised-
esg-guidancemetrics (archived at https://perma.cc/M3Q7-SLGK)

Z/Yen Group Ltd (2023a) The Global Green Finance Index 11 Supplement:
The carbon transition, Long Finance, www.longfinance.net/publications/
long-finance-reports/the-global-green-finance-index-11-supplement-the-
carbontransition/ (archived at https://perma.cc/7F54-ZK9N)

Z/Yen Group Ltd (2023b) The Global Green Finance Index 11, Long Finance,
www.longfinance.net/media/documents/GGFI_11_Report_2022.04.20_
v1.1.pub.pdf (archived at https://perma.cc/UDN3-R7W3)

9

識別漂綠行為

問題反思

- 什麼是「漂綠」？

- 我要如何幫助組織遠離漂綠的嫌疑？

- 我們可以從過去的漂綠案例中學到什麼教訓？

什麼是「漂綠」？

漂綠（greenwashing）是指組織對自身的環保表現做出不實或誤導性聲明，試圖讓自己「看起來」比實際情況更環保。隨著人們對氣候危機和相關社會問題的意識抬頭，企業迫於壓力回應這些期望，同時，漂綠的議題也漸漸浮上檯面。在極端情況下，這種行為還可能被構成欺詐，因為企業可能藉由散布不實言論來獲得不當利益，對大眾和市場造成實質損害。

不過，漂綠也分成好幾種程度。即便不涉及犯罪，企業也應嚴肅對待自身應負擔的責任。在這個議題上，殼牌石油就是一個典型案例。身為石油業巨頭，該公司曾在推特上對大眾發問：「你願意為減少排放做出什麼改變？」這個看似無害的問題卻引發了海嘯般的討伐聲浪，數千人蜂擁而至，指責殼牌石油的虛偽。因為殼牌石油過去就一直有計畫地淡化其產品在氣候變遷中的負面作用，甚至企圖阻止法規或其他會影響該公司運作模式的改變發生。

因此，殼牌石油此次的推特發言也被人們解讀為推卸責任。人們認為責任應該要回歸到企業本身，而非轉嫁給消費者。這也讓殼牌石油在這次的公關行為下，反而引發了更大的輿論危機。

企業在漂綠爭議上會面臨哪些風險？

漂綠會為企業帶來多重風險，其中，潛在的聲譽損害是最為嚴重的一項。如果被利害關係人發現企業發布不實的環保聲明，企業不僅無法為自身的形象「漂綠」，甚至可能得到截然相反的結果。利害關係人可能會就此認定企業是個唯利是圖、不可信任的對象，甚至認為企業正

在破壞市場的誠信文化。直接後果包括消費者開始抵制其產品或服務、投資人不願意提供資金；間接後果則是導致企業失去大眾對品牌的長期信賴，未來的公關和行銷活動都將窒礙難行，並帶來巨大的財務風險。

除此之外，漂綠行為也有相應的法律後果需要承擔，監管單位會對做出不實或誤導性聲明的企業進行裁罰。最常見的情況是企業被投資人、消費者或其他組織指控漂綠，並以提出訴訟的形式索賠。

案例討論：丹尼默科學公司（Danimer Scientific Inc）

2021 年，有一群投資人對生物塑膠製造公司丹尼默提起集體訴訟。訴訟針對的是丹尼默的主要產品 Nodax。丹尼默聲稱這個產品是 100% 可生物降解的塑膠替代品。然而，這個說法遭到了強烈的質疑，有不少人認為丹尼默誇大了產品的生物降解性。這個指控導致丹尼默公司的股價大跌，投資人也對丹尼默提起法律訴訟，指控丹尼默在綠色認證上存在重大的不實廣告和誤導性言論。儘管丹尼默對這些指控提出異議，但股價崩跌所造成的損失已經發生，且未來還可能面臨其他裁罰。

有鑑於 ESG 投資產品及相關爭議都越來越常見，美國證券交易委員會（SEC）也因此開始制定相關規範。SEC 委員艾莉森・赫倫・李（Allison Herren Lee）在 2022 年談到 ESG 時，指出投資人對此的興趣和需求激增，並強調若要保護投資人，就不能忽視資訊透明度和問責制度的重要性。她嚴正地提醒市場參與者應該謹遵「言行一致，表裡如一」的原則。販售 ESG 相關投資產品的金融單位，必須提供真實、完整、且不帶偏見的產品資訊，並且確實依照所宣傳的理念進行操作，

才是對投資人充分負責的展現。

當我在 2019 年與上述的李委員見面時，她就已經抱持了這些想法。她也直言不諱地表示，她相當支持美國政府針對上市公司進行漂綠檢驗。最後美國政府花了一點時間才接受這些提議。這也顯示了 ESG 相關法規與政府政策之間高度依存的動態關係。

SEC 為了應對漂綠檢驗的需求，也成立了氣候及 ESG 執法小組，負責檢視「ESG 報告發行人根據現有法規進行的氣候資訊揭露行為中，是否存在重大不實或錯誤陳述」。執法小組很快就展開行動，也發現了嫌疑案件。2022 年 5 月，執法小組指控紐約梅隆銀行（The Bank of New York Mellon）在 ESG 相關聲明中存在重大不實和遺漏。此案最終處以 150 萬美元罰款及相關糾正措施，監督紐約梅隆銀行不會再次發生類似問題。

在已有先例的情況下，ESG 訴訟就能從特殊案例逐漸發展成常態，未來相關訴訟和執法行動就會更加普遍和頻繁，並且推動進一步的法規改革和法律判例。本章節接下來會討論到的幾個案例，都能說明這種趨勢。

視線從美國轉向歐盟，我們可以看到漂綠問題也漸漸納入法規監管範圍內了。根據歐盟的研究，53.3% 的企業聲明過於含糊或具有誤導性，40% 的聲明缺乏證據支持（European Commission，2020），這些誤導性陳述也包含了淨零排放和碳中和等常見的企業聲明（European Commission，2023）。為此，2023 年 3 月，歐盟委員會發布了《綠色聲明指令》（Green Claim Directive）草案，針對漂綠行為提出具體的防堵行動。

而永續金融界則是早已意識到漂綠問題。由於缺乏明確的定義和基準，對漂綠的擔憂進一步促使了永續分類法的出現（詳見第 5 章）。考量到永續定義上的不確定性，企業若要想要做出明確的永續聲明，

就應該在聲明中保有資訊的詳細度和精確性。

在為不同產業和應用情境制定「永續」的定義時，確保定義的適用性和準確性是一項繁瑣且複雜的工作。因為每個產業的環境、規範和需求都不同，制定出一個可以跨產業使用的標準就需要大量的研究和調整。

在相關單位制定永續定義的同時，商界領導者因為擔心被冠上「漂綠」的指控，反而催生了另一個反向術語：「噤綠」（greenhushing），亦被稱為「綠色沈默」。噤綠指的是在「反漂綠」的主流聲浪下，即使企業的永續行動是出於良好的意圖、也取得了正向的成果，企業還是會選擇淡化甚至避免揭露自身的永續行動。這也是企業面對漂綠風波最直覺的感受：在缺乏明確標準的情況下，任何永續行動的揭露都會帶來社會壓力，一旦計畫不夠周全就有可能遭受大眾的批判。

因此，許多組織在揭露永續資訊時寧可低調行事。只要他們不主動公開，就能避免踩線，從而遠離漂綠爭議。這種做法雖然避開了漂綠嫌疑，但也讓企業錯失了展示永續成果的機會。這對企業的內外部利害關係人來說，無疑是個打擊士氣的做法。

當組織的董事會開始熟悉並靈活應對各個層面的永續議題時，不可避免地需要在「避免漂綠風險」與「因噤綠而錯失機會」之間找到平衡。這取決於組織對自身數據的信心以及組織的風險趨避程度，因為數據能幫助組織在面臨質疑時及時拿出證據平反。處於不同組織文化下的領導者會做出不同選擇，在業務、客戶、員工和市場上訂立的永續發展目標也就各不相同。

數據可以作為組織的堅實後盾

正如殼牌石油在推特公關失敗的例子所示，利害關係人對 ESG 的

實質內容越來越了解，對於空洞的說辭也愈加犀利。在這種背景下，使用數據來支持組織的 ESG 行動就會是絕佳的應對模式。透過蒐集並有效運用 ESG 數據，組織就能在漂綠嫌疑中自證清白。這不僅能為企業的永續聲明提供堅實後盾，還能展現實現永續承諾的決心。

案例討論：福斯集團（Volkswagen）汽車排放舞弊事件

2015 年，福斯集團被指控在其柴油車中安裝特殊軟體，在官方排放檢測中造假，最終坐實了漂綠的罪名。這個事件會在美國開始延燒，是因為人們注意到福斯汽車的道路性能與官方測試結果並不一致。福斯集團因此暴露了在測試期間啟動的「減效裝置」（defeat device），它們系統性地扭曲旗下汽車的性能測試數據，使車輛的排放數據看起來符合標準。

美國環保署（EPA）也開始注意到福斯集團的異常，進一步調查後發現福斯集團在測試階段啟動了特殊軟體來調整參數，蓄意捏造數據，藉以通過美國新頒布的廢氣排放規定。但是在實際駕駛中，這些車輛所排放的氮氧化物污染最高可以達到標準的 40 倍。在舞弊事件被揭發之前，福斯集團甚至還在官方宣傳中強調產品的低排放性能，進一步推動了美國的柴油車銷售量。這使得整起事件更為諷刺，也引發難以平息的眾怒。

舞弊事件爆發後，福斯集團的股價在 3 天內暴跌超過 40%，還受到各國監管單位的高規格審查。福斯集團最後被迫召回一千一百萬輛汽車，並為此次醜聞付出約 300 億美元的代價。

雖然少有企業會採取跟福斯集團一樣的極端手段，刻意在測試中作弊。但是，由於現代大型組織的業務分布廣泛、職責各自獨立，數據的蒐集和編撰涉及不同部門和個體。在經過層層經手人的情況下，人為操作的影響就更容易被放大。尤其是在經手人被施加壓力、或有其他美化永續成果的動機下，扭曲數據的情況就更容易發生。

正如俗話所說的，通往地獄的道路往往是由善意鋪陳而成的。即便企業的初衷始於純粹的 ESG 理念，企業仍可能在無意中走向漂綠。這就呼應了我們要強調的：企業必須建立一套可靠的資訊管理系統。這樣才能避免數據在傳遞的過程中被扭曲或誤解，無意間造成漂綠。

目前 ESG 報告仍然是一個新興且快速發展的領域，相關單位也正在如火如荼地著手處理這個問題，試圖將這些 ESG 揭露資訊標準化。然而，法規只是提供了基本輪廓，企業仍有相當大的自由裁量空間。在現今人們普遍認為組織會過度美化報告的背景之下，組織也應該要擔負起自身的責任，制定適當的策略並清楚解釋自己所使用的定義方法。

因此，企業在公開 ESG 報告之外，還應該對數據來源、蒐集過程和操作方式保持透明。這能增強外界對企業揭露行為的信任，為企業避開漂綠指控以及其他因漂綠而引起的連環效應。

但是，增強數據和資訊處理的透明度本身並非百利而無一害。多數企業都是經過激烈競爭才能在市場中取得一席之地，所有人都很珍惜自己好不容易建立起的競爭優勢。對此，公開市場上也有相關規範，確保重要資訊不會在規定的報告期間前公開，避免投資人利用資訊不對稱的優勢獲取不正當利益。

在衡量揭露尺度的過程中，公司的領導階層需要謹慎評估資訊的「重大性」，以及這些資訊對競爭對手、金融環境以及價值鏈上下游

的影響。讓我們舉例說明「重大性」會如何帶來影響：若一家企業計畫發展更永續的生產流程，那麼公開這項資訊很可能會立即影響該企業的市場競爭力，讓競爭對手得利或損害投資人的利益。

這件事情告訴我們，並不是絕對的透明度就會帶來絕對的好處，企業還需要權衡市場競爭力與其他優先目標。企業需要評斷哪些資訊是投資人和其他利害關係人需要知道的、哪些資訊是需要保密的，並在這兩者之間找到最符合企業特質的平衡點。

你需要特別注意的數據限制

- **數據的儲存時間**：這是多久以前的數據？是否已經過時了？
- **數據的相關程度**：數據目前仍然能反映實際情況嗎？
- **數據的不一致性**：如果數據之間存在資訊落差，要如何進行更新管理？
- **數據的細緻程度**：數據是否有足夠具體的細節，以支持企業的永續聲明？（例如，如果有一個數據項目是「企業是否有多元化政策？」且數據的儲存內容為「是」或「否」。那麼這個數據的細緻程度就不足以反映政策的品質，我們就會說這筆數據無法用於支持企業的永續聲明。）

投資人和利害關係人一直都很重視資訊的透明度，這在永續數據的資訊揭露上也不例外。但是你可能會想問，透明度具體指的是什麼呢？

數據的時效性及其後續影響，就是透明度很重要的一部分。討論到數據的時效性，我們就必須了解到組織一般是怎麼進行資料蒐集和

報告編撰的。所有組織通常都會有內部的營運週期，所有業務都有既定的處理時限。處理、驗證和覆核資料所需的時間都會造成數據對外呈現的延遲。因此，公開的數據始終會是描述過去事實的數據。

因此，組織需要明確說明每筆數據所指涉的時間段，才能確保所有參考揭露資訊所做出的決策，都有考慮到這些延遲影響。例如，如果此次的時間延遲是因為運作環境發生了重大變化，就會連帶影響到數據在當前情況的適用性。在這個情況下，企業有義務明確說明這些影響因素，以確保資訊揭露的完整性。

此外，包括投資人在內的外部利害關係人都需要了解數據的具體蒐集時間，才能與其他企業進行有效比較。讓我們舉一個案例來說明不同的數據蒐集時間會帶來什麼影響。若有一家鞋類製造工廠在 2020 年底揭露用水量數據，而他的競爭對手則是在 2020 年 2 月揭露用水量數據。儘管這兩筆數據均來自 2020 年，也都反映了該企業 12 個月以來的用水情況，但是這兩筆數據還是無法進行有效的比較，因為這期間經歷了新冠疫情（Covid-19）大爆發。任何經歷過疫情的人應該都明白，疫情發生前後的情況完全不可同日而語。因此這兩筆數據的背景條件是完全無法相互比較的。

而數據的品質也是透明度中很重要的一環。一家企業雖然可以聲稱自己制定了多元化政策，但如果這項政策是在 1992 年制定的，而且此後就沒有進行更新，那麼這項政策顯然無法反映當今社會對多元化的期望與需求。尤其在法律不斷演進的過程中，這更是不合時宜的做法。因此，數據不僅必須細緻且具體，還必須與時代的發展同步，才能確保其具備法律效力並滿足社會期待。

我們能從組織所揭露的數據中挖掘出來的資訊，常常都只是「是」或「否」這種簡單的答案。例如，有一家公司揭露了「公司是否有廢

棄物管理政策？」這類的公司治理數據，答案是「是」或「否」。這筆資訊無法向利害關係人提供政策的適用性或其他具體細節，也無法看出與同業相比的好壞程度。

就如上述所示，僅有「是」或「否」的答案無法充分反映組織的實際作為。要應對這個問題，領導者應以實際行動展現足夠的重視度，而最好的方法就是提高內外部的透明度。「內部透明度」指的是內部人員對組織的表現很清楚，並承認還有需要改進的地方；而「外部透明度」則是向利害關係人坦誠這些問題的存在。

既然講到透明度，那就不能不提到同等重要的數據可靠性。投資人會根據企業所提供的數據進行分析，從而形成對企業運作的預期。如果數據有誤，這些預期也會跟著產生偏差，接下來就會產生一連串錯誤的推論。當投資人認為自己被企業所提供的 ESG 數據誤導時，就很有可能尋求法律救濟來索賠。另一方面，這些不良數據也會導致相關的 ESG 評量分數或 ESG 評量基準無法反映真實情況，從而影響企業的決策，還有可能向監管單位提交有爭議的報告內容。組織不僅會因此面臨法律責任，還要冒著聲譽受損的風險。這也是為什麼原始數據的品質對組織來說如此重要。

關於數據誤差累積之下能帶來多大的風險，中國歷史上也有一個知名的故事可以給我們借鑑。中華人民共和國成立初期，人們懷著滿腔民族復興的熱血，齊心配合政府的建設目標。政府不僅為每個人民公社設定了目標產量，還鼓勵人民超額完成。由於急於表現國家的繁榮，從基層到中央的各級官員全都略微誇大了農作物的產量。

如果只是一個公社浮報產量，也不至於造成太大的影響。但是當整個體系都這麼做的時候，微小的錯誤在被不斷疊加渲染之下也會導致巨大的偏差，嚴重扭曲了糧食生產數據。從 1957 年開始，中央政府

開始對外宣傳糧食產量大躍進。雖然帳面上顯示了500億磅（約為2,270萬公噸）糧食大豐收，實際情況卻只有約120億磅（約為544萬公噸）。想當然爾，這種扭曲數據的歪風使得決策嚴重與現實脫節，最終釀成1959年到1961年災難性的大饑荒。這被各界認為是人類歷史上最嚴重的飢荒，也是有史以來最嚴重的人為災難之一。

整起事件凸顯了數據蒐集、編整及管理的每個階段都應該嚴加把關，也強調了透明度在數據揭露中的核心作用。對於市場來說，數據的估值、外推或是存在誤差範圍，並不意味著數據無效或不可靠。特別是在法規尚未完全確立的情況下，市場參與者通常能接受合理範圍內的估計和推斷。關鍵在於，企業是否能夠透明且明確地說明這些估值和誤差，讓投資人理解數據的局限性，從而做出知情的決策。

防止數據解讀錯誤最有效的方法，就是對數據揭露中使用的各種參數保持透明。組織不僅要提供 ESG 數據，還需要明確說明這些數據的意涵及局限性。透過這個做法，組織的 ESG 數據就不容易被曲解或質疑，更能傳達組織的理念以及解決問題的決心，同時也能避免組織被指控試圖操控市場觀感。

接下來我們會討論4個著名的漂綠案例。前兩個案例是服飾品牌 H&M 和再生能源公司 Enviva，這兩家公司被指控在產品的綠色認證方面嘗試散播誤導資訊。第3個是法國石油公司道達爾能源（TotalEnergies），該公司的策略及承諾都曾遭到漂綠指控。最後，我們會探討礦業公司淡水河谷（Vale S.A.）如何因散布不實資訊、誤導投資人在 ESG 相關投資和風險上的評估而遭到指控。

這些案例不僅展現了漂綠指控可能涉及多種形式，也說明了企業在不同營運面向中的潛在風險，無論是產品、戰略、還是投資資訊的揭露。從這些案例中汲取教訓，將有助於組織在未來避開類似的風險。

漂綠案例研究

案例討論：H&M

 2022 年，服裝品牌 H&M 因散布不實或誇大的永續形象而面臨集體訴訟。當時 H&M 推出了「Conscious Choice」系列產品，產品名稱暗指消費者應該進行「有意識的選擇」。H&M 聲稱每款 Conscious Choice 產品都含有超過 50% 的永續材料，因此這個系列產品的目標客群就是那些願意為永續服飾支付更多費用的消費者。

 但是在這場訴訟中，H&M 被質疑這些永續數據是不實的。石英財經網（Quartz）上的一篇文章顯示，H&M 不僅誇大了服裝的永續性，在某些情況下甚至使用了明顯錯誤的數據（Shendruk，2022）。這場訴訟的爭論點在於，由回收塑膠瓶製成的聚酯纖維，是否可以被視為「環保」的材料。正如訴狀中所陳述的：「H&M 將永續發展策略建立在鼓吹消費者繼續消費一次性塑膠製品，如此一來它們又可以回收並製成更多產品，這在邏輯上是非常有問題的。這種綠色行銷手法並沒有正視長期存在的根本性問題，也就是一次性消耗品和資源過度消耗的問題。實際上，這種行銷策略想要鼓吹消費者購買更多衣服或更快丟掉衣服，因為消費者相信這些衣服可以在某種神奇的機器中被回收再利用。」

 這個問題凸顯了 ESG 資訊揭露所需具備的精確度和透明度正在不斷提高。利害關係人越來越不滿足於空泛的說辭，紛紛要求組織制定更高標準並鞏固問責制度。正如美國證券交易委員會指出的，許多組織似乎只是將 ESG 議題視為賺錢的工具，以未經證實的聲明來賺取公眾對永續發展的關心。

值得注意的是，H&M 只是近期眾多訴訟案例的其中一個。因為監管單位、消費者和投資人都變得更精明，也更積極揭發不當漂綠行為。各組織都應該重新調整腳步，才能適應社會進步的步調。

接下來我們要說明的證券集體訴訟案例，是投資人對 Enviva 提起的漂綠控訴，也同樣說明了誇大綠色認證會帶來的風險。

案例討論：再生能源公司 Enviva

再生能源公司 Enviva 主要業務為生產木製燃料，用以作為燃煤發電的替代品。由於 Enviva 宣稱自己是一家純粹以 ESG 為核心的公司，因此 Enviva 將自己定位為「以成長為導向」的公司。

然而，2022 年，俗稱「殺人鯨」（Blue Orca Capital）的做空機構發布了一份報告，嚴厲指責 Enviva 涉嫌漂綠，報告甚至給出了這樣的評語：「任何持有這支股票的 ESG 投資人都應該為此感到羞愧。」（Blue Orca Capital，2022）這份報告中還有一個特別引人注目的論點是，他們認為漂綠行為本身就構成了一種責任。這個論點的關鍵並不是因為漂綠會造成聲譽損害等負面結果，而是認為這種漂綠行為的存在，就已經顯示了企業本身在營運和治理結構上存在著根本性的系統缺陷。

此份報告發布後，Enviva 的股價下跌超過 19%，隨後持股人也針對該公司以及部分高層人員提起了證券集體訴訟（Boughedda，2022）。訴狀指出，Enviva 對公司的業務、營運和合規政策做出了不實及誤導性陳述。這也與殺人鯨所發布的報告一致。雖然 Enviva 否認

有任何不當行為，但 Enviva 所發布的數據卻為自身的漂綠嫌疑提供了關鍵證據：「Enviva 在資訊揭露的追蹤報告中，嵌入了隱藏的 GPS 資料，使得閱覽者能夠針對公司的各項作業進行地理定位。衛星圖像顯示，Enviva 所採購的木材，大多是從廣受譴責的清場伐木情況中取得的，這與該公司的說法恰恰相反。」（Blue Orca Capital，2022）

　　雖然 Enviva 的案例只是給我們一個警惕，但是這也再次證明了數據的透明度及可靠性在資訊揭露中的地位，以及數據應用技術的潛力。在 Enviva 的案例中，利害關係人透過地理資訊來檢視該公司的聲明是否屬實，充分展現了在數據準確且透明的情況下，數據能有多大的力量。數據不僅可以成為揭發漂綠行為的利器，同樣地，數據也可以成為企業正面行動的關鍵證據。

　　Enviva 和 H&M 的案例都展示了企業會如何在產品的環保特質上誇大其詞或誤導大眾。然而，漂綠不僅會發生在產品層面，也可能涉及組織戰略及其相關承諾。這一點在接下來我們要說明的道達爾能源（TotalEnergies）案例中也能得到證實。

案例討論：道達爾能源（TotalEnergies）

　　道達爾能源是法國最大的能源公司，他們在 2022 年 3 月被一群環保組織起訴，起訴團體包含：法國綠色和平組織（Greenpeace France）、法國地球之友（Friends of the Earth France）、眾人事務（Notre Affaire à Tous）和地球委託者（ClientEarth）。這個訴訟團體指控道達爾能源刻意誤導消費者的認知。它們一邊承諾在 2050

年實現淨零排放，一邊又悄然制定了生產更多化石燃料的計畫。這起氣候訴訟是根據歐盟《不公平商業行為指令》（Unfair Commercial Practices Directive）的條款所提起的。這個指令禁止企業使用誤導性的廣告或隱瞞重要資訊來欺騙消費者。

這些環保團體也解釋了他們提出這起氣候訴訟的理由：「我們今天會將道達爾能源告上法庭，是因為它利用狡猾的宣傳手段包裝了一個自相矛盾的説法：它試圖説服大眾在消耗更多化石燃料的同時，還可以實現碳中和目標。但是事實上，人類對化石燃料的依賴正在累積我們對氣候造成的傷害。就像是菸草製造商總會淡化香菸與健康之間的關係一樣，道達爾能源的廣告也掩蓋了它對地球和人類造成的危害。道達爾能源所進行的公關手法只是試圖讓大眾失去辨認事實的機會，以便他們能推遲自身所應肩負的氣候責任。因此，我們需要保護消費者免受不實資訊的影響。」（Les Amis de la Terre，2022）

這起氣候訴訟源起於道達爾能源的一項大規模促銷活動。在該活動中，道達爾能源強調了自身對 2050 年實現淨零排放的決心，繼而引發軒然大波。同一時期，埃克森美孚（Exxon）、殼牌石油（Shell）、英國石油公司（BP）和雪佛龍（Chevron）等大型能源組織的高層也都被美國國會傳訊，要求他們説明是否曾經散播化石燃料在氣候變遷影響上的誤導性資訊。

由於石油公司對氣候變遷的影響極其深遠，使得它們在漂綠指控中經常成為主要對象。我們也能從道達爾能源的案例看到，在面對日益嚴苛的監管和公眾壓力下，這些公司的公關和行銷行動就更顯得左右支絀。然而，就像本章節討論的其他組織一樣，比起他們想要掩蓋的永續表現，毫無根據的 ESG 聲明往往會造成更多責任與風險。

接下來我們要認識的第 3 種漂綠指控，就是著重於與 ESG 相關投資與風險的不實揭露。剛才介紹過的福斯集團排放舞弊事件也可以歸納到這個類別。我們接著還會探討巴西礦業公司淡水河谷的案例，了解他們如何因為不實的揭露而遭到漂綠指控。

案例討論：淡水河谷公司（Vale S.A.）

2022 年 4 月，美國證券交易委員會（SEC）指控淡水河谷涉嫌證券詐欺，理由是該公司在永續發展承諾上發表了重大不實和誤導性陳述。

這起訴訟的起因是該公司營運的水壩在 2019 年 1 月時崩塌，造成 270 人死亡，並向當地水源系統排放了 1,200 萬噸有毒廢物。美國證券交易委員會聲稱淡水河谷知道大壩存在風險，但故意卻向安全審計員隱瞞了這些資訊，同時誤導了投資人對大壩的安全性認知（United States District Court, Eastern District of New York，2022）。

儘管淡水河谷對這些指控提出異議，這起事件已經造成該公司市值蒸發 40 億美元。隨著法律訴訟的進展，淡水河谷將面臨更深入的調查，更為棘手問題也將隨之而來。

總而言之，每個組織都需要時刻警惕漂綠風險。只要組織能確保數據的真實性與準確性，數據就能成為組織最堅實的後盾，為組織提供對抗漂綠指控所需的證據。然而，與其事後花費時間和資源為企業的聲譽辯護，不如在最初就避免漂綠指控。

為了做到這一點，企業應該謹言慎行，並確保宣傳的內容不會超

出實際的永續成效。這並不是要你對企業的永續理念避而不談，相反的，這是希望你能謹守實事求是的精神，避免過度自吹自擂。而且在永續發展領域，這個吹噓的代價遠比你想像的更昂貴。

參考文獻

Blue Orca Capital (2022) Report on Enviva Inc., SquareSpace, https://static1.quarespace.com/static/5a81b554be42d6b09e19fc09/t/6346b1258ad5f2402cf 6ad66/1665577256589/Blue+Orca+Short+Enviva+Inc+%28NYSE+EVA%29.pdf (archived at https://perma.cc/CT24-WTUC)

Boughedda, S (2022) Enviva Partners 'greenwashing its wood procurement' claims Blue Orca Capital, Investing.com, www.investing.com/news/stock-market-news/ enviva-partners-greenwashing-its-wood-procurement-claims-blue-orca-capital-432SI-2910815 (archived at https://perma.cc/AZ4L-VH3T)

European Commission (2020) 2020 – sweep on misleading sustainability claims, https://commission.europa.eu/live-work-travel-eu/consumer-rights-and-complaints/enforcement-consumer-protection/sweeps_en#ref-2020--sweep-on misleading-sustainability-claims (archived at https://perma.cc/9GF7-VL7D)

European Commission (2023) Proposal for a Directive of the European Parliament and of the Council on substantiation and communication of explicit environmental claims, https://eur-lex.europa.eu/legal-content/EN/TXT/?uri= COM%3A2023%3A0166%3AFIN (archived at https://

perma.cc/65VR-6CDZ)

Les Amis de la Terre (2022) Environmental groups sue TotalEnergies for misleading the public over net zero, www.amisdelaterre.org/communique-presse/ environmental-groups-sue-totalenergies-for-misleading-the-public-over-net-zero/ (archived at https://perma.cc/JQJ3-DHMP)

Shendruk, A (2022) Quartz investigation: H&M showed bogus environmental scores for its clothing, Quartz, https://qz.com/2180075/hm-showed-bogus environmental-higg-index-scores-for-its-clothing (archived at https:// perma.cc/ 2X5D-MJ3S)

United States District Court, Eastern District of New York (2022) Complaint, SEC v. Vale S.A. (No. 22-cv-2405), www.sec.gov/litigation/ complaints/2022/comp-pr2022-72.pdf (archived at https://perma. cc/9HUU-KRF5)

永續數據在現代董事會的應用：
關鍵績效指標 (KPI) 與多方參與

問題反思

- 企業在研擬永續發展策略的過程中，董事會扮演了什麼樣的角色？

- 在董事會或高層會議中，我們能如何為 ESG 議題做出貢獻？

- 我們該如何為 ESG 數據設定適當的關鍵績效指標（KPI）？

- 企業進行 ESG 資訊揭露能帶來哪些商業機會、又會遇到什麼關鍵阻礙？

數據在 21 世紀以勢不可擋之姿成為企業營運的必需品，而本書的焦點也同樣放在永續發展數據的應用上。雖然數據能影響企業決策的成敗，但是蒐集數據並建立資訊系統的成本也十分可觀。為了妥善衡量其中的利弊得失，企業的領導團隊與董事會都應該更加關注 ESG 數據所能帶來助力與阻力。

這個章節我們要探討的 ESG 數據應用層面，是不同發展階段的組織都需要思考的議題。妥善運用 ESG 數據之所以可以影響產業的整體運作環境，是因為政策和規範並不是憑空出現，而是透過像你這樣的領導者積極合作而形成的。這些領導者會參與組織聯盟、協會或工作小組，共同討論和制定相關標準。因此，稍後我會帶你了解如何運用 ESG 數據、積極參與這些討論和合作，進而對政策制定產生影響，塑造對你更有利的產業生態。

如同本書多次提到的，永續數據的各個應用層面都還在成長階段。你作為一位企業領導者，你有很大的機會能影響這些數據的未來發展方向。我們接下來將會討論如何定位董事會的角色、如何制定關鍵績效指標（KPI），以及如何在產業中發揮影響力。希望你能從中獲得啟發，並幫助你從可靠的數據中找到後續行動的方向。

董事會的角色是什麼？

董事會負責決定公司的長期戰略方向，而永續發展也是其中不可或缺的一環。簡單來說，永續發展可以幫助企業在未來創造穩定的長期價值。這不僅能降低經營風險、提升公司聲譽，同時還能滿足利害關係人對企業的期待，幫助企業在市場上保持競爭力。

董事會還有一項重要的職責，就是確保企業擁有決策所需的 ESG

數據。而這些數據同時也是制定永續發展目標的基礎。因此，董事會應主動要求管理團隊蒐集並提供 ESG 數據，最後將這些數據運用在決策過程中。這些 ESG 數據的涵蓋範圍會根據個別企業的優先發展目標而有不同的布局，不過通常會包括企業的環境影響、員工福利、社區參與、多元化政策等。

有了全面的 ESG 數據，董事會就可以更有效地評估公司的永續發展現況，據此做出調整和改進，從而做出實際且可行的策略規劃。

曾任聯合利華執行長的保羅・波曼（Paul Polman）指出，如何創造長期價值是董事會最應該關注的事情。要實現這件事，董事會就應該要求公司的管理團隊提供準確的 ESG 數據，董事會才有機會深入理解企業所面臨的風險與機會，並做出明智的判斷（Polman and Winston，2021）。

波曼的論點強調了以數據驅動決策的重要性，也凸顯了董事會在 ESG 數據品質的把關上扮演著關鍵角色。因為董事會成立的核心目的正是監督營運團隊，所以，做決策所依賴的 ESG 數據也不例外，這也是董事會需要密切關注的重點之一。董事會要確保公司的治理結構健全，也需要推動管理流程的透明度，這兩個面向都是永續領域中的重要原則。其中，數據就是能促成這兩項目標的關鍵材料。前面提過的永續發展數據的 ABC 使用情境，也是在強調這個道理。

組織若想要積極推動永續發展，就要確保董事會成員中有相關專業人才，在討論相關議題時才有相應的背景知識能拓展討論的廣度與深度。同時，董事會也要設立專門負責永續發展策略的委員會，定期檢討組織的永續績效，這樣才能算是善盡董事會的督導責任。

長期推動永續金融的非營利組織 ShareAction 執行長凱瑟琳・霍沃斯（Catherine Howarth）也強調過建立問責制度與透明度的必要性。她

指出，董事會應將 ESG 思維融入公司的治理架構之中，將內部決策過程透明化。這不僅能讓股東和其他利害關係人了解公司運作的邏輯和目標，同時也是促使董事會對其決策負責的關鍵因素。霍沃斯的理念顯示出，一個組織若要建立公開透明的管理文化並鼓勵股東積極參與公司的永續發展議題，董事會是不可或缺的重要推手。

在訂立淨零排放目標以及其他永續承諾上，董事會也扮演著重要角色。隨著對抗氣候變遷成為國際趨勢，永續發展也成為許多公司的重要目標。正如我們在第 6 章探討的議題，定下目標是組織推動永續發展時非常關鍵的一步。而這些目標需要經過董事會的核可才能實施，實施過程也需要接受董事會的監督。即使公司尚未設定具體目標，董事會仍有責任密切關注市場變化，持續評估如何設定可行的目標，協助公司動態調整商業策略。

在組織內部，董事會除了要根據組織的發展策略量身訂做出具有挑戰性的永續目標，為組織指引清晰的方向；還要輔以明確的責任歸屬制度，激發管理階層積極採取行動。如此一來，公司的永續策略就能有足夠的資源以支持實際行動，最終成功落實目標。

此外，董事會也能在組織外部發揮影響力。董事會成員若能積極與利害關係人交涉，就能從中獲取更多元的觀點，繼而設定符合社會期望的永續目標。本書一直在強調的是，永續發展的趨勢瞬息萬變，繼續用「不知情」作為藉口，只會被時代的洪流淘汰。因此，董事會有義務持續接觸利害關係人，維持自身對外部需求的敏銳度，藉此找出公司的核心問題，建立信任基礎並推動實質改革。

正如世界企業永續發展委員會（World Business Council for Sustainable Development）總裁彼得·巴克（Peter Bakker）所言，董事會需要積極與利害關係人交流，才能對永續發展的脈絡有更深入的認識，從而提

升決策能力（Balch，2023）。董事會應該要跳脫封閉環境，從外部汲取回饋與建議，以此引領企業走向更穩健的未來。

管理階層和領導者的角色

即便高階管理者不屬於董事會的一份子，也同樣需要肩負制定目標和發展策略的責任。特別是在組織想要把永續目標納入組織願景之中的時候，這個整合過程就需要避免過於理想化。我期望領導者們能透過這本書，更務實地看待組織目前的永續數據發展階段、優先考慮的使用情境以及組織對自我的期許。

領導者如果希望組織能成為真正的永續組織，第一步是認清組織目前的 ESG 數據發展階段。在進行後續規劃時，還要將組織目前的數據掌握能力納入考量，如此設計出的目標與策略才會更加可行。其次，領導者應以永續發展作為核心價值，確保這個價值能與公司的商業戰略相互支持，才可能在推行日常業務的過程中同時實現以 ESG 數據衡量的永續成果。在實現成果的道路上，組織需要設立明確的方向並激勵員工，以加速永續行動的落實。

為了使組織在永續目標的決策上更加周延，管理者必須確保包括董事會在內的高層決策者都能輕鬆調閱並取用 ESG 數據。這是管理者進行向上管理時應該遵循的基本原則，同時也是他們應該向下要求團隊成員具備的基本能力。

透過建構完善的 ESG 數據蒐集、整合和報告機制，領導者可以促使整個組織共同推動永續發展。不過，因為不同的企業會有各自的業務重點，具體該如何制定永續策略，則取決於各組織特殊的優先使用情境。但是大原則上，領導者在推動全面性永續管理的過程中，應訂

立相關指標並定期檢查、評估及驗證成效。如此一來，我們就能建立準確、可靠並完整的數據庫，後續的分析和決策工作也將更有效率。領導者若能將這種嚴謹看待數據的理念貫徹到組織文化之中，組織就更有機會邁向成功。

讓我們回想一下在第 3 章中談過的 ESG 數據蒐集的複雜性。ESG 數據通常分散各處，因此，數據蒐集不應該只是單一部門的工作。領導者應該積極促進跨部門合作，並徵詢關鍵利害關係人和專家的意見，才能保證決策所參考的數據不僅準確，還與組織的目標高度相關。

不過，並非所有數據都來自於組織內部。領導者也需要諮詢外部專家和合作夥伴，來增進他們對永續議題和最佳實踐方案的理解；領導者也可能要透過外部單位所建立的巨集資料，來分析整體環境的趨勢並作為決策的依據。還有其他外部資源包括永續顧問、產業協會、非政府組織（NGOs）及其他外部利害關係人等。透過這些資源，領導者更能掌握新興趨勢、法規變化及利害關係人的期望。領導者在取得多元化的觀點後，就能建立參考基準值，也就能訂立更為合理的階段性目標。

為了讓領導者在做出每一項決策時都能充分考慮永續要素，將其嵌入組織的治理架構和決策流程中就顯得十分重要。領導者可以透過設立專門的永續發展委員會或工作小組，提升數據分析與決策的效率，以供決策者參考並做出更明智的選擇。

在報告規格的導入方面，領導者也應該提前做足準備。領導者不能僅僅依賴內部規範，還要結合外部標準來引導組織前進。組織需要考慮採用一些公認的 ESG 數據報告框架和準則，像是國際永續準則委員會（ISSB）、全球報告倡議組織（GRI）或其他行業專屬標準，幫助組織符合法規要求。因此，領導者有責任充分了解相關規範，並投入

必要的資源。

　　領導者在確保組織的數據不僅符合標準，還經得起驗證和比較之後，就需要思考如何利用這些數據來支持業務發展或改善運作效率。好的數據應該要具備「write once, read many」的特質，也就是具備廣泛的適用性。數據被妥善儲存後，理論上它就可以被多次讀取與使用，滿足不同的需求。

　　領導者所負責的永續監測和進展控管也並非一成不變的工作，而是一個需要持續優化的動態過程。因為決策者所需要的 ESG 數據必須與時俱進，才能應對當前的發展和挑戰。領導者應該要建立一個適當的回饋循環（feedback loop），持續評估 ESG 數據的表現，並根據目前的需求滾動調整管理模式。這可以幫助領導者分析潛在風險和機會、提前規劃好未來所需的數據，最重要的是能讓領導者做出合理的決策。

　　最後，如果領導者沒有積極監控永續發展的進度或審視永續承諾的合理性，那麼組織的利害關係人可能會代為行之。一旦被這些外部人員發現組織的聲明與實際行動不符，他們就可能會公開譴責組織。這不僅會對組織聲譽造成負面影響，還可能引發我們在前一章中討論過的漂綠爭議。

設定 ESG 數據的關鍵績效指標

　　隨著企業越來越重視永續發展，制定明確且可量化的關鍵績效指標（KPI）就變成必不可少的一步。KPI 使組織能更容易追蹤進度、發現改善空間，並確保企業整體努力方向與 ESG 目標一致。

　　KPI 同時也能幫助企業專注於產業本質。即使你的組織在永續數據發展歷程的評估中屬於「ESG 職業解說員」，也只是顯示出企業在

ESG 資料管理能力上的成熟度，無法從中體現與業務特質的關聯。因此，我們需要其他能充分反映企業特性的指標，也就是透過在第 4、5、6 章中所做的「MUD」規劃步驟。根據這個客製化的評估結果，設計出符合產業特性的施展方針。

若從產業特性出發來看指標的設定，製造業可能會優先考慮減少溫室氣體排放量（環境層面的指標），而科技業可能會更專注於強化資料隱私和道德採購政策（社會層面的指標）。這些 KPI 必須與業務內容高度相關，才能讓企業內部成員一致認同且重視指標所代表的意義。如此一來，KPI 就不僅僅是高層或董事會的議題，而是能成為全公司共同追求的目標。

接著，讓我們來看看如何以具體的、可衡量的標準來設定 KPI，並將其應用在 ESG 領域中。

環境層面的 KPI

環境層面的 KPI 將焦點放在減少企業對地球環境造成的負面影響，尤其是為了延緩氣候變遷所採取的行動。企業需要根據這些指標來監測並善盡對環境的責任。具體的目標可能包括以下幾個領域：

- **溫室氣體排放情形**：這是最重要也最應該被納入的環境 KPI，因為全球應對氣候變遷所採取的相關行動或承諾都是奠基於此。溫室氣體排放 KPI 主要包含「範疇一：業務營運的直接排放」、「範疇二：購買能源的間接排放」以及「範疇三：價值鏈中的間接排放」。舉例來說，企業的溫室氣體排放 KPI 可以設定為「5 年內減少 30% 範疇一的排放量」，並向領導團隊定期匯報進度，以便根據情況持續調整策略。
- **能源使用情形**：企業需要監控自身的能源使用情況，包含使用再生

能源的比率以及提高能源使用的效率，進而推動組織的轉型計畫及其他突破性改革。舉例來說，企業的能源使用 KPI 可以設定為「在特定時限前達成 50% 再生能源占比」，這個指標同時也能反映在逐年減少的溫室氣體排放 KPI 上。

- **廢棄物管理**：企業需要減少各個生產階段所產生的廢棄物、提高回收率、並持續推廣循環經濟。舉例來說，企業的廢棄物管理 KPI 可以設定為「在特定時限前實現零廢棄物」。要達成這個目標，企業就需要規劃合適的管理系統、減少不必要的浪費，並確保資源能夠被回收和再利用。

- **水資源使用情形**：企業需要追蹤水資源使用量並發展節水技術。在我撰寫本文時，水資源議題也開始受到大量的關注，因為全球許多地區都正在面臨水資源不足的問題。因為水資源的稀缺會對氣候、生物多樣性和自然環境造成多重影響，因此，企業需要量化這些影響，並積極應對以減緩負面衝擊。

跨國消費產品公司聯合利華（Unilever）就是一個徹底實踐環境 KPI 的範例。聯合利華設定了多個遠大的環保目標，包括：在 2039 年實現產品淨零排放、在 2030 年達到 100% 再生能源使用率、以及在 2030 年前將環境足跡減半。（譯註：環境足跡不僅包括碳足跡，還包括水資源、土地、廢棄物、生物多樣性等影響層面）

另一個例子是科技業龍頭微軟（Microsoft）。微軟制定的環境 KPI 包括：移除企業發展歷史中所造成的溫室氣體排放量，並在 2030 年成為負碳排公司（即吸收的碳多於排放）；同時，微軟還計畫在 2030 年實現「水資源正效益」（water positive），也就是回補比消耗更多的水資源，讓水資源重返生態系統。

社會層面的 KPI

社會層面的 KPI 將焦點放在促進社會的公平與包容，並為所在地區及利害關係人帶來正面影響。具體的目標可能包括以下幾個領域：

- **員工福祉**：企業需要衡量員工的滿意度、多元性、包容性、健康和安全、以及員工的職涯發展機會，藉以改善員工的工作環境。舉例來說，企業的員工福祉 KPI 可以設定為「在指定時限內提高員工滿意度 15%」。

- **社區參與**：企業要追蹤並報告自身對社區的投資、慈善捐助、志工服務時數、以及其他有助於當地社區營造的行動。舉例來說，企業的社區參與 KPI 可以設定為「企業的年度利潤需有一定比例投入於當地的社區發展計畫」。

- **供應鏈倫理**：企業需要有負責任的採購行為、公平的勞工政策，並增加合作供應商的多元性。舉例來說，企業的供應鏈倫理 KPI 可以設定為「增加符合永續標準的供應商比例」、或「增加具有特定永續認證的供應商比例」。

- **人權保障**：企業需要監控並處理整個價值鏈中可能出現的人權問題，力求與國際人權規範接軌。目前在大多數的國家和地區，人權已受到法律和政策的強制保護；但是，法律的規定只是最低門檻，企業應設定 KPI 以進一步提升對人權的保障。企業還可以提供教育、培訓或其他支持，幫助世界各地的組織提高在人權、環保、勞工待遇等方面的貢獻。

我要如何設計一個用以衡量多樣性與包容性的 KPI ？

第 1 步，設定目標：在企業內部的各個層級分別設定目標，這些目標應涵蓋性別、種族和年齡等多元層面的議題。目標的設定應該是具體且可量化的，同時也可以透過質化屬性的描述來釐清目標。例如，企業可以將目標設定為「在 2030 年前使管理職中的女性占比達到 30%。」

第 2 步，追蹤管理職的分布：企業應該持續追蹤和觀察管理職位是否具有足夠的多樣性，特別是那些常常無法充分表達想法的群體，如女性、少數族裔、不同年齡段的人等。管理職的分布比例應該要充分反映員工的整體組成結構，並且要隨著企業的發展情況進行檢討與調整。

第 3 步，蒐集與計算相關數據：企業應該要定期分析數據並進行評估，找出可能的阻礙或不公正之處，並制定解決策略。承接前面的範例來說明，就是要定期追蹤組織中擔任管理職的女性人數，且至少每年追蹤一次。如果企業的規模允許，每季或每月一次會是更理想的配置。

第 4 步，建立支持系統：企業需要建立員工資源團隊和導師制度，以支持弱勢員工的職涯發展和晉升機會。此外，制定公平多元的招募流程也是企業應該著重的部分。承接上述案例來說明，企業可以明定在招聘流程的每一階段，都有一定比例的女性候選人能通過面試。

第 5 步，進度評估與修正：企業需要定期評估多樣性與包容性 KPI 的表現。若進度極為緩慢，就應該要適時考慮調整策略。即使成功達成目標，企業還是需要持續監控 KPI 的進展，保持在這方面的進步幅度。

公司治理層面的 KPI

公司治理層面的 KPI 將焦點放在公司架構的公開透明、責任歸屬和倫理實踐上。具體的目標可能包括以下幾個領域：

- **董事會多樣性**：企業應追蹤董事會的多樣性，並為性別、種族和文化多樣性設定具有代表性的目標。舉例來說，企業的董事會多樣性 KPI 可以設定為「在特定時限內達到指定比例的董事會成員背景分布」。

- **商業倫理**：企業應實施健全的反貪腐政策、吹哨機制與正直的行為準則。舉例來說，企業的商業倫理 KPI 可以設定為「在倫理法規的審查中得到特定的評量分數」。

- **資料隱私和網路安全**：企業應設定資料保護和網路安全政策，並確保企業的隱私權政策符合法規要求。

- **利害關係人參與度**：企業應建立與股東、員工、客戶和當地社區等利害關係人的互動模式。舉例來說，企業的利害關係人參與度 KPI 可以設定為「定期進行利害關係人滿意度調查，並針對調查中所發現的問題進行回應」。

企業領導者需要決定 KPI 涉及哪些具體目標、需要哪些數據、追蹤紀錄是否需要作為內部機密、哪些部分適合對外公開。因為企業所設定的 KPI，就是在宣告企業對這些目標的重視，所以會持續的關注與追蹤。因此，在 KPI 的設計上，企業需要注意是否要設置具體的完成期限，幫助企業更有效的監控進展並即時調整方向；企業也需要注意 KPI 是否僅僅作為內部監控使用，還是要對外公開或與特定受眾共享。

我們在第 6 章中探討過一些經典的永續發展指標，例如淨零排放、碳中和以及聯合國的 17 項永續發展目標（SDGs）等。這些都很適合企

業作為自身的 KPI，也是企業能與利害關係人建立連結的重大承諾。但是，這並不代表聚焦在特定領域或短期目標上的 KPI 不重要。企業若能建立更具體且專精的目標，同樣也能展現企業的關注焦點與治理透明度。

在何時及如何驗證 ESG 數據？

隨著 ESG 議題在商業界日益受到重視，企業越發意識到對 ESG 數據進行外部資料驗證的重要性。獨立的驗證機可以向利害關係人提供保證，證明企業所提供的 ESG 數據是準確、可靠且符合標準的，從而增強對企業的信任。

在以下情況中，組織應考慮對 ESG 數據進行外部資料驗證：

- **重大性**：當特定的 ESG 議題可能對組織的營運產生重大影響，尤其是在財務表現、企業聲譽或利害關係人期望等方面時，組織就應該進行外部資料驗證。這將有助於提高資訊揭露的準確性和可信度，避免投資人和利害關係人錯估組織的發展情勢。

- **法規要求**：如果組織所適用的法規架構及報告指南中，包含了要求或鼓勵組織進行外部資料驗證的內容，則組織就應該遵守這些規定。這將有助於驗證數據的真實性和可靠性，讓利害關係人更加信任組織的運作。這裡可以注意一下，國際永續準則委員會（ISSB）就是十分支持企業進行外部資料驗證的機構之一。

- **回應利害關係人的需求**：當投資人、客戶及非政府組織在內的利害關係人要求組織對 ESG 績效進行第三方審查時，組織就應該進行外部資料驗證。這種獨立機構所做的驗證就能讓利害關係人更加信任組織所報告的數據是真實、可靠且符合規範的。

- **建立基準值和比較值**：當組織希望將自己的 ESG 績效能與同行進行比較時，外部資料驗證就能建立企業表現的基準值，讓數據具有一致性和可比性。

我需要進行哪些資料驗證程序？

　　組織可以根據自身特殊的需求和目標，選擇不同的資料驗證方法。透過這些外部資料驗證，組織能展現出實踐 ESG 承諾的決心，並增強利害關係人對組織的信任度。常見的資料驗證類型包括：

- **獨立驗證（Independent verification）**：這個驗證方式會由不隸屬於組織的第三方單位來進行評估，審查組織的 ESG 數據是否符合指定標準、框架或報告指南。該驗證方法通常會側重於數據的準確性、完整性、相關性和可信度。

- **確信（Assurance）**：這個驗證方式不僅要驗證資料本身的正確性，還會檢驗數據處理過程中所使用的資訊系統和管理模式。在確認數據準確的同時，也要證明系統的健全程度，提高對組織的整體信心。

- **審計（Audit）**：ESG 的審計工作需要對組織進行全面性審查，檢查組織的 ESG 表現與報告是否準確、前後一致且符合法規要求。這項驗證方法不僅僅關注數據本身，還要深入分析報告所涉及的系統、流程和證明，以確認企業所發布的數據報告具有充分的依據。

　　以上這些術語可能會因地區和時空背景的不同而有不同的稱呼，其具體含義也會依據所涉及的業務而有所不同。不過相近的詞彙通常在本質上也是描述類似的驗證工作，在大多數情況下互相通用並不會引起混淆。（譯註：在中文，第二點中的「確信」需與「保證」相互區隔。雖然英文同為「Assurance」，但是這兩者在臺灣的永續驗證工作中是不同的概念。「保證」需要透過第三方檢驗單位依據 AA1000 標準進行；而「確信」則是依據

國際審計與認證標準理事會（IAASB）所制定的 ISAE3000 標準進行）

應該由誰負責資料驗證？

外部資料驗證通常需要由具備專業知識和國家認證的獨立第三方機構進行。這些機構包括：

- **會計師事務所**：大型會計師事務所通常都設有專門處理永續發展和 ESG 案件的團隊。這些事務所旗下的永續團隊能借助組織本身在財務審計方面的專業及經驗，勝任資料驗證的繁瑣工程。

- **永續發展顧問公司**：為了讓公司的永續發展及 ESG 相關諮詢服務更加多元，永續發展顧問公司也會提供資料驗證的服務。永續發展顧問公司擁有各產業的專業知識及處理永續案件的豐富經驗，非常適合進行資料驗證的工作。

- **認證機構**：專門從事資料驗證的認證機構能提供專業的標準鑑定或標章認證服務，例如「ISO14001 環境管理標準」或「Ｂ型企業（B Corp）認證」等服務。

- **非營利組織**：某些特殊的非營利組織也會根據自身所設定的永續框架或準則，為其他組織提供 ESG 資料驗證的服務。這些非營利組織通常有自身專精的永續議題或產業類別。

目前世界各地都有許多知名公司能提供資料驗證的服務，其中包括：四大會計師事務所、專業的環境資源管理公司（Environmental Resources Management，ERM）或其他專注於特定永續議題的單位。這些公司在執行獨立驗證、確信、審計業務方面的經驗，所涵蓋的產業與專業領域相當廣泛。（譯註：全球知名的四大會計師事務所分別為德勤 Deloitte、普華永道 PwC、畢馬威 KPMG 與安永 EY。其中德勤 Deloitte 在台灣的加盟所名為「勤業眾信」、普華永道 PwC 在台灣的加盟所名為「資誠」、而畢馬威 KPMG 在台灣的加

盟所名為「安侯建業」。）

　　針對 ESG 數據進行外部資料驗證，能提高組織在永續報告上的公信力、可靠度和透明度。不僅能讓利害關係人對組織更有信心，也能再次確認組織符合相關規範的要求。經過驗證之後，組織也能將自身的表現與同行進行對比，幫助組織了解自身在行業中的地位。因此，委託外部獨立機構進行資料查驗，將會是組織非常值得的投資之一。

外部資料驗證需要多少費用

　　ESG 數據的資料驗證、確信和審計費用會因多種因素而有變動，這些因素包括審查範圍、業務複雜度、組織的規模與產業類型、地理位置以及所選擇的驗證機構收費標準等。此外，市場上的供需情況、競爭狀況以及各項目具體需求，都會造成費用的波動。因此，要估算出精確的驗證費用並不容易。不過，透過對這些成本的初步認識，你可以找到一個大致的參考範圍，方便組織進行預算規劃和決策。

驗證成本（Verification cost）

　　驗證的費用通常在 1 萬至 5 萬美元之間，具體費用取決於組織的規模與複雜性。小型企業的 ESG 報告複雜度較低，因此費用也較低廉；而大公司因為營運結構複雜且報告標準較高，支付超過 5 萬美元也不無可能。若是委託著名會計事務所或專業永續顧問公司進行驗證，所收取的費用還可能會更高昂。

確信成本（Assurance cost）

　　由於涉及的工作範疇更廣，因此 ESG 數據的確信服務成本也較高。費用通常會介於 3 萬至 10 萬美元之間，具體取決於組織的規模、複雜

性和檢驗等級。此外，數據審查的深度及承辦團隊的專業程度，也都會影響到收費水準。

審計成本（Audit cost）

ESG 數據的審計通常涉及更全面且深入的評估，範圍涵蓋數據的準確性及相關控制流程。因此，費用往往高於驗證和確信的費用。審計費用大約介於 5 萬美元到數 10 萬美元之間，具體取決於組織的規模、複雜性及全球布局情形。像是辦公地點數量、子公司數量、以及報告所涵蓋範圍等因素，都是影響最終審計費用的變數。因為每個辦公地點和子公司都可能有不同的營運流程和控制系統，也就需要更深入的審查流程，進而堆高了審計成本。

企業應該主動諮詢潛在的驗證機構，對方才能根據企業的具體需求提供詳細的成本估算結果。由於每個企業的情況不同，費用可能會有顯著的差異，所帶來的服務價值也各有高低。因此在選擇服務機構時，不應只關注費用多寡，而是將重點放在這些服務能為企業帶來的價值與好處。

組織在永續發展論壇中的角色

前面我們已經從組織作為 ESG 數據提供者的角度，來看組織在永續發展中所扮演的角色，並討論如何從營運中獲取數據，並進行內外部揭露。現在，讓我們換個角度來思考。組織該如何融入全球的永續發展大框架？組織在全球永續發展目標中有什麼角色和責任？我想從以下這 3 個相互影響的層面來探討這個問題：「企業社會責任」、「產品」及「政策」。

我在這本書中一直非常謹慎使用「企業社會責任（CSR）」一詞，因為 CSR 常被企業視為可有可無的選項，然而這不該如此。因為永續發展和 ESG 數據應該深入組織的核心活動，並讓這些數據的應用場域與企業的核心優先事項緊密相關。透過本書的「永續數據 ABC 使用情境」，我想你也意識到永續發展並非只是錦上添花，而是企業生存和競爭力的必須條件。

圖 10.1　組織該如何融入全球的永續發展框架

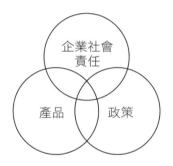

當我們從組織向外擴散影響力的角度來看待企業社會責任（CSR），這個概念就有了不一樣的魅力。它不僅能提升組織的形象，還能帶動行業或其他外部利害關係人一同實現永續目標。因此，領導者需要思考如何通過自己的正面行動，影響並鼓舞其他人追求相同的價值，從而擴大你在產業中的永續影響力。

企業常見的策略是將 CSR 落實在環境保護、社會福利、人權、透明管理模式等永續主題上，進而對周圍的人事物產生正面的影響。這不僅能提升社會共好的風氣，還可以塑造組織的正面形象。當你的組織成為帶頭實踐 CSR 的先驅時，不僅會被業界當作楷模、提高行業內的標準、還能積累外部和內部利害關係人的信任與好感，進而為組織

建立正面的聲譽。

第 2 個層面是企業在產品層面的影響力。我們在第 7 章有討論過企業層面與產品層面的數據特性，也快速瀏覽了相關法規發展。不過企業的影響力不僅會顯現在企業層面，企業的產品及其生產過程也都會影響周遭的營運環境。因此，我們不能忽視產品本身在推動永續發展中的核心角色。

組織可以在產品生命週期中建立廢棄物的管理與回收機制，確保生產出的產品在其整個生命週期中都能夠被妥善處理。組織也可以致力於設計出全人類都適用的服務，讓這些服務不僅具有通用性，還能同時照顧到不同社會階層的需求及能力。此外，企業還可以研發追蹤技術，準確掌握產品的環境影響、精確標註產品的生態標籤，提供更能吸引消費者的永續資訊。

組織在產品層面所付出的努力，不僅有助於提升組織的形象，還能激勵其他市場參與者提升標準，展現企業在永續發展領域的領導地位。

最後一個影響層面是政策，也是最近討論度非常高的領域。參與政策的制定和編修，也是組織能影響所在市場和經濟的另一種形式。你可以翻閱第 7 章和第 8 章的內容來複習永續相關政策的發展歷程。

無論組織處於 ESG 資料管理成熟度的哪個階段，都有可能成為政策發展的重要參照對象。政策的整體走向、產業的具體規範或政策推行過程中的施行細節，都有組織從中參與的機會。特別是達到「ESG 專家培育員」等級的組織而言，協助推動永續發展數據政策的發展，除了能拓展現有法規的範圍或限制，還能提前掌握 ESG 數據的應用趨勢，在未來的數據分析及審查標準中佔得先機。例如生物多樣性和自然環境影響方面的數據，就很有可能是下一個極具潛力的發展領域。

組織要如何參與永續政策的制定？

　　組織可以透過積極關注永續政策的動向、與政策制定者互動交流、分享自身的個案經驗等方式，為永續政策的制定盡一份心力。這除了能讓政策的發展更健全，也能讓政策更貼近實際的業務運作情況。以下是組織能在政策上發揮影響力的主要管道：

1. **倡導和遊說**：企業可以積極參與政策制定者及監管單位的討論會議，甚至主動向政策制定者和監管單位提出建議。這些行動可能包括參與公眾諮詢會議、出席聽證會，也可能是直接與政策制定者會面，針對具體議題進行討論或提案。在遊說的過程中，組織可以運用研究報告、數據及經濟效益的分析等方法，促成特定政策的推動。

2. **加入產業協會或聯盟**：企業可以加入永續金融發展協會或聯盟，攜手其他持有相同理念的組織推動政策改革。產業結盟不僅可以擴大個別組織的影響力道，還能為企業提供發聲平台。這類型的協會及聯盟通常也有豐富的人脈資源，更容易與政策制定單位產生互動。

3. **建立合作關係**：組織可以與其他利害關係人，如非政府組織（NGOs）、學術機構或其他企業建立合作關係，共同影響永續金融政策的制定。合作的發起可以是聯合研究計畫、實行經驗分享、或共同推動政策改革。透過資源和專業的整合，這些組織可以形成一致的立場，在政策討論中具有更大的聲量。

4. **成為專業領域內的思想領袖**：組織可以透過發表研究論文、為行業報告撰稿、在研討會議中演講或參與專題討論等途徑，向同業分享自身的專業知識與見解，以此鞏固組織在永續金融領域中的發言份量。透過專業形象的建立，組織不僅能在政策討論中發揮影響力，還能引領永續金融的話題，進一步影響產業趨勢。

5. **自主承諾與自我監督**：組織不必等待政府實行強制規範，就可以先自主採納永續行動，並實施相關的自我監督措施。具體來說，組織可以自行設定具挑戰性的永續目標、實施透明的報告機制、並揭露 ESG 數據。透過這些行為，組織可以向外界展示永續金融的可行性、效益與影響力。組織以實際行動證實永續行動的有效性，就能讓政策制定者作為範例參考，最終促使這些做法成為正式的法規要求。

6. **響應國際標準及永續框架**：企業可以積極響應永續金融領域的國際標準和行動框架，例如，聯合國永續發展目標（SDGs）、全球報告倡議組織（GRI）以及氣候相關財務揭露工作小組（TCFD）所頒布的標準。組織若將這些國際標準融入自身的永續實踐之中並得到成功的結果，便能說服政策制定者相信這些標準具有實用性和可行性。

7. **引起投資人的關注**：企業可以透過與投資人的互動，來影響永續金融政策的制定。這樣的合作關係之所以能夠推動，是因為投資人會希望他們的資金能投入在符合永續發展承諾的企業中，而更嚴格的法規和標準對於投資人而言就更有保障。因此，企業若能向投資人提供透明且可靠的 ESG 數據，就能帶動投資人對於提高整體標準的渴望，進而推動政策的演進。

8. **前導計畫與案例研究**：組織可以進行前導測試計畫，並將研究成果對外分享。藉由展示永續金融實踐所能帶來的經濟效益與環境改善成果，組織就可以向決策者提供具體的證據，證明永續金融政策的有效性，繼而影響政策。

　　無論你以前是否曾想過要在永續政策上貢獻一己之力，現在就是你可以開始思考這個可能性的時候了。希望你能從上述的說明中得到啟發，找到自己的定位，並善用組織對社會的影響力。只要你願意提出自己的觀點和想法，就有機會與他人交流，從而汲取他人的知識與

經驗。當你將這些知識帶回組織中，就能再次提升組織成員對於 ESG 議題的理解與行動力，形成一個知識分享的正向循環。

若你有志為全球永續金融政策奉獻心力，以下是你可以多加關注的相關機構與非政府組織：

- 聯合國環境規劃署金融倡議（United Nations Environment Programme Finance Initiative，UNEP FI）
- 全球報告倡議組織（Global Reporting Initiative，GRI）
- 責任投資原則組織（Principles for Responsible Investment，PRI）
- 永續發展會計準則委員會（Sustainability Accounting Standards Board，SASB）
- 國際整合性報導委員會（International Integrated Reporting Council，IIRC）（譯註：IIRC與SASB於2021年合併為價值報告基金會 Value Reporting Foundation）
- 碳揭露計畫（Carbon Disclosure Project，CDP）
- 氣候債券倡議組織（Climate Bonds Initiative，CBI）
- 氣候行動100+（Climate Action 100+）
- 永續市場倡議（Sustainable Markets Initiative，SMI）
- 格拉斯哥淨零金融聯盟（Glasgow Financial Alliance for Net Zero，GFANZ）
- 氣候相關財務揭露工作小組（Task Force on Climate-related Financial Disclosures，TCFD）
- 歐洲永續投資論壇（European Sustainable Investment

Forum，Eurosif）
- 美國環境責任經濟聯盟（Coalition for Environmentally Responsible Economies，CERES）
- 美國社企組織（Social Venture Network，SVN）
- 世界經濟論壇（World Economic Forum，WEF）
- 全球商業氣候聯盟（We Mean Business Coalition）
- 全球影響力投資聯盟（Global Impact Investing Network，GIIN）
- 澳洲責任投資協會（Responsible Investment Association Australasia，RIAA）
- 日內瓦永續金融協會（Sustainable Finance Geneva，SFG）
- 英國責任投資論壇（UK Sustainable Investment and Finance Association，UKSIF）
- 跨信仰企業責任中心（Interfaith Center on Corporate Responsibility，ICCR）
- 聯合國「奔向淨零」（Race to Zero）倡議
- 美國永續商業委員會（American Sustainable Business Council，ASBC）

從產業角度來看，以上這些永續團體有的僅專注於特定產業或經濟領域的發展，也有部分致力於跨產業適用的框架研發；從地域範圍來看，這些團體的影響範圍也分為全球性、區域性或地方性等不同範圍。因此，無論是企業領導者、管理團隊，還是整個組織，都有相當多元的參與機會和選擇。

你還能為市場做出什麼貢獻？
你可以分享組織的個案經驗

組織可以透過分享自身的案例研究，來擴大對市場的影響力。具體來說，組織可以分享自身在蒐集和揭露 ESG 數據上的經驗，為其他組織提供實際的參考範例。透過案例研究的分析，組織能展示在永續發展的實踐過程中，該如何應對挑戰、改善績效，並推動市場對永續概念的認識。

透過 ESG 資訊揭露的經驗分享，組織不僅能提升自身的營運透明度，還能為政策制定者和監管單位提供寶貴的參考資料。尤其當組織願意積極展示 ESG 資訊揭露所帶來的效益與影響時，永續金融政策的推行也會更加順利。

現代組織的董事會和管理團隊的其中一項任務，就是要在企業營運與管理之中納入永續理念。要讓永續發展的考量真正融入在決策之中，領導者就要明確且透明地決定組織的衡量目標，並對數據進行有效的蒐集。我們也在本章中認識到，這些數據既可以用於內部決策，也可以對外分享。無論數據公開與否，關鍵績效指標（KPI）都是一項非常實用的工具，它能讓整個組織的前進方向與永續目標保持一致。

你所做的決策還會受到兩個主要因素的影響：一個是你的 ESG 資料管理成熟度，這對應到組織在 ESG 數據搜集和管理上的能力，我們在第 4 章已有介紹過如何進行自我評量；另一個則是組織所抱持的永續願景，這部分能說明組織在永續領域上的積極度，我們在第 6 章中也說明過如何依據組織的需求設定目標。

綜觀本書所學到的知識，應該能讓你清楚了解到，要如何挑選合適的數據來做出好決策、以及要如何檢驗數據的品質好壞，並依此建

立穩健、透明的管理模式。我們還能運用第 3 章學到的「良好數據的 3 個 C」及「劣質數據的 3 個 E」概念，有意識地提升數據品質，持續推動企業的進步。透過這些努力，你不僅能在組織內部提升數據管理的能力，還可以透過外部合作及廣泛的議題參與來影響整個商業環境。

隨著本書在永續發展領域上抽絲剝繭的說明，我相信你已經具備足夠的知識，能為組織做出更具前瞻性、更高標準的永續風險管理策略。隨著 ESG 數據的相關議題不斷發酵，你所學到的知識將為你墊下良好的基礎，幫助你從容應對未來的新興趨勢，並做出足以保障企業前景的關鍵決策。

參考文獻

Balch, O (2023) Meet the sustainability champion who converts fellow CEOs to the cause, Raconteur, www.raconteur.net/climate-crisis/meet-the-sustainabilitychampion-who-converts-fellow-ceos-to-the-cause (archived at https://perma.cc/ ARC9-SU27)

Polman, P and Winston, A (2021) Net Positive: How courageous companies thrive by giving more than they take, Boston, MA: Harvard Business Review Press

結論

以永續發展數據迎接未來挑戰

在2020 年的達沃斯世界經濟論壇會議中，我們成立了未來永續數據聯盟（Future of Sustainable Data Alliance，FoSDA）。當時，在這個迎接世界各地政商名流的盛會中，大多數的人只是將焦點放在當下所面臨的氣候變遷挑戰，卻很少有人討論到該如何蒐集數據、如何進行危機管理。由此可以窺見，這個 ESG 數據的「產業」仍然只在起步階段。所幸，從那時起，永續數據領域中的監測項目不斷增加，到了本書出版之際，也就是 2023 年，永續資訊揭露已然成為關鍵趨勢了。

建立 FoSDA 的首要目標之一，就是要提升 ESG 數據在永續金融政策和投資決策中的地位。在 FoSDA 成立初期，全球就已經投入大量資源在建立永續框架和行動準則上，也因此幫助金融市場朝向《巴黎協定》或淨零排放等全球共同目標邁進。

儘管大方向指引工作已經有理想的進展，然而，在這些框架和行動準則之下，仍然缺乏具體的執行細節及資料需求。這些數據對於落實宏觀的框架來說非常重要，可惜這部分的工作並不熱絡。

隨著永續金融變得更加普及，與環境、社會和公司治理相關的資料集也隨之增加。這些資料量來勢洶洶，就像引發了一場數據海嘯。價值鏈中的每個參與者都有自己特定的數據需求，市場上也就需要產出不同的資料集來滿足這些需求。就像雀巢（Nespresso）咖啡膠囊的發明者在推出這個發明後，也因為擔心造成垃圾激增而感到後悔一樣，我也有同樣的感受。我時常擔心永續發展的推動會導致數據過於氾濫，也不斷反思自己是否過早將永續數據推至話題的中心。

如今，數據已經成為眾人的焦點，也占據了重要地位。然而，數據雖多卻不具體，導致人們難以真正利用它們來解決問題或做出有效的決策。在我看來，擁有更多數據並非壞事，但我們必須將注意力集

中在那些能夠為永續發展真正帶來實質意義的數據上。

在永續報告的推進過程中，最關鍵的目標應該是提高數據的測量密度，使它們更能準確反映出實際情況。這是永續報告最重要的部分，也是你應該參與並發揮影響力的領域。身為領導者，你絕對有能力將ESG 數據嵌入到組織的各個角落中。希望透過本書的說明，你能了解到 ESG 數據不僅僅只是用來衡量我們是否對社會和環境產生幫助，還能創造更多潛在的價值。

或許改善人類和地球環境已經是數據能帶來的最大好處，但有時我們也需要一個與自己更相關、更直接的理由來促使我們起身行動。我們前面紹介過的永續數據 ABC 使用情境，正是激勵組織積極展開行動的絕佳動力。無論你優先考慮的是「取得營運資本」、「擴張業務並提高效能」、「符合法規及監管要求」，或者這三者兼具，滿足這些使用情境都將會協助企業邁向成功。

如果你目前蒐集到的數據量還很有限，那麼讓你也不必急於公開組織的 ESG 數據，反而應該先打穩基礎。不過，處於不同階段的組織，所要面對的現實都不一樣。無論是「ESG 新進工作者」、「ESG 職業解說員」、「ESG 資深生產者」、「ESG 專業服務員」、還是「ESG專家培育員」，每個階段都能在既有基礎上持續成長茁壯。所以我們需要先確認你的組織目前在 ESG 資料管理成熟度中的哪個階段，才能依照組織的現況來安排優先處理的任務。經過這樣的評估過程，你或許會驚喜的發現，自己已經達到預期的目標或位置了。這種期望並沒有對錯，這只是真實地反映出組織懷有多遠大的夢想。

不過，組織的資料管理成熟度也應該與組織的業務特質相符合，尤其需要考慮你所處地區和市場的需求，也需要留意利害關係人對數據管理的要求。

　　我是個非常喜歡列出待辦清單的人，因此我也建議你製作一個任務清單來幫助組織持續進步。對我而言，最理想的待辦清單是一寫完就能馬上劃掉其中幾項的那種清單。為了做到這點，我常常把「製作清單」放在待辦清單的第一項，這樣我一寫完就可以立刻勾選完成一個項目了。

　　這裡有一個清單，可以幫助你的組織在 ESG 數據發展之旅中持續前進。

1. 評估組織目前的永續發展資料成熟度、優先考慮的使用案例、以及組織對未來的願景。我想你已經透過第 4、5、6 章的 MUD 步驟，以及第 7 章的法規認識中，完成了這部分工作。

2. 設定科學減碳目標，將全球暖化控制在工業化前的攝氏 2 度以內。你所設立的減排目標應該包括與組織活動相關的所有排放，無論是直接排放（生產過程造成的排放）或是間接排放（購買能源或供應鏈所涉及的排放）。

3. 了解目前和未來的法規要求，並且和管理團隊共同評估組織目前的永續數據管理現狀。無論是針對組織自願揭露的數據，還是法律強制要求揭露的數據，都需要審慎評估。組織需要進行系統性的前瞻分析，掃描未來可能的趨勢、風險和機會，以幫助組織在變化中做出關鍵決策。

4. 分析組織的長期策略，並檢查這些策略是否符合全球氣候目標。你還需要預設未來可能遇到的各種情況，用以預測氣候變遷所帶來的影響。

5. 將氣候考量融入組織的治理結構和日常決策流程，讓每次決策時都能考慮到對氣候的影響。這可以透過設計 KPI 來實現，並且要讓它成為高層會議桌上不可或缺的討論主題。你還可以考慮成立專門的

永續發展委員會，或者把處理氣候議題的責任分配給現有委員會。

6. 加強 ESG 數據的蒐集、處理和利用，並建立一個有效率的資訊系統，以追蹤和報告氣候數據。這些數據可能包括溫室氣體排放量、能源使用情形、水資源使用情況等，也可能包含其他能幫助你達成目標的重要指標。

7. 尋求供應鏈中的合作夥伴，共同評估及應對氣候風險。鼓勵供應商響應永續行動，並積極揭露相關氣候數據。

8. 營造員工參與氣候行動的風氣，並通過教育訓練幫助員工深入了解氣候改變所帶來的風險和機會。每個團隊成員都需要清楚了解組織的數據需求，才能讓所有層級的管理者都做出符合永續理念的決策。

9. 在永續技術及行動方案上尋找研發或投資的機會。每個組織都該擁抱再生能源，建立循環經濟模式。組織還要持續關注碳權和碳抵換的發展，並了解如何在企業轉型的過程中妥善使用這些工具。

10. 積極參與塑造理想的未來。你可以運用你的知識背景，積極與外界交流，並協助 ESG 相關政策及揭露規範的制定。你可以多加關注自然和生物多樣性的影響層面、適應力和復原力等新興領域。

　　希望這份清單能幫助你在組織的永續數據發展道路上往前推進。如果沒有數據，無論是作為個人還是組織，我們都無法清楚知道自己在執行計畫上是否有理想的進展。這對任何領導人來說都是很顯而易見的道理，在 ESG 的領域中更是一切賴以運作的重要機制。

　　正如前面所提到的，組織在永續發展指標的資訊揭露工作上，所有人都還處在持續進步的階段。無倫是領導者、員工、投資人、監管人員，或是身為一個關心永續發展的地球居民，我們都沒辦法完全擁有所想要或需要的數據。但是只要我們不斷進步，努力改善數據的完

整性並提高數據品質，我們就能加速推動數據完善的進展。

　　這段話聽起來很呆板，但事實的確如此。而增進了數據的品質，我們就能提出更有效的氣候變遷對策。這也是為什麼蒐集、計算和揭露組織的溫室氣體排放量如此重要。光是這個單一指標就足以指引永續行動的方向，還能讓我們看清楚日常生活與商業市場如何造成碳排放，並改變大氣的組成。因此，我們需要在經濟的各個層面改變我們的行為，才有可能延緩全球暖化、逐漸轉向一個更少化石燃料、更多可再生能源的綠色世界。

　　無論是個人或組織，其實我們都有能力為減少地球的碳足跡貢獻一份心力，只是有時我們會覺得自己只是世界這一部巨型機器上的小螺絲釘，從而輕視了那些可以輕易做到的小事。雖然這都是人之常情，但是這樣的想法也確實拖延了我們可以拯救地球的時間。

　　如果我們能夠擁抱數據所呈現的事實，認清每個組織的微小排放量都是組成全球排放總量的一部分，那麼我們就能更清楚地認識到自己在全球問題中所扮演的角色。你就能發現，「數據」就是能讓我們看清各項行為會如何影響整體的關鍵工具。

　　雖然我們不得不接受的是，ESG 數據常常會讓人感到挫敗，無論是在環境、社會還是公司治理層面都一樣。若是站在政府間氣候變遷專門委員會（Intergovernmental Panel on Climate Change）的角度來看數據，會發現追蹤永續議題的進展非常沉重。不過，就算是單獨組織所蒐集的數據，情況往往也依舊如此。

　　儘管數據有時會令人感到沮喪，但它同時也可能為我們帶來驚喜。儘管有些數據會讓問題一覽無遺，但數據也能展示進步和成就。即使組織在幾年前的數據表現不佳，你也可以透過施行合適的轉型策略，用實際表現讓數據的樣貌煥然一新。這樣的數據不僅可以激勵團隊的

士氣，還能吸引志同道合的人才，一同推進組織的發展。

所以，即使你的永續數據還沒達到你的理想，也請不要害怕將其公開，只要你持續改善數據的品質，並且能依據你的行業、部門、產品類別或地理位置等特性來解釋數據結果，你的數據就具有價值。退一萬步來說，光是資訊揭露所帶來的透明度就是無價的，因為透明度是解決所有氣候問題的基礎。

毫無疑問，永續發展數據在未來將會繼續成為組織領導考量中的重要部分。希望你在讀完本書後，能將本書所學到的 ESG 數據知識融入到組織的業務核心中。這不僅是在為你的組織奠定成功的基礎，也是為了全人類的共同目標而努力。

ESG 數據就是你能保障企業前景的護身符，請你務必充分利用這些數據來達成所願。

國家圖書館出版品預行編目 (CIP) 資料

駕馭 ESG 數據：情境解析 × 法規趨勢 × 行動計畫，專為永續管
理設計的實戰工具書 / 雪莉．馬德拉 (Sherry Madera) 著；顏敏竹
譯 . -- 初版 . -- 新北市：財團法人中國生產力中心 , 2024.11
　面；　公分 . --（價值創新系列；30）
譯自：Navigating sustainability data : how organizations can use
　　　ESG data to secure their future

ISBN 978-626-98547-2-1（平裝）

1. 企業經營 2. 永續發展 3. 資料庫 4. 環境保護

494.1　　　　　　　　　　　　　　　113015397

價值創新系列 030

**駕馭 ESG 數據：情境解析 × 法規趨勢 × 行動計畫，專為永續管理設計
的實戰工具書**

Navigating Sustainability Data: How Organizations can use ESG Data to Secure Their Future

作　　　者　雪莉‧馬德拉（Sherry Madera）
譯　　　者　顏敏竹
發 行 人　張寶誠
出版顧問　王景弘、王思懿、王健任、田曉華、何潤堂、呂銘進、李沐恩、林佑穎、
　　　　　　林宏謀、林家妤、吳健彰、邱宏祥、邱婕欣、翁睿廷、高明輝、許富華、
　　　　　　郭美慧、陳詩龍、陳美芬、陳淑琴、陳泓賓、曾皇儒、黃怡嘉、黃建邦、
　　　　　　游松治、楊超惟（依姓氏筆劃排序）
編　　　校　黃麗秋、潘俐婷、郭燕鳳
企劃編輯　許光璇
封面設計　萬勝安
內頁排版　趙小芳
出 版 者　財團法人中國生產力中心
電　　　話　(02)26985897
傳　　　真　(02)26989330
地　　　址　221432 新北市汐止區新台五路一段 79 號 2F
網　　　址　http://www.cpc.tw
郵政劃撥　0012734-1
總 經 銷　聯合發行股份有限公司 (02) 2917-8022
初版日期　2024 年 11 月
登 記 證　局版台業字 3615 號
定　　　價　650 元
客戶建議專線　0800-022-088
客戶建議信箱　customer@cpc.tw

NAVIGATING SUSTAINABILITY DATA: HOW ORGANIZATIONS CAN USE ESG DATA TO SECURE THEIR
FUTURE by SHERRY MADERA
Copyright: © Sherry Madera, 2023
This translation of Navigating Sustainability Data: How Organizations can use ESG Data to Secure Their Future is
published by arrangement with Kogan Page. through BIG APPLE AGENCY, INC. LABUAN, MALAYSIA.

CPC Creates Knowledge and Value for you.

知識管理領航‧價值創新推手

CPC Creates Knowledge and Value for you.

知識管理領航‧價值創新推手